第2版

ヒストグラムから
重回帰分析まで

今里健一郎・森田　浩　著

日本規格協会

＜特典情報＞

本書の購入者特典として，本書内で用いられているサンプルデータファイル（Excel 形式）を下記 URL より無料でダウンロードしてご利用いただくことができます．

https://webdesk.jsa.or.jp/books/W11M0100/index/?syohin_cd=360111

はじめに

本書は2007年9月に発刊した『Excelでここまでできる統計解析』をExcel 2003の供給停止に伴い，Excel 2010～2013を中心に改訂したものである．

改訂に際して，第1章「品質と統計的手法」並びに第6章「実験計画法」を追加している．

1. 統計が初めての方にも親しんでいただける本にしました

統計という言葉を聞くと，なんだか難しそうと感じる人が多い．でも，意外と日常生活の中に統計が入り込んでいるのである．大学受験を控えた高校生がいるご家庭では，偏差値なるものが話題となる．夕食の支度をしているお母さんがスプーン一杯の味からお鍋全体の仕上がりを推測し，調味料を加減するなど，データから全体像を推測していることがある．

また，「明日の降水確率が60%である」という天気予報を聞いて，明日傘を持っていった方がいいのかどうかを考える．お父さんが売上伸び率や顧客評価などから持っている株を持ち続ければいいのか，今，売った方がいいのかを思案する．これらは，現在の情報から将来を予測しているのである．

勘と経験から判断するよりも精度よく全体像を推測したり，将来予測をするためには，事実のデータから物事の法則を導き出す必要がある．しかし，事実のデータは一定値でなく，ばらつきをもっている．これを「分布」という．この分布を知ることによって，いろいろな情報を知ることができる．これが統計解析である．

統計解析は初学者にとっては難しい計算を通して答えを導き出してくれるものであるから，なかなか理解しにくいものである．しかし，パソコンの発達と普及によって，この難関を乗り越えることができるようになってきている．それも，皆さんが職場やご家庭にお持ちのパソコンで可能なのである．

例えば，Excel関数「正規分布の確率」で受験生の偏差値を入力すると，自分が全国の受験生のどのくらいの位置にいるかということがわかる．Excel分析ツール「回帰分析」に顧客満足度，売上高やマーケティング情報を説明変数に，企業の営業成績を目的変数に入力することによって，企業の営業成績をある確率をもって予測することができる．

製造・技術部門はもちろんのこと，管理部門においても事務処理や伝票類，お客様からの申込処理時間など個々のデータのばらつき度合いを考慮に入れて，平均値を議論すれば，実際の処理能力などを知ることができる．学校でも，生徒の成績を3ランクに分けて期待値と実測値から，学力のレベルアップが図れたかどうかを知ることもできる．

そこで，本書は，改善を行うスタッフはもちろんのこと，いろいろな人たちが気軽に統計に親しめるよう，日常生活のいろいろな場面を例にとって解析方法を解説している．さらに親しみをもっていただくため，5人のかいせきファミリーに登場ねがっている．難しい計算の部分は，Excelの関数や分析ツールの使い方を図解で紹介し，「目で見て進めることができる解説書」とした．そこで，この本のタイトルを「Excelでここまでできる統計解析—ヒストグラム

から重回帰分析まで―」としてみた．

2. この本の見どころ，読みどころは

本書は，統計解析の基本的な考え方と解析手順を具体例でもって解説している．使用するExcelは，誰でもが，どのパソコンでも使えるように，特殊なプログラム作成やマクロを使わず，Excelの本来の機能である「グラフ」・「関数」と「分析ツール」を使って進めている．

本書で使用するExcelは，Excel 2010～2013で解説している．

第1章では，品質管理での統計的手法の活用を述べている．第2章では，視覚的に分布を見るヒストグラムから正規分布について述べている．平均と標準偏差が作り出す「分布」の世界をのぞいてみることによって，偏差値が理解できることを目指している．第3章から第5章までは，少ないサンプルから全体の姿を推測する「検定と推定」の世界に広げていく．ここでは，スーパーマーケットで買ってきたMサイズのみかんとSサイズのみかんにはどんな違いがあるのかを確かめる手法が理解できることを目指している．第6章では実験計画法への展開を紹介している．第7章と第8章では，二つの事柄の関係と要因から結果を予測する「相関と回帰」の世界へと展開していく．ここでは，プロ野球の打点と安打数の関係を調べ，安打数から打点を予測する方法などを解説している．さらに，本塁打，三振など複数の要因から打点を推測する重回帰分析についてExcel出力の結果の見方を中心に解説し，複数の変数の関係を予測する手法を理解できることを目指している．

本書は，利用する目的に応じて，どこから見てもわかるように構成している．したがって，初めて統計に触れる方や計算が苦手で今までよく理解できなかった方は，統計の解説と例題を読むことから始めてみるとよい．統計がある程度わかっている方や改善活動に活用したいと考えている方は，Excelの解析手順から読んでいただければお役に立てるものと思う．改善活動などでデータをグラフ化したり，報告書や企画書を作成したい方は，Excelのグラフ作成手順から読み始めていただくと，ヒストグラム，散布図を簡単に楽にきれいに仕上げることができる．ご家庭で読まれる方には，新聞情報や偏差値などを，お持ちのパソコンのExcelに，データを入力して，どんなことがわかるのか，いろいろと家族で議論してみるのもおすすめである．学校関係の方は，分割表を使うことによってクラス全体のレベルアップが図れたのかをみることもできる．

まずは，この本を片手に，パソコンの電源を「オン」にしてみてください．

本書の出版に際して，「ほっとひと息」をご提供いただいた佐野智子氏，並びに，本書の企画を強力に進めていただいた一般財団法人日本規格協会室谷誠・伊藤朋弘両氏をはじめ，多くの方々のご尽力およびご意見をいただいたことにお礼申し上げる．さらに，この本を読んでいただいた方からのご意見などを心待ちにしております．

2015 年 2 月

著者　今里健一郎
　　　森田　　浩

目　　次

第 3 章　計量値の検定と推定

第 4 章　計数値の検定と推定

第5章 分散分析

第6章 実験計画法

第7章 相関と回帰

第8章　重回帰分析

参考

ほっとひと息

by　佐野智子(ちえこ)

第１章

品質と統計的手法

1.1 品質とは

品質とは，「製品が，それを使用するお客様のニーズをどのくらい満たしているかの程度のこと」をいう．

例えば，パソコンを買うお客様は，「デザインが良い」，「便利な機能が多い」などを考えて購入するかどうかを判断する．

このようにお客様が求めている条件を製品を提供する企業が，どれだけ満たしているかが品質である．お客様は，自分の要求が満足していれば品質が良いとか優れていると判断し，満足していなければ品質が悪いと判断する．

品質には，「設計品質」と「製造品質」がある．

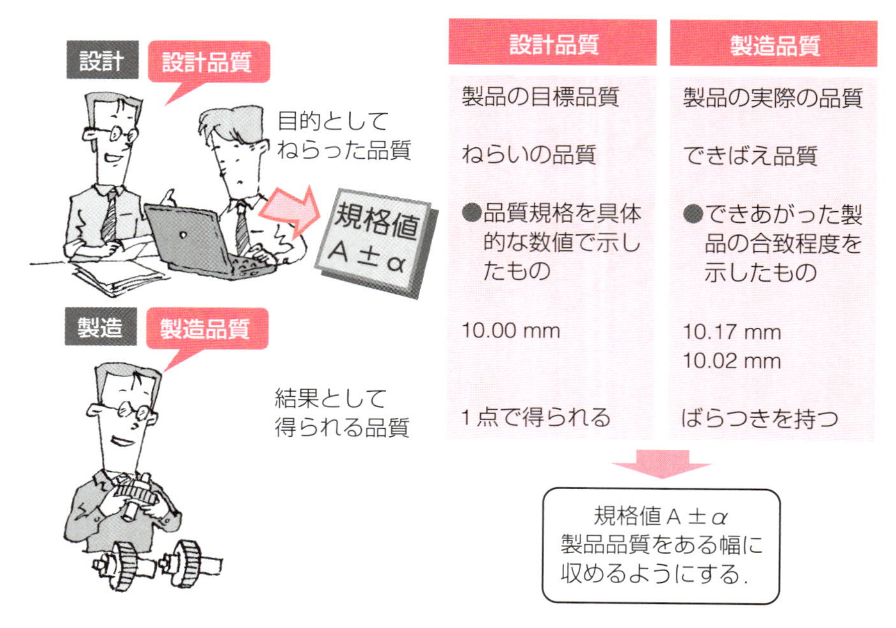

図 1.1　目指すは設計品質，仕上がりは製造品質

設計品質とは，「製造の目標としてねらった品質のこと」で“ねらいの品質”ともいう．一方，製造品質とは，「設計品質をねらって製造した製品の実際の品質のこと」で“できばえの品質”ともいう．

設計品質は，製品の各品質特性について，目的とする品質規格を具体的な数値で示したものである．これに対して製造品質は，ねらった設計品質において，できあがった製品がどの程度合致しているかを示すもので“適合の品質”ともいわれている．

設計品質は，10.00 mm とか 56 g など一つの視点で決められるが，結果としての製造品質は，10.17 mm，10.02 mm …のようにばらつく．しかし，製造品質は，お客様の要求を満たす必要があるため，一般的に設計品質は，10.00 mm±0.50 mm というようなある値の範囲中に仕上がるように規格値が設定されている．

1.2 統計的品質管理とは

お客様に満足していただける製品を提供し続けていくことが品質管理であり，そのレベルを評価するものが品質特性である．製品の品質特性は，ある値（設計品質）になるよう努力するが，できあがりの製品はばらつくものである．このばらつきが小さければ使用に関して問題が生じないが，大きくなると問題が生じてくる．そのため，品質特性は設計品質の値にある幅を持たせて規格値を設定し，この範囲の中に製造品質を収めるように仕事のしくみや工程をつくっていく．この活動を品質管理活動という．

企業が品質管理活動を進めていくうえで，生産された製品の品質特性が規格値内に入っているのかどうかを確かめるのに，すべての製品を計測できれば問題がないが，全製品を計測することは非効率であり不可能である．

そこで，全体の中から一部の製品を測定し，サンプルとしてのデータを取り，そのサンプルから全体（母集団という）を推測することができれば，品質管理の目的を達成することができる．

このサンプルから母集団を推測できるツールが「統計的手法」であり，この統計的手法を使って品質管理を行うことを統計的品質管理（SQC ： Statistical Quality Control）という．

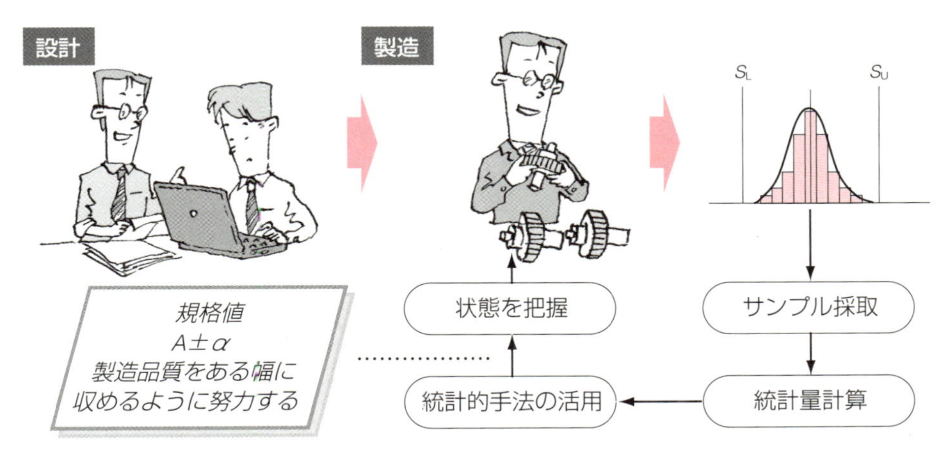

図 1.2　統計的品質管理とは

1.3 統計的手法とは

私たちは仕事の実態や工程の状態を知りたいが，すべてのデータを取ることは非効率であり，不可能である．そこで，この知りたい集団（母集団）を知るために「ヒントとなるデータ」を取る．これがサンプルである．

統計的手法を活用すると，このサンプルから知りたい母集団の姿を知ることができる．例えば，お味噌汁全体のでき具合を知るために，小さじ一杯の味見をして判断するのと同じである．

得られたデータは，母集団からのランダムサンプルによるデータでなければならない．例えば，前に得たデータの結果が次のデータに影響を及ぼしているときなどは独立とはいえず，誤差の独立性が失われる．作業標準に規定されなかった何らかの要因があるクセを持っていて特性値に影響している場合や，規定された要因が特定のクセを持って変動している場合もデータはランダムとはならない．多くの統計的手法は，誤差の独立性を前提としている．

前述の味噌汁を味見する場合，鍋の底からよくかき混ぜてから味見することによって，味噌汁全体の味を知ることができるのと似ている．

統計解析は，確率論に基づいており，次のような手法がある．

① ヒストグラムと正規分布

まず，データからヒストグラムを描いてみる．そうすると，中心の山と裾野の広がりがわかる．これが分布である．この分布の状態を表す統計量に，平均値と標準偏差があり，この標準偏差と規格値から工程能力指数が計算され，工程の状態が把握できる．

② 検定と推定

検定と推定とは，抜き取ったサンプルの性質から推測して，母集団の性質を判定する方法である．検定と推定にはいろいろな種類がある．データの種類や母集団の状態によって，次のような手法がある．

計量値のデータで検定と推定を行うには，

・推測する母集団のばらつきがわかっている場合の u 検定と推定

・推測する母集団のばらつきがわからない場合の t 検定と推定
・二つの母集団のばらつきを比べる場合の F 検定と推定
・二つの母集団の平均値を比べる場合の t 検定と推定
などがある．

検定するデータが計数値データの場合は，
・正規分布近似法による不良率や欠点数を扱う u 検定と推定
・正規分布近似法による二つの不良率や欠点数を扱う u 検定と推定
・分割表による検定
・食い違いを調べる χ^2 分布を活用した適合度の検定
などがある．

③　**分散分析**

分散分析とは，実験データから母集団の違いを見つけ，因子の最適な水準を探し出す手法である．分散分析には，調べたい因子の効果によって次のような手法がある．
・一つの因子の結果に対する効果を調べる場合の一元配置法
・二つの因子の結果を同時に調べる場合の繰り返しなし二元配置法
・二つの因子の組合せ効果も知りたい場合の繰り返しあり二元配置法

また，これらの分散分析を使って，最適条件を求める実験計画法がある．実験計画法には，一元配置実験や二元配置実験の他に，多数の因子の効果を効率的に実施する直交配列表実験計画や実験環境の設定条件を取り除く乱塊法などがある．

④　**相関分析と回帰分析**

相関分析は，二つの事柄の間に関連があるかどうかを分析する手法であり，回帰分析は，二つの事柄の間に存在する関連は，どのような方程式で表されるかを調べる手法である．

相関分析には，
・視覚から二つの特性の関係がわかる散布図
・データから統計的に判断する共分散や相関係数
・相関の有無を判定する無相関の検定
などがある．

回帰分析には，
・目的変数に対して，一つの説明変数で解析する単回帰分析
・目的変数に対して，二つ以上の説明変数で解析する重回帰分析
がある．

さらに，共分散や相関係数をもとに，多くの評価項目から情報の損失をできるだけ少なくして，少数の項目にまとめる主成分分析などの多変量解析もある．

以上の統計解析のあらましを図 1.3 に示す．

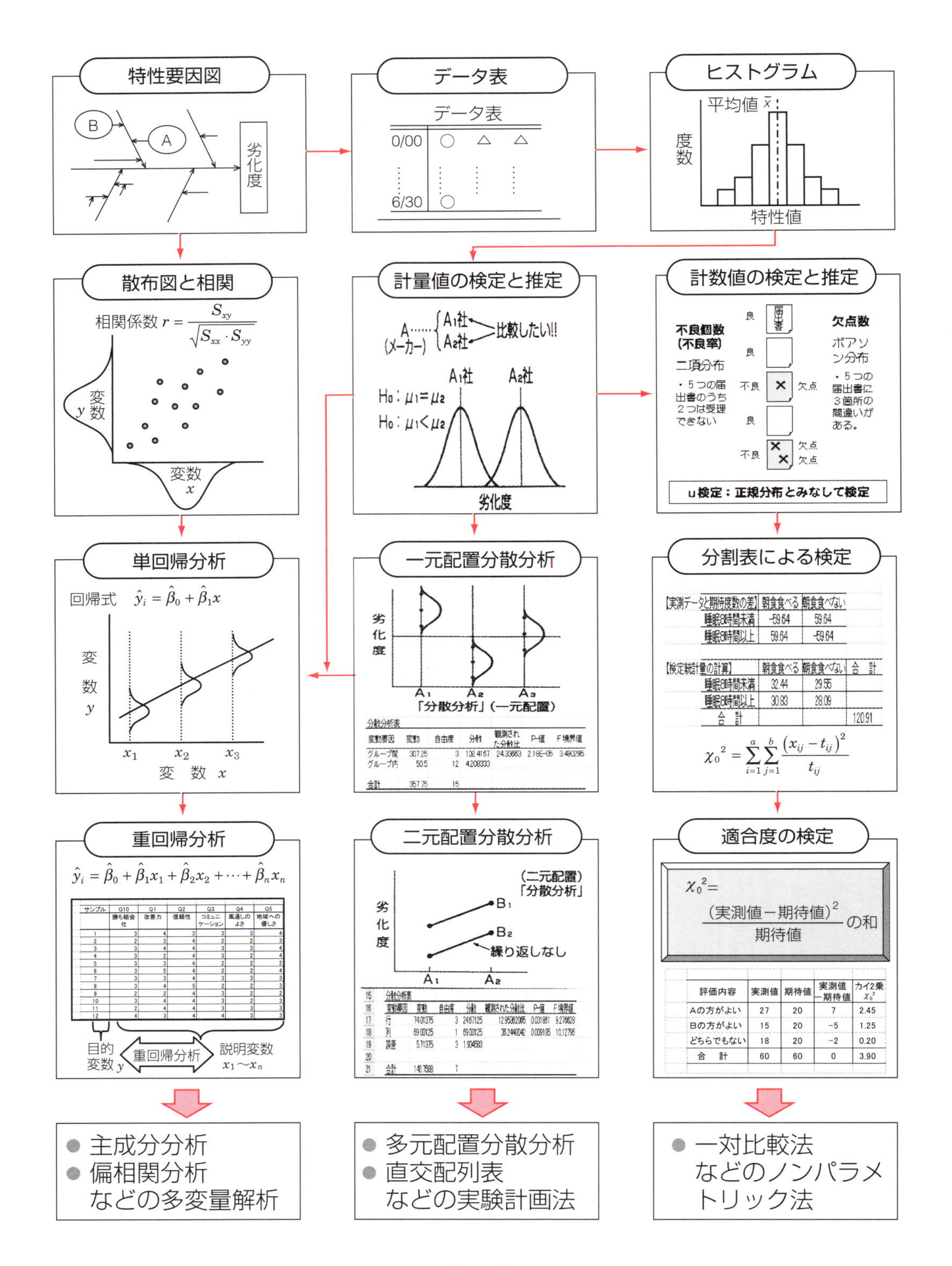

図 1.3　統計解析のあらまし

 1.4 統計的手法の活用場面

真の特性値は，実験や観測で得られたデータから推し測ることになる．ここで使われるのが統計的手法である．統計的手法は，品質管理，医学，工学，心理学，マーケティングや社会科学などの幅広い分野で応用されている．

図 1.4　統計的手法の活用場面

以下に，遭遇するであろう統計的手法の活用場面をかいせきファミリー (p.35) が紹介する．

場面 1　寸法不良が見つかった製造現場で　～ヒストグラムと工程能力指数～

アルファ父さんが勤める企業のある工場で軸部品を製造していた．その基準は 100.00 mm±0.50 mm である．最近，寸法不良が増えてきたという報告があったことから，品質保証部長であるアルファ父さんは，製造される軸部品の寸法が基準を満たしているかどうか，調べるよう工場の製造課長に進言した．そこで，製造課長はランダムに抜き取った 50 個のサンプルの寸法を測って，ヒストグラムを書いてみた．

ヒストグラムから平均値が規格上限に偏っており，ばらつきも大きく，不良品も発生していることがわかった．このデータから平均値と標準偏差を求めると，平均値 $\bar{x}=100.16$，標準偏差 $s=0.1769$ であり，工程能力指数は，

$$\text{工程能力指数 } C_p = \frac{S_U - S_L}{6 \times s} = \frac{100.5 - 99.5}{6 \times 0.1769} = 0.94 \qquad (1.1)$$

となったが，工程の平均値が規格の中心値と一致しないことから，C_{pk} を計算してみた．

$$\text{工程能力指数 } C_{pk}=(1-K)\times C_p=0.80 \tag{1.2}$$

$$K=\frac{|(S_U+S_L)/2-\bar{x}|}{(S_U-S_L)/2}=0.15 \tag{1.3}$$

工程能力指数 C_{pk} から判断すると，工程の状態は悪く，改善の必要性が生じ，早速，工場の製造課長は，関係者を集めて原因を探ることにした．

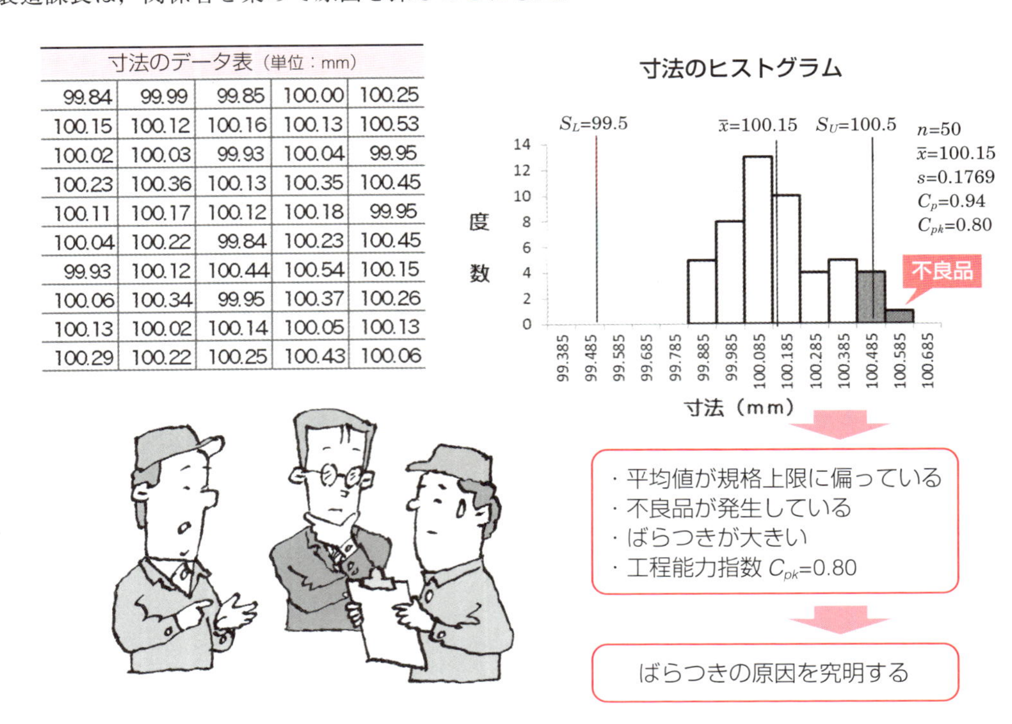

寸法のデータ表（単位：mm）

99.84	99.99	99.85	100.00	100.25
100.15	100.12	100.16	100.13	100.53
100.02	100.03	99.93	100.04	99.95
100.23	100.36	100.13	100.35	100.45
100.11	100.17	100.12	100.18	99.95
100.04	100.22	99.84	100.23	100.45
99.93	100.12	100.44	100.54	100.15
100.06	100.34	99.95	100.37	100.26
100.13	100.02	100.14	100.05	100.13
100.29	100.22	100.25	100.43	100.06

図 1.5　寸法のばらつきをヒストグラムで解析

場面 2　新しく開発した肥料の収穫が増えたのか　～母平均の差の検定

ベータ母さんがパートで勤めている肥料メーカーでは新しい肥料（肥料 A）を開発した．この肥料は従来品の B 肥料よりも効果があると考えられている．そこで，新しい肥料を使った 7 か所の農園と従来の肥料を使った 6 か所の農園において，同じ条件で肥料を使用してジャガイモを栽培し，収穫量を調査した．

図 1.6 の右上のデータ表は，それぞれの肥料を用いて栽培したときの，単位面積当たりの収穫量（kg）を測定した結果である．

ベータ母さんも参加して検討会を行った結果，新しい肥料を使った農園のジャガイモの収穫量（x_A）のほうが，従来の肥料を使った農園のジャガイモの収穫量（x_B）よりも多くなったかどうか，有意水準 α=0.05（5%）で母平均の差の検定で確かめることにした．

まず，母平均の差の検定を行った．

① 仮説の設定：$\mathrm{H}_0 : \mu_A=\mu_B \qquad \mathrm{H}_1 : \mu_A > \mu_B$　　(1.4)

② 有意水準 α=0.05（5%）　　(1.5)

③ 棄却域の設定：$R : t_0 \geq t(\phi, 2\alpha)=t(11, 0.10)=1.796$　　(1.6)

平均値の差の検定

帰無仮説　H_0　　対立仮説　H_1

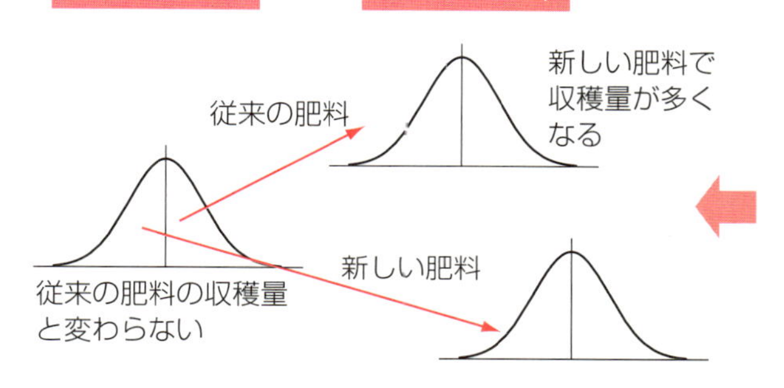

収穫量のデータ表

	新しい肥料	従来の肥料
1	42.3	40.3
2	43.0	42.5
3	41.5	40.8
4	40.3	39.2
5	43.0	41.0
6	44.9	40.9
7	44.2	

平均値の差の推定

$(\mu_A-\mu_B)_L$　$\widehat{\mu_A-\mu_B}$　$(\mu_A-\mu_B)_U$

信頼率 95%
区間推定

0 g
0.29 kg　1.96 kg　3.63 kg

●母平均の差の推定

仮説の設定：　$H_0: \mu_A=\mu_B$　　$H_1: \mu_A>\mu_B$

有意水準　$\alpha=0.05$（5%）

棄却域の設定：　$R: t_0 \geq t(\phi, 2\alpha)=t(11, 0.10)=1.796$

検定統計量：　$t_0=\dfrac{\overline{x_A}-\overline{x_B}}{\sqrt{V\left(\dfrac{1}{n_A}+\dfrac{1}{n_B}\right)}}=\dfrac{42.74-40.78}{\sqrt{1.851\left(\dfrac{1}{7}+\dfrac{1}{6}\right)}}=2.589$

判定：　$t_0=2.589>t(11, 0.10)=1.796$

図 1.6　開発品と従来品の違いを母平均の差の検定と推定で確認

④　検定統計量：$t_0=\dfrac{\overline{x_A}-\overline{x_B}}{\sqrt{V\left(\dfrac{1}{n_A}+\dfrac{1}{n_B}\right)}}=\dfrac{42.74-40.78}{\sqrt{1.851\left(\dfrac{1}{7}+\dfrac{1}{6}\right)}}=2.589$　（1.7）

⑤　判定：$t_0=2.589>t(11, 0.10)=1.796$　（1.8）

検定の結果，有意水準 5%で有意であることがわかった．帰無仮説 H_0 は棄却され，対立仮説 H_1 を採用する．したがって，新しい肥料を使った農園のジャガイモの収穫量（x_A）のほうが，従来の肥料を使った農園のジャガイモの収穫量（x_B）よりも多くなったといえることがわかった．

次に，新しい肥料を使った農園のジャガイモの収穫量（x_A）と従来の肥料を使った農園のジャガイモの収穫量（x_B）よりどれほど多くなるのか，「推定」という方法を用いて推測してみた．ここでは，平均値の差の推定を，点推定と信頼率 95%の区間推定を行った．

⑥　点推定：$\widehat{\mu_A-\mu_B}=\overline{x_A}-\overline{x_B}=42.74-40.78=1.96$ 　(1.9)

⑦　信頼率95％の信頼区間　$(\mu_A-\mu_B)_U=(\overline{x_A}-\overline{x_B})\mp t(\phi,\alpha)\sqrt{V\left(\frac{1}{n_A}+\frac{1}{n_B}\right)}$

$$=1.96\pm 2.201\times 0.757$$

$$=0.29\sim 3.63 \qquad (1.10)$$

以上の結果から，少なく見積もっても0.29，多く見積もると3.64の収穫量が増えることが推測された．

この結果をもとに新製品企画会議に報告書を提出した．報告書が提出された後，商品開発部長がベータ母さんの所へやってきてお礼を述べた．ベータ母さん，少し得意げにニコッとした．

場面3　よい品質特性を求めるための最適条件を検討　～繰り返しのある二元配置分散分析～

ミュー爺さんの友人が経営する素材メーカーで耐薬品性に優れている素材の開発を行っていた．現在，耐酸性度にムラがあることがネックになっていた．そこで，原材料である樹脂を3種類選定し，添加物を2種類用意し，どの組合せが耐酸性度を一番引き上げるか調べることになった．

相談されたミュー爺さんは，現役時代の経験と知識を活用してアドバイスした．結果としての特性は「耐酸性度」であり，要因は「原材料」と「添加物」の2因子である．実験の組合せは，3水準×2水準であるが，原材料と添加物には交互作用がありそうだということが他の実験結果から予想さている．そこで，3水準×2水準×2回(繰り返し)＝12回の実験を行うことにした．

12回の実験結果のデータ表とデータのグラフ化を図1.7に示す．

耐酸性度

原材料	添加物 B_1		添加物 B_2	
	1回目	2回目	1回目	2回目
A_1社	2.56	2.66	1.51	1.83
A_2社	3.01	3.17	2.27	2.17
A_3社	3.09	3.75	2.76	2.83

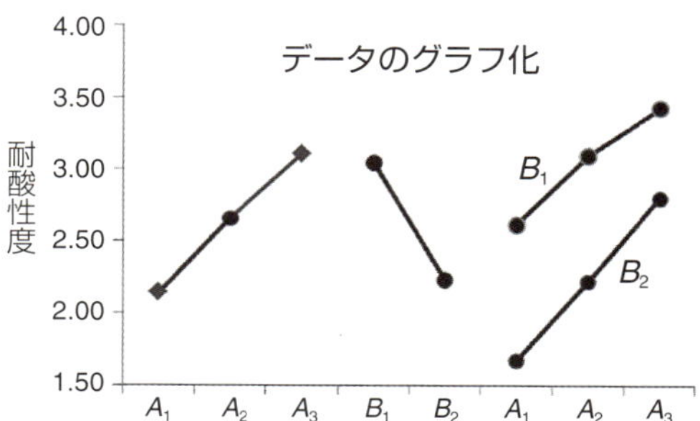

図1.7　データ表とデータのグラフ化

次に，繰り返しのある二元配置分散分析を行った結果を図 1.8 に示す．

原材料，添加物の効果，交互作用を知りたい

繰り返しありの二元配置分散分析表

要　因	平方和 S	自由度 ϕ	平均平方 V	F_0 値	P 値	F 境界値
原材料（A）	1.87	2	0.935	19.48	0.25%	5.14
添加物（B）	1.98	1	1.980	41.25	0.07%	5.99
交互作用 $A \times B$	0.05	2	0.025	0.521	59.95%	5.14
誤差 E	0.29	6	0.048			
計 T	4.20	11				

解析からわかること

F_0 値＞ F 境界値
→因子 A，B の効果がある．
交互作用 $A \times B$ はなさそう．
したがって，耐薬品性は，
メーカーおよび添加物によって異なり，
交互作用はないことがわかった．

最適水準の確定

最適水準（A_3B_1）の推定	
点推定値	3.4
区間幅	0.38
信頼下限	3.0
信頼上限	3.8

図 1.8　繰り返しありの二元配置分散分析

分散分析の結果，A_3 社の原材料と B_1 社の添加物を使うと耐酸性度が一番高くなることがわかった．また，最適水準は A_3B_1 であり，最適水準における点推定値は $\widehat{\mu_{A_3B_1}} = 3.4$ であり，信頼率 95%の区間推定は 3.0～3.8 であることがわかった．この結果を次の開発検討会で報告することにした．

数日後，友人がミュー爺さんを訪ねてお礼と結果の報告があった．これを聞いたミュー爺さん，「まだまだ現役だ」と少し満足げにつぶやいた．

場面 4　最適な保全計画を策定　～相関・回帰分析～

保全主任が点検データをみて品質保証部長であるアルファ父さんのところへ相談にきた．設備保全課では，設備トラブルを防止することから定期的に設備の状態を点検し，早めに設備の取り換えを実施していた．しかし，昨今の経費節減から取換え時期を延ばせないか，と工場長から言われて保全主任は悩んでいた．

しばらく考えていたアルファ父さんが「設備の劣化度は経年と関係があるんじゃないのか？点検データから適切な取換え時期を予測することができるかもしれない」といって，保全主任に散布図を書いて相関・回帰分析を行ってみてはどうかとアドバイスした．

先月点検した 12 組のデータ（経年と劣化度）を散布図に書いてみた．すると，点の散らばりが右肩上がりになり，年数が経てば劣化度が大きくなることがわかった．これは，経年と劣化度には，「正の相関がある」ということだ．さらに，回帰直線を求めてみると，劣化度が要注意領域に入るのは「経年 9 年前後」なので，その時期に部品取換えを実施すればよいことがわかった．

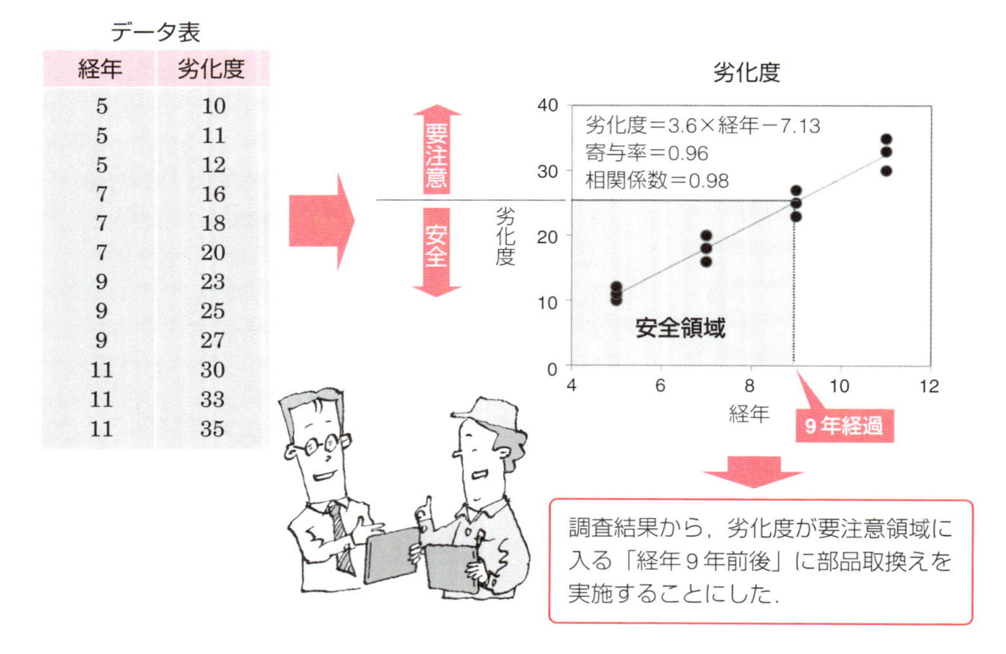

データ表

経年	劣化度
5	10
5	11
5	12
7	16
7	18
7	20
9	23
9	25
9	27
11	30
11	33
11	35

図 1.9　経年と劣化度の関係から適切な取換え時期を想定

この結果をまとめ，保全主任が工場長に提案し，承認を得た．後日，アルファ父さんの事務所に行って，「散布図を初めて書いたが，意外なところに役に立つんだ」と言った．アルファ父さん，これで保全主任もこれから統計を使ってくれるだろうと少し微笑んだ．

場面5　ニーズを見える化するアンケート解析

アンケートなどから得られた各回答項目について，「要因系指標の評価レベル」と「要因系指標の結果系指標への影響度」を算出し，縦軸に「評価レベル」，横軸に「影響度」の散布図を書いて，エリアごとに検討を行う方法がある．これを**ポートフォリオ分析**という．

ベータ母さんが勤めている職場で，先日実施した受講者アンケートの結果をスタッフが眺めていた．おおむね良好であったものの一部の受講者から不満の声が上がっていた．そんなとき，通りかかったベータ母さんにスタッフが「みんなに満足してもらえるような研修にしたいのだが」と声をかけた．その夜，この話をアルファ父さんに話したところ，「実は会社でも問題になり，統計解析の本を読んでいたらポートフォリオ分析がその答えを教えてくれそうだ」ということであった．

翌日，ベータ母さんは，研修担当のスタッフにポートフォリオ分析のことを伝えた．そこで，スタッフは，次回に向けて何を改善すればいいのか，受講者アンケートからヒントを得られないかということでポートフォリオ分析を行うことにした．

まず，アンケート用紙に記載された要因系質問と結果系質問の評価点の平均値を計算した．これが，各項目のSD値である．次に，結果系質問「今回の研修の満足度」を目的変数に設定し，「講師の話し方」「テキスト評価」「研修の進め方」など九つの要因系質問を説明変数に設定して**重回帰分析**を行った．その結果，**標準偏回帰係数**を得た．

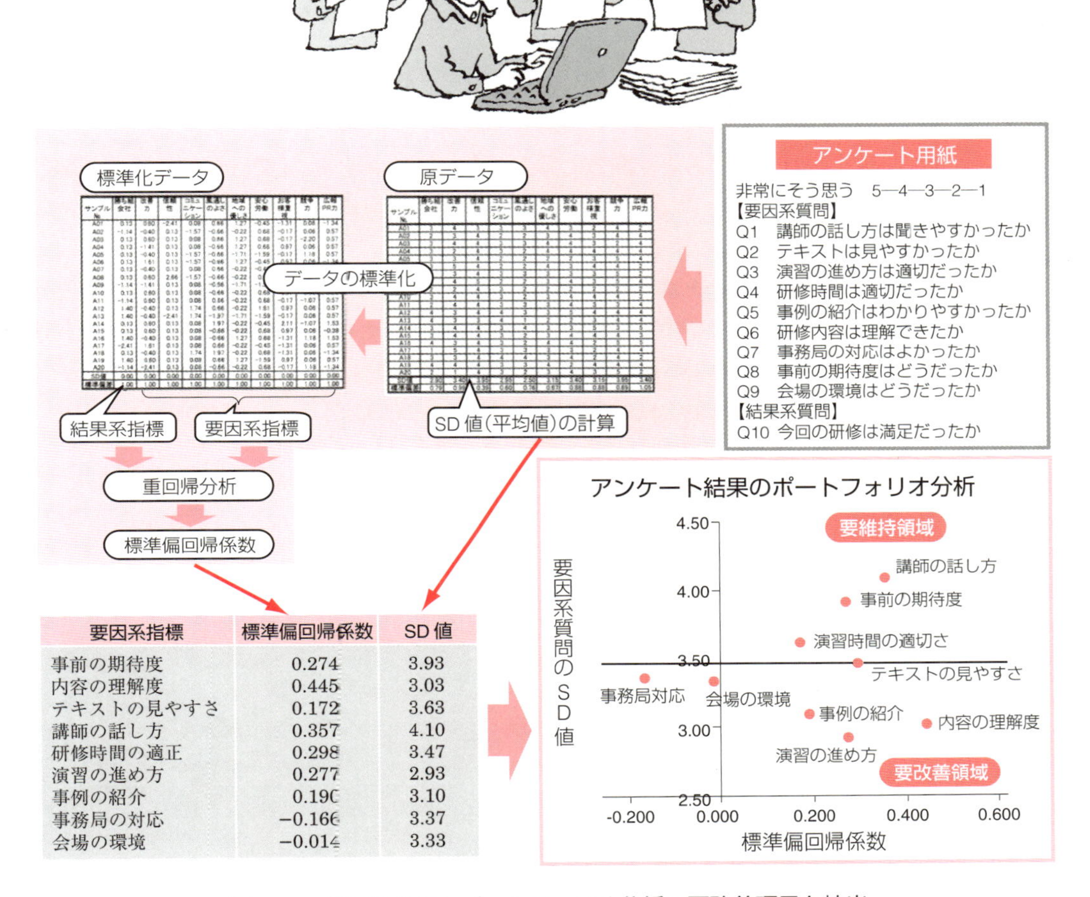

要因系指標	標準偏回帰係数	SD 値
事前の期待度	0.274	3.93
内容の理解度	0.445	3.03
テキストの見やすさ	0.172	3.63
講師の話し方	0.357	4.10
研修時間の適正	0.298	3.47
演習の進め方	0.277	2.93
事例の紹介	0.190	3.10
事務局の対応	−0.166	3.37
会場の環境	−0.014	3.33

図 1.10　重回帰分析とポートフォリオ分析で要改善項目を抽出

次に，標準偏回帰係数を横軸にSD値を縦軸に設定した散布図を書き，四つのゾーンに分けた．この散布図では，右に行くほど，結果である研修満足度に影響が強い項目であり，下に行くほど評価が悪いということになる．この散布図から右下に位置するゾーンに入る要因系質問項目が要改善項目として抽出される．これが**ポートフォリオ分析**である．

このポートフォリオ分析より，結果系指標への影響度が高く評価レベルが低い「内容の理解度」「演習の進め方」「事例の紹介」を再検討することにした．

研修スタッフは，ベータ母さんに「また困ったときには，お願いね」とお礼を言った．

ベータ母さんは，帰宅後，夕食時にアルファ父さんに報告した．今日の夕食時にはポートフォリオの話題で持ちきりであった．イプシロンちゃんとシグマ君は何がどうなっているのかわからなかったので，「なになに，教えて」って話題に参加し，さらに盛り上がった．

1.5 Excel による統計解析の基本的な使い方

本書では，Excel 2007，Excel 2010，Excel 2013 を活用して，統計解析を進めていく手順を紹介する．統計解析の具体的な手順は，各解析手法のところで解説するが，ここでは Excel の基本機能である「関数機能」と「分析ツール」の使い方を解説する．

1.5.1 ● Excel 関数機能による統計量の計算

Excel では，「数式」の左端にある「関数の挿入」をクリックする．「関数の挿入」や「関数(F)」とは，Excel シートに作成されたデータや直接入力した数値データを使うことによって，いろいろな統計量の計算や分布の確率を表示する機能である．

「関数の挿入」や「関数(F)」をクリックすると，関数の選択ができる．実験計画法の解析を行うには，「関数の分類(C)」の中の「統計」を選択する．そして，「関数名(N)」欄から目的に応じた統計量の計算や分布の確率を選択する（図 1.11 参照）．

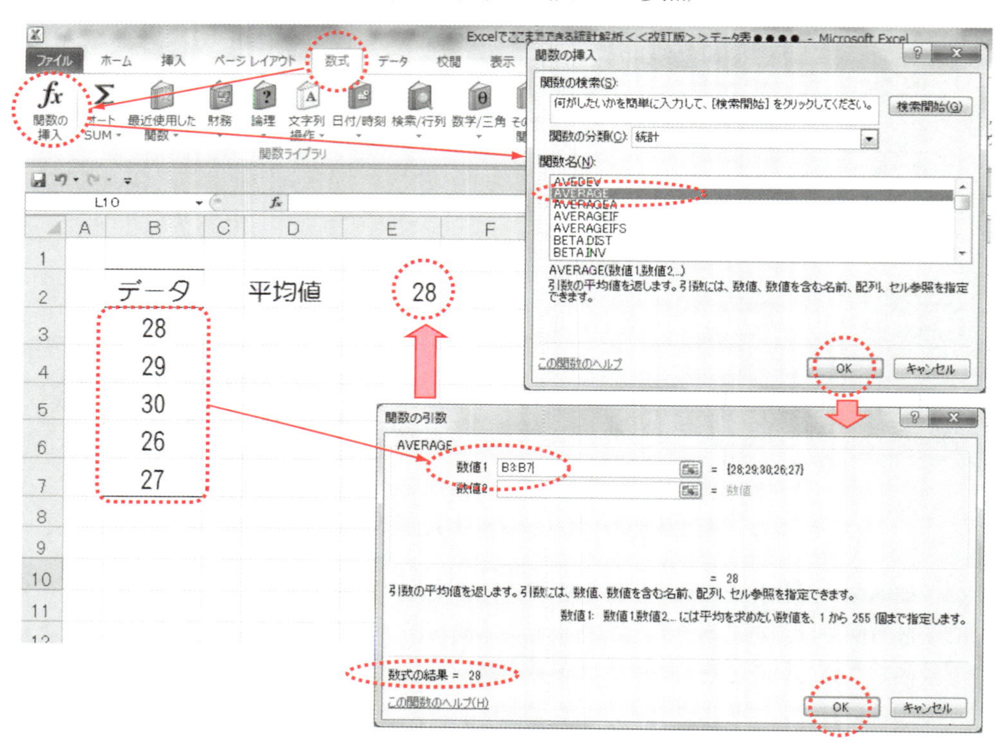

図 1.11　Excel 関数機能による統計量の計算

この「関数名(N)」には，いろいろな関数があるが，そのうち，統計解析の計算に使う関数をまとめたのが表 1.1 である．

この Excel 関数の表示については，Excel 2007 と Excel 2010 以降で少し変更されている関数名があるので注意を要する．特に関数名に「.」が記入されている場合がある．Excel 2010

表1.1 主なExcel関数機能（統計）とその内容

No.	関数名	解説
1	AVERAGE	平均値を計算する
2	CHISQ.INV.RT * CHIINV	χ^2 分布の逆関数の値を求める
3	CHITEST	χ^2 検定を行う
4	CORREL	2組のデータの相関係数を計算する
5	COUNT	数値データの数を数える
6	COVAR	共分散を計算する
7	DEVSQ	サンプルから平方和 S を計算する
8	F.INV.RT * FINV	F 分布の逆関数の値を求める
9	FTEST	F 検定を行う
10	MAX	データの最大値を求める
11	MIN	データの最小値を求める
12	NORM.S.DIST * NORMSDIST	標準正規累積分布の確率を求める
13	NORM.S.INV * NORMSINV	標準正規累積分布の逆関数の値を求める
14	STDEV.S * STDEV	データの標準偏差を計算する
15	STDEV.P * STDEVP	母集団の標準偏差を計算する
16	T.INV.2T * TINV	t 分布の逆関数の値を求める
17	VAR.S * VAR	データの（不偏）分散を計算する
18	VAR.P * VARP	母集団の分散を計算する
19	ZTEST	$Z(u)$ 検定の両側 P 値を求める

* Excel 2007 Ver.の関数

以降での主な変更点は，次のとおりである．

① 標準偏差「STDEV」の変更

データの標準偏差「STDEV」→「STDEV.S」

② （不偏）分散「VAR」の変更

データの（不偏）分散「VAR」→「VAR.S」

③ 正規分布表「NORMSDIST」「NORMSINV」は，次のように変更された．

「NORM.S.DIST」：k から正規分布の確率 P を求める．

「NORM.S.INV」：正規分布の確率 P から k の値を求める．

④ t 分布表は，従来両側確率のみであった「TINV」が，片側確率と両側確率に分離した．

「T.INV」：t 分布表の片側確率

「T.INV.2T」：t 分布表の両側確率……従来の「TINV」

⑤ F 分布表は，従来右片側確率のみであった「FINV」が，右片側確率と左片側確率に分離した．

「F.INV」：F 分布表の左片側確率

「F.INV.RT」：F 分布表の右片側確率……従来の「FINV」

1.5.2 ● Excel「分析ツール」による統計解析の実行

Excel による統計解析は，表 1.1 の関数を組み合わせることで可能である．しかし，「分析ツール」を活用すると，データや条件を入力するだけで，簡単に検定，分散分析や相関・回帰分析などの結果を表すことができる．

分析ツールを使用するには，「データ」タブの「分析」の中の「データ分析」が組み込まれていることが必要になる．もし，「データ分析」が組み込まれていなければ，「分析ツール」のインストールを行う．インストール方法は，Excel のバージョンによって異なるので，Excel のバージョンを確認してインストールを行う．

(1) 分析ツールのインストール（Excel 2010 以降の場合）

Excel 2010 以降を使用している場合，分析ツールのインストールは，次の手順で行う（図 1.12 参照）．

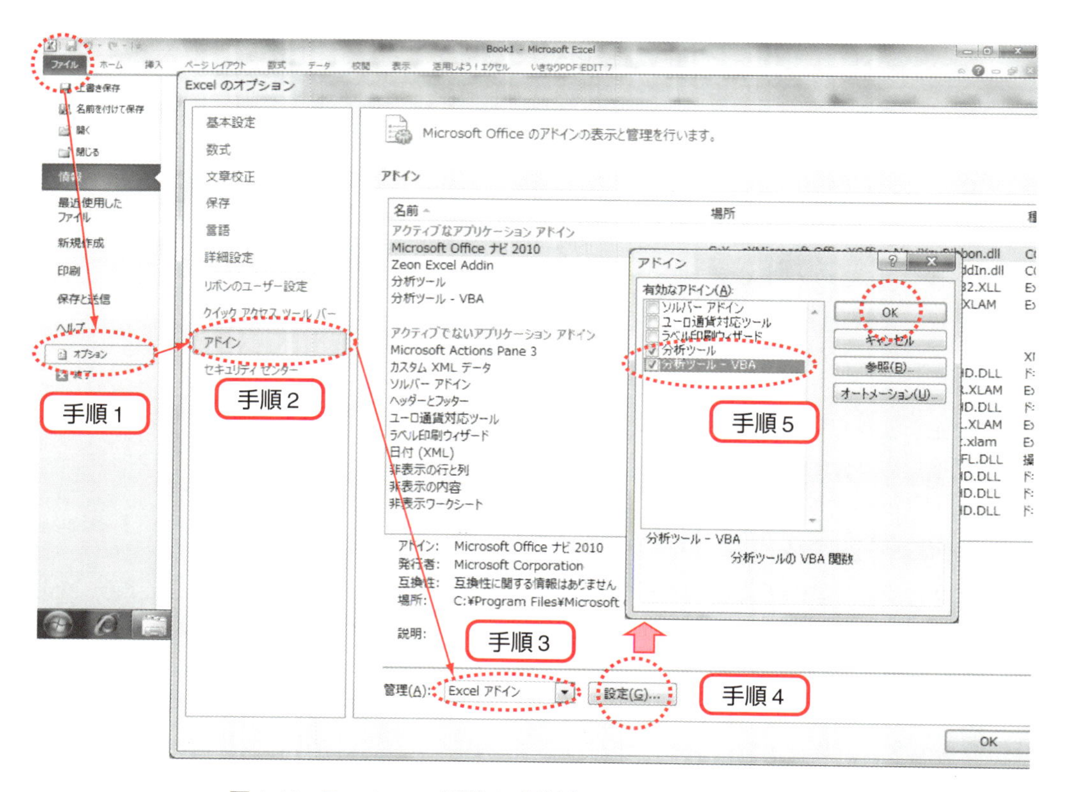

図 1.12　Excel 2010 以降の「分析ツール」のインストール

手順 1　「ファイル」タブをクリックし，「オプション」をクリックする．
手順 2　「Excel のオプション」画面で「アドイン」を選択する．
手順 3　管理(A) で「Excel アドイン」を選択する．
手順 4　右の「設定(G)」をクリックする．
手順 5　「アドイン」画面の
　　☑ 分析ツール
　　☑ 分析ツール-VBA
　に「✓」チェックマークを入力し，「OK」をクリックする．

(2)　分析ツールのインストール（Excel 2007 の場合）

Excel 2007 を使用している場合，分析ツールのインストールは，次の手順で行う（図 1.13）．

手順 1　「Microsoft Office ボタン」をクリックする．
手順 2　「Excel のオプション」をクリックする．
手順 3　「アドイン」をクリックし，「管理」ボックスの一覧の「Excel アドイン」をクリックする．
手順 4　「設定」をクリックする．
手順 5　「有効なアドイン」ボックスの一覧で，「分析ツール」と「分析ツール-VBA」チェ

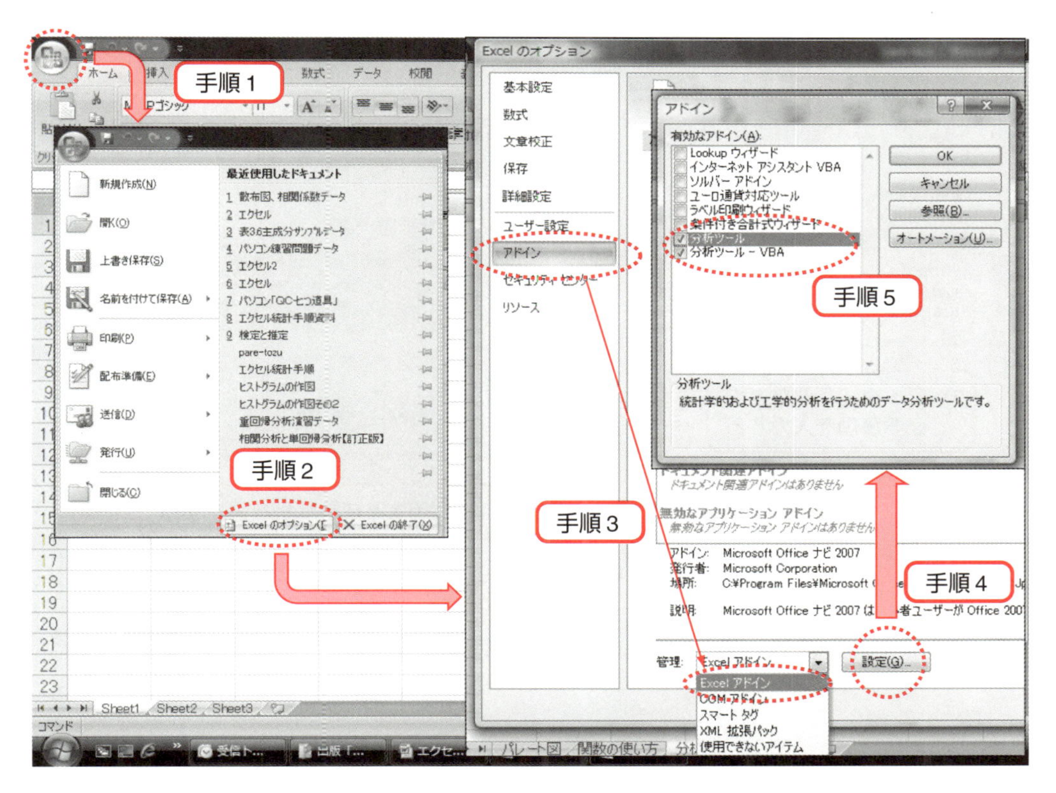

図 1.13　Excel 2007 の「分析ツール」のインストール

ックボックスに「✓」チェックマークを入れる．「OK」をクリックする．

もし，「有効なアドイン」ボックスの一覧に「分析ツール」が表示されない場合は，「参照」をクリックしてアドインファイルを見つける．

分析ツールを読み込むことで，「データ」タブの「分析」で「データ分析」を実行することができる．

(3)　分析ツールによる統計解析の実行

分析ツールの中から，解析の目的に合わせて手法を選択すると，解析に必要なデータなどを入力する画面が表示される．入力画面に必要事項を入力すれば，解析結果が表示される．

分析ツールを活用する手順は，次のとおりである（図 1.14）．

手順１　「データ」タブの「分析」の中の「データ分析」をクリックする．

手順２　「データ分析」画面が表示されれば，「分析ツール（A)」の中から，解析を行う項目を選択し，「OK」をクリックする．

手順３　解析画面が表示されれば，解析に必要なデータや諸元の入力を行う．

手順４　「OK」をクリックし，解析結果を表示させる．

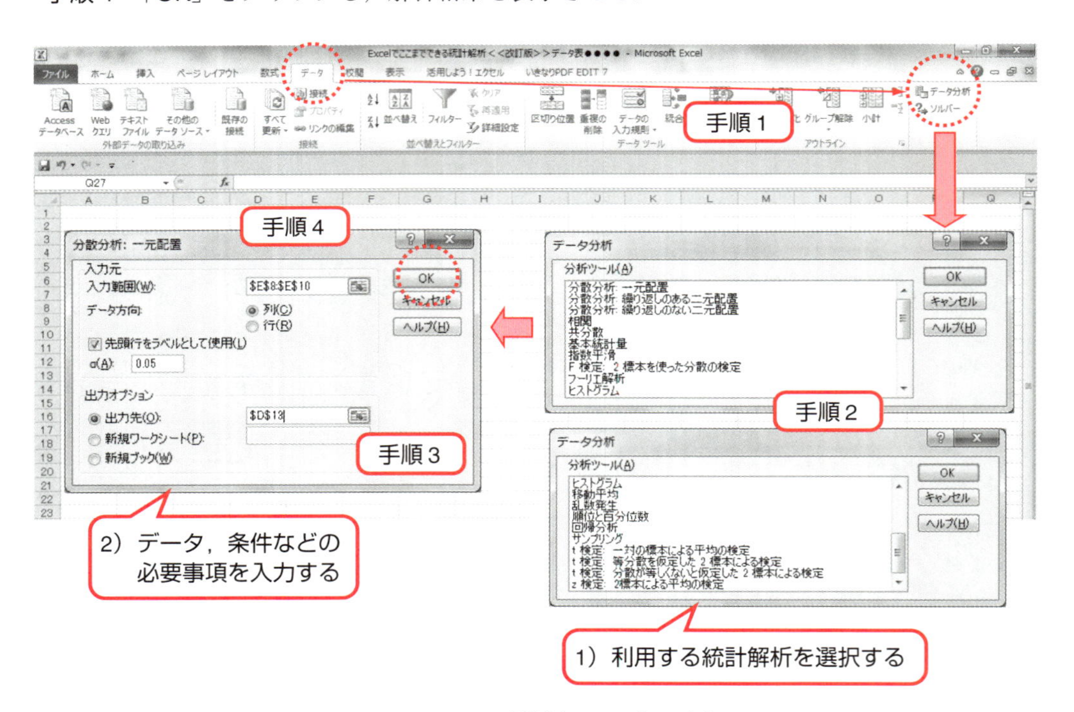

図 1.14　Excel「分析ツール」の実行

分析ツールでは，表 1.2 のような統計的手法の解析ができる．

表 1.2 Excel の分析ツールの主な統計解析とその内容

No.	統計 解析	解 説
1	分散分析 一元配置	因子一つの分散分析表を出力する
2	分散分析 繰り返しのある二元配置	因子二つと交互作用の分散分析表を出力する
3	分散分析 繰り返しのない二元配置	因子二つの分散分析表を出力する
4	相関	二つ以上の変数間における相関係数を一覧表に出力する
5	基本統計量	データ数，平均値，分散，標準偏差などの基本統計量を出力する
6	F 検定 2 標本を使った分散の検定	二つの母集団のばらつきの比の検定を行う
7	ヒストグラム	度数表とヒストグラムを出力する
8	回帰分析	単回帰分析，並びに 16 変数までの重回帰分析を行う
9	t 検定 一対の標本による平均の検定	対応のあるデータの t 検定を行う
10	t 検定 等分散を仮定した 2 標本による検定	等分散とみなせる二つの母集団における平均値の差の t 検定を行う
11	t 検定 分散が等しくないと仮定した 2 標本による検定	二つの母集団における平均値の差の Welch の検定を行う
12	z 検定 2 標本による平均の検定	データ数が 100 程度以上の場合における二つの平均値の差の正規分布検定を行う

第2章

データのまとめ方と分布

2.1 母集団を推測するデータのまとめ方

2.1.1 ●データのグラフ化と計算

データをまとめるには，二つの方法がある．

一つはグラフに描くことである．視覚的に分布の状態（ヒストグラム）や二つの特性の関係（散布図）をみることができる．

もう一つは，データの代表値とばらつきを計算することによって分布の状態をみることである．また，二つの特性のデータから相関係数を計算することによって関係の度合いをみることができる．これらの統計計算を行うことによって，多数あるデータを少数の統計量（平均値，標準偏差や相関係数）にまとめることができ，母集団の状態を推測しやすくなるのである．

このようにして，私たちが知りたい母集団からサンプルを抽出し，得られたサンプルのデータから統計量を計算することによって，知りたい母集団を推測することができる（図2.1参照）．

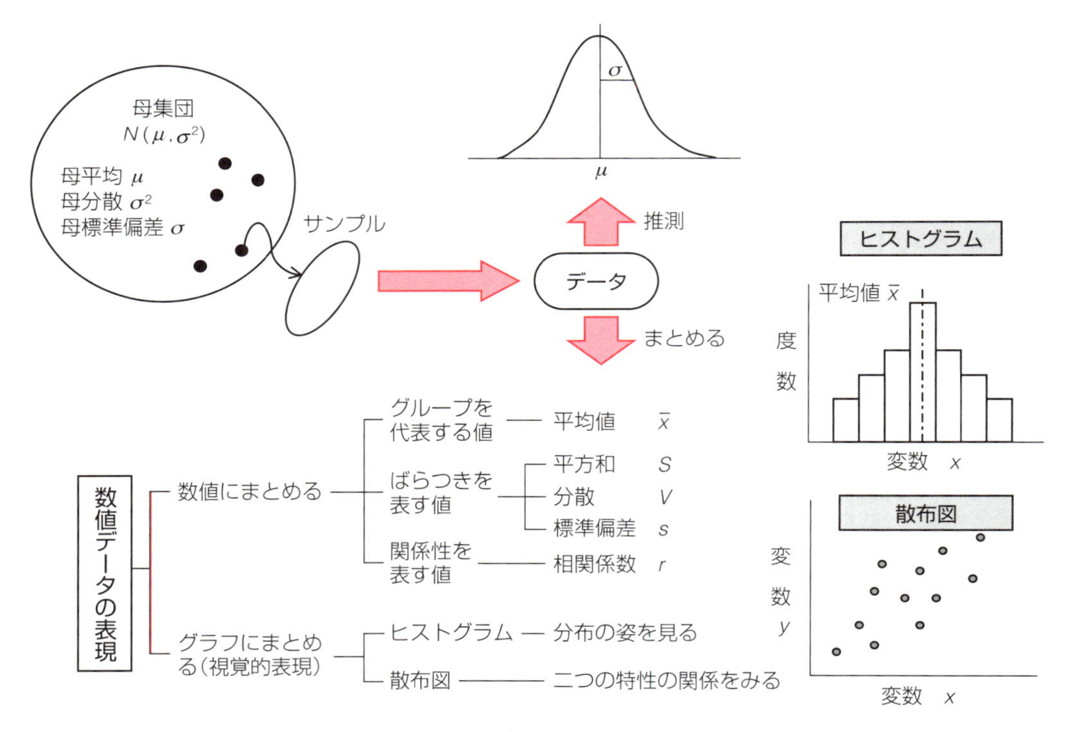

図2.1　データのまとめ方

2.1.2 ●グループを代表する平均値

職場などで，従業員の平均年齢や平均給与が話題となることがある．平均値というものは，グループ全体を一つの数で代表しているもので，このような数値を代表値という．

平均値 $\bar{x}$ とは，(2.1)式のように，「すべてのデータ x_i の和」を「データの数 n」で割ったものである．それは計算がそれほど面倒でなく，サンプルの平均値と母集団の平均値の間に便利な法則があるため，統計解析ではよく使われる代表値である．

$$\text{平均値}\quad \bar{x} = \frac{x_1 + x_2 + \cdots + x_n}{n} = \frac{\sum_{i=1}^{n} x_i}{n} \quad \text{または} \quad \bar{x} = \frac{\sum x_i}{n} \tag{2.1}$$

$\sum_{i=1}^{n} x_i$ または $\sum x_i$ は，データ $x_1, x_2, \cdots, x_i$ の和を示す式である．

代表値にはほかに，メジアンや中央値といった数値も用いられる．

ここで，難しい統計解析を親しみをもって理解していただくため，下記の『かいせきファミリー』で説明しよう．

『かいせきファミリー』　5人家族

- ミュー爺(じい)さん（65歳）
- アルファ父さん（42歳）
- ベータ母さん（38歳）
- シグマ君（兄18歳）
- イプシロンちゃん（妹12歳）

まず，『かいせきファミリー』の年齢から考えてみよう．5人の年齢の平均値を(2.2)式で計算すると，35.0歳となる．

$$\text{平均値}\quad \bar{x} = \frac{65 + 42 + 38 + 18 + 12}{5} = \frac{175}{5} = 35.0 \tag{2.2}$$

2.1.3 ●平均値とばらつき

アルファ父さんの勤めている会社では，AとBの二つの事業所がある．どちらも同じ状態で作業を行っているようであったが，たまにB事業所ではお客様のクレームにつながる問題が起こっていた．そこで，アルファ父さんは，作業者ごとの作業時間を測定し，平均値を計算してみた．しかし，どちらの事業所の作業時間の平均値$\bar{x}$も15分であり，特に差がみられなかった．

そこで，1分ごとに作業時間を積み上げていき，図2.2のグラフを描いてみた．これをヒストグラムという．

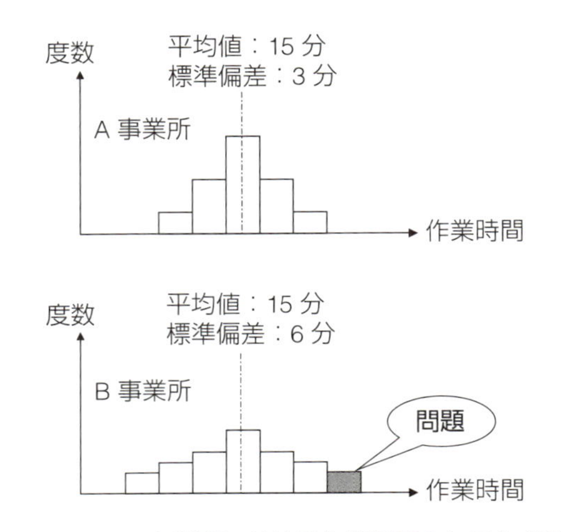

図2.2 二つの事業所における作業時間のヒストグラム

ヒストグラムとは，測定値の存在する範囲をいくつかの区間に分け，その区間に属する測定値の出現度数に比例する面積をもつ柱（長方形）を並べた図で，仕事の状態を視覚でつかむことができる．このようにデータのばらつきの（姿）全体を「分布」という．

図2.2から，A事業所よりB事業所の方が左右に広がりがあることがわかる．これが「ばらつき」である．そして，お客様のクレームにつながった作業をこのヒストグラムにあてはめてみると，B事業所の右端の作業時間で行ったものであることがわかった．

A事業所では早くできる人は12分，遅い人でも18分で作業を終えている．

ところが，B事業所では9分でできる人もいるかわりに，21分もかかる人がいる．20分以上かかったときに問題が発生することをアルファ父さんはつかんだのである．

このばらつきを表す統計量として，標準偏差がある．標準偏差とは，データのばらつきの大きさをみる値である．ばらつきが大きいほど問題が潜んでいる．図2.2の作業時間から標準偏差を計算すると，A事業所は3分であり，B事業所は6分と2倍ほどの違いがあることがわかった．次項の2.1.4で標準偏差の求め方2.3.1でヒストグラムの作成手順，2.2.2でヒストグラムの見方を紹介する．

2.1.4 ●ばらつきを表す値

ばらつきを表す値には，平方和，分散，標準偏差などがある．

(1)　平方和（偏差平方和）*S*

ばらつきの状態を知るには，$(x_1-\bar{x})$，$(x_2-\bar{x})$，…のように，各データと平均値との差を考えてみる．このような，（測定値－平均値）のことを偏差とよんでいる．

これらの偏差をすべてについて計算し，その総和を作ればばらつきの尺度が得られそうである．ところが，(2.3)式のように偏差には正の値と負の値があり，偏差のプラスの値とマイナスの値を加えると，その総和はゼロになる．

$$\sum(x_i-\bar{x})=0 \tag{2.3}$$

そこで，偏差の符号を消すために，(2.4)式のように各偏差の2乗を求めることにする．これを「偏差の2乗（平方）の和」という意味から平方和，または偏差平方和とよばれ，*S*（ラージエス）という記号で表される．なお，本書では以降，偏差平方和のことを単に平方和とよぶ．

$$\text{平方和}\quad S=\sum(x_i-\bar{x})^2=(x_1-\bar{x})^2+(x_2-\bar{x})^2+\cdots+(x_n-\bar{x})^2 \tag{2.4}$$

$$S=\sum(x_i-\bar{x})^2=\sum(x_i{}^2-2x_i\bar{x}+\bar{x}_i{}^2)=\sum x_i{}^2-2\bar{x}\sum x_i+n\bar{x}^2$$

$$=\sum x_i{}^2-2\frac{\sum x_i}{n}\sum x_i+\sum x_i\frac{\sum x_i}{n}$$

$$=\sum x_i{}^2-\frac{\left(\sum x_i\right)^2}{n}$$

(2.4)式を書き直すと，(2.5)式のようになる．

$$S=\sum x_i{}^2-\frac{\left(\sum x_i\right)^2}{n} \tag{2.5}$$

なお，$\dfrac{\left(\sum x_i\right)^2}{n}$ を修正項という．

【例題 2.1】平方和の計算

ベータ母さんが家庭菜園で育てている五つの苗の生育状況を背丈で測定してみた．その結果，

9.2　8.9　9.3　9.4　8.6　(cm)

の五つのデータが得られた．この結果から生育状況の平方和を求めてみよう．

解）データより平均値を求める．

$$\bar{x}=\frac{9.2+8.9+9.3+9.4+8.6}{5}=\frac{45.4}{5}=9.08 \tag{2.6}$$

平方和は，(2.5)式を用いると，次のようになる．

$$S = 9.2^2 + 8.9^2 + 9.3^2 + 9.4^2 + 8.6^2 - \frac{(9.2 + 8.9 + 9.3 + 9.4 + 8.6)^2}{5}$$
$$= 412.66 - 412.232$$
$$= 0.428 \tag{2.7}$$

(2) 分散と不偏分散 *V*

平方和はデータの数によって影響されるので，データの数とは関係しないばらつきの尺度として，分散が用いられる．データの数で割って平均値を計算したものを分散とよび，V または σ^2（シグマ２乗）という記号で表す．

分散は，(1.8)式で表される．

$$V = \frac{S}{n} \tag{2.8}$$

ところが，平方和を計算するときに使われる平均値は，一般的には母平均がわからないので，母平均の代わりにサンプル平均を使ってサンプルの分散を計算することを考える．ところが，このサンプルの分散は母分散の推定値とはならない．つまり，母集団から標本を取り出す操作を何回も繰り返し，多くのサンプルの分散を計算して，これらのサンプル分散の平均値を計算すると，この平均値は母分散の推定値に一致せず，少し小さい値になる．そこで，「データ数」で割る代わりに「(データ数)－1」［これを自由度 ϕ（ファイ）とよぶ］で割ることにする．これを不偏分散という．

自由度　$\phi = n - 1$ (2.9)

不偏分散（本書では，以降，単に分散とよぶ）

$$V = \frac{S}{n - 1} \tag{2.10}$$

【例題 2.2】分散（不偏分散）の計算

例題 2.1 に示した苗の背丈の分散を求めてみよう．

解） (2.7)式の平方和より分散を求める．サンプルデータから求めるため，分母は $n-1$ で割ることとし，(2.10)式を用いると，次のようになる．

$$V = \frac{0.428}{5 - 1} = 0.107 \tag{2.11}$$

(3) 標準偏差 *s*

分散は２乗して加えたのだから，単位も含めてもとに戻すために平均の平方根をとることにする．これが標準偏差 s（スモールエス）であり，集団が平均値のまわりに，どのように散らばっているかを示す数値である．

標準偏差は，(2.12)式で計算できる．

$$s = \sqrt{V} \tag{2.12}$$

【例題 2.3】標準偏差の計算

例題 2.1 に示した苗の背丈の標準偏差を求めてみよう．

解） (2.12)式より標準偏差を求めると，次のようになる．

$$s = \sqrt{0.107} = 0.327 \tag{2.13}$$

2.1.5 ●統計量と母数

中心的な位置の情報は，平均 $\bar{x}$ から与えられる．また，ばらつきについての情報は，平方和 S，分散 V や標準偏差 s から得られる．しかし，これらの値は，私たちが本当に知りたい代表値やばらつきの値そのものではない．これらは，母集団の様子を探るために，データから計算される手がかりであるため，統計解析では，これらは**統計量**とよぶ．統計量は，データから計算によって得られる量である．また，統計量はサンプリングのたびに値が変化するので**変量**ともよぶ．

これに対して，母集団における中心やばらつきの真の値を**母数**とよぶ．私たちが本当に知りたいのは母数の値である．サンプリングによるデータからでは，母数の値を完全に知ることは不可能である．しかし，適切な統計量を用いることにより，ある程度の確からしさをもって母数の値を推測することが可能となる．

統計量と母数を区別することは，統計解析を理解するにあたって大切なことである．統計量と母数との関係を表 2.1 に示す．なお，統計量と母数を区別するため，**統計量をアルファベットで表し**，**母数をギリシャ文字で表す**ことが多い．本書もこれらの表記とする．

表 2.1　統計量と母数の関連

母　数	統　計　量
母集団の情報	サンプルから得られた情報
母平均（μ）ミュー	平均値（$\bar{x}$）エックスバー
母分散（σ^2）シグマ 2 乗	分散（V）ブイ
母標準偏差（σ）シグマ	標準偏差（s）スモールエス

2.1.6 ● Excel 関数機能による平均値とばらつきの計算

Excel で平均値 $\bar{x}$，平方和 S，分散 V，標準偏差 s を計算するには，「関数(F)」を利用する．手順は，以下に示す（図 2.3）．

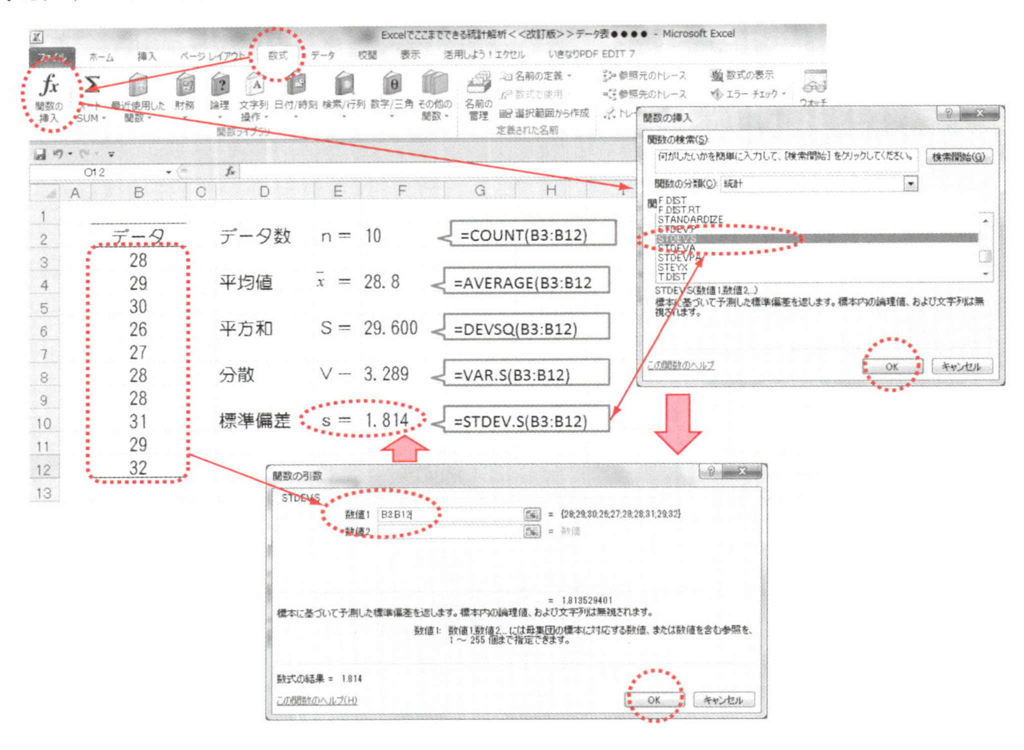

図 2.3　関数による統計量の計算

(1)　データ数を計算する（関数：COUNT）

手順 1　「数式」タブの「関数の挿入」をクリックすると，「関数の挿入」画面が表示される．「関数の挿入」画面の中の「関数の分類(C)」から「統計」を選択する．「関数名(N)」から「COUNT」を選択し，「OK」をクリックする．

手順 2　「数値 1」欄にデータを入力する．ここでは，「B3:B12」となり，「OK」をクリックすると，その結果が F2 のセルに 10 と表示される．

(2)　平均値を計算する（関数：AVERAGE）

手順 1　「数式」タブの「関数の挿入」をクリックすると，「関数の挿入」画面が表示される．「関数の挿入」画面の中の「関数の分類(C)」から「統計」を選択する．「関数名(N)」から「AVERAGE」を選択し，「OK」をクリックする．

手順 2　「数値 1」欄にデータを入力する．ここでは，「B3:B12」となり，「OK」をクリックすると，その結果が F4 のセルに 28.8 と表示される．

(3)　平方和を計算する（関数：DEVSQ）

手順1　「数式」タブの「関数の挿入」をクリックすると，「関数の挿入」画面が表示される．「関数の挿入」画面の中の「関数の分類(C)」から「統計」を選択する．「関数名(N)」から「DEVSQ」を選択し，「OK」をクリックする．

手順2　「数値1」欄にデータを入力する．ここでは，「B3:B12」となり，「OK」をクリックすると，その結果がF6のセルに29.600と表示される．

(4)　分散を計算する（関数：VAR.S）

手順1　「数式」タブの「関数の挿入」をクリックすると，「関数の挿入」画面が表示される．「関数の挿入」画面の中の「関数の分類(C)」から「統計」を選択する．「関数名(N)」から「VAR.S」を選択し，「OK」をクリックする．

手順2　「数値1」欄にデータを入力する．ここでは，「B3:B12」となり，「OK」をクリックすると，その結果がF8のセルに3.289と表示される．

注）母分散を求める場合は，関数名「VAR.P」を利用する．

(5)　標準偏差を計算する（関数：STDEV.S）

手順1　「数式」タブの「関数の挿入」をクリックすると，「関数の挿入」画面が表示される．「関数の挿入」画面の中の「関数の分類(C)」から「統計」を選択する．「関数名(N)」から「STDEV.S」を選択し，「OK」をクリックする．

手順2　「数値1」欄にデータを入力する．ここでは，「B3:B12」となり，「OK」をクリックすると，その結果がF10のセルに1.814と表示される．

注）母標準偏差を求める場合は，関数名「STDEV.P」を利用する．

2.2 分布の状態を視覚的にみるヒストグラム

2.2.1 ●ヒストグラムの作成手順

イプシロンちゃんが，田舎から送ってきたみかんを並べていた．そこへシグマ君がやってきた．

シグマ君「何しているんだ」

イプシロンちゃん「このみかん，大きいのと小さいのがある」

シグマ君「あれ，本当だ」

一見すると同じに見えるみかんでも，ばらつきがある．そこで，この箱に入っていた48個のみかんの重さを一つ一つ測ってみた．その結果が，表2.2である．

このみかんの重さのヒストグラムを描いて，どの重さが一番多いか，また，重さのばらつきはどの程度かをみることにした．

手順1　データを収集する

48個のみかんの重さをまとめたのが表2.2である．

データ数　$n=48$　(2.14)

表2.2　みかんの重さ

(g)

89	89	80	83
88	82	83	84
86	83	84	85
92	92	85	82
84	85	85	89
86	87	86	88
87	83	86	90
80	84	86	82
87	87	85	86
87	86	84	90
86	87	87	87
86	87	88	88

手順 2　データの最大値と最小値を求める

$$最大値 \quad x_{max} = 92\ \mathrm{g} \tag{2.15}$$

$$最小値 \quad x_{min} = 80\ \mathrm{g} \tag{2.16}$$

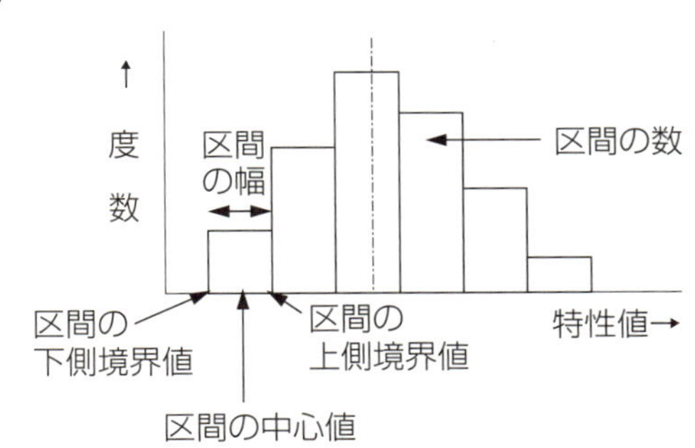

図 2.4　ヒストグラムの名称

手順 3　区間の数を決める

区間の数は，$\sqrt{データ数} = \sqrt{n}$ を計算し，整数値になるよう四捨五入する．

$$区間の数 = \sqrt{48} = 6.93 \quad \rightarrow \quad 7 \tag{2.17}$$

手順 4　区間の幅を決める

$$区間の幅 = \frac{最大値 - 最小値}{区間の数} = \frac{92 - 80}{7} = \frac{12}{7} = 1.71 \tag{2.18}$$

実際の幅は，測定単位の整数倍を採用する．測定単位とは，測定値の最小単位のことで，この場合は「1」となる．

「1」の整数倍に近い値をとって，区間の幅＝2　とする．

手順 5　区間の境界値を決める

第 1 区間の境界は，測定単位の 1/2 のところにくるように決める．

$$第 1 区間の下側境界値 = 最小値 - \frac{1}{2} \times 測定単位 = 80 - \frac{1}{2} \times 1 = 79.5 \tag{2.19}$$

$$\begin{aligned} 第 1 区間の上側境界値 &= 第 1 区間の下側境界値 + 区間の幅 \\ &= 79.5 + 2 = 81.5 \end{aligned} \tag{2.20}$$

以下，順に「区間の幅」を加えて，第 2，第 3，…の区間を求め，最大値を含む区間まで計算する．

手順 6　度数表を作成する

表 2.2 データ表から各区間に入るデータを数え，度数マークを付けて，度数を計算する（表 2.3）．

表 2.3　度数表

No.	区　間	中心値	度数マーク	度数
1	79.5 ～ 81.5	80.5	//	2
2	81.5 ～ 83.5	82.5	𝍸 //	7
3	83.5 ～ 85.5	84.5	𝍸 𝍸	10
4	85.5 ～ 87.5	86.5	𝍸 𝍸 𝍸 ///	18
5	87.5 ～ 89.5	88.5	𝍸 //	7
6	89.5 ～ 91.5	90.5	//	2
7	91.5 ～ 93.5	92.5	//	2

手順 7　ヒストグラムを作成する

作成したヒストグラムから情報を得る（図 2.5）.

① 分布の形：一般型である

② 分布の中心：ほぼ中央である

③ ばらつきは大きい

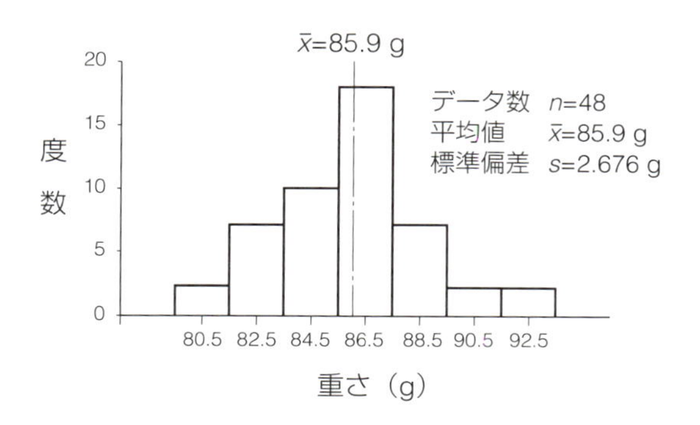

図 2.5　みかんの重さのヒストグラム

2.2.2 ●ヒストグラムからわかること

ヒストグラムの見方としては,

① 分布の形はどうか

② 分布の中心位置はどこか

③ データのばらつきはどうか

をみる（表 2.4）.

また，ヒストグラムの形は，大きく分けると二つに分かれる.

① 一般型：工程が安定した状態にあるとき一般的に現れる形

② 異常な型：工程が不安定な状態か，データの取り方の不具合などによって現れる形

表 2.4　分布によるヒストグラムの見方

名　称	分布の形状	説　明	見　方
一般型（釣鐘型）		度数は中心付近が最も高く，左右対称に近い形である．	工程が安定状態にあるときに，一般的に現れる．
右裾引型（左裾引型）		平均値が分布の中心より左寄りにあり，左右が非対称である．	データが規格等で下限側が制限されているときに現れる．
左絶壁型（右絶壁型）		片側が絶壁のようになっている状態をいう．	規格以外のものを全数選別して取り除いたときに現れる．
高原型		各区間に含まれる度数があまり変わらず高原状になる．	平均値が異なるいくつかの分布が入り混じったときに現れる．
ふた山型		分布の中心付近の度数が少なく，左右に山がある．	平均値の異なる二つの分布が交じっているときに現れる．
離れ小島型		分布の右端（左端）に離れた小島状のデータがある．	異常データが一部混入したりしているときに現れる．

2.2.3 ● Excel「分析ツール」によるヒストグラムの作成

Excel の分析ツールによってヒストグラムを作成することができる．作図の手順は，次のとおりである．

手順 1　データ入力と区間の計算

データ表をマトリックスで作成する．図 2.6 の B3:E14 に表 2.2 の 48 個のみかんの重量が入力されている．2.2.1 項の計算式から区間を計算する．図 2.6 の B17:B24 に区間が表示されている．

1）データ数：セル I2「=COUNT(B3:E14)」
2）最大値，最小値：セル I5「=MAX(B3:E14)」セル I6「=MIN(B3:E14)」
3）区間の数：セル I8「=SQRT(I3)」→四捨五入セル I9（決定区間数）
4）区間の幅：セル I11「=(I5-I6)/I9」→四捨五入セル I12（決定区間の幅）
5）区間の下限境界値：セル I14「=I6-0.5*1」，上限境界値セル I15「=I14+I12」

手順 2　「分析ツール」の起動と諸元の入力

「データ」タブから「分析」の中にある「データ分析」をクリックすると，「分析ツール(A)」の画面が表示される．この画面から，「ヒストグラム」を選択し，「OK」をクリックすると，「ヒストグラム」の画面が表示される．

「ヒストグラム」の画面上に必要な諸元を入力する（図 2.7）．

1）入力範囲(I)：B3:E14　ヒストグラムを描くデータ範囲を入力する．

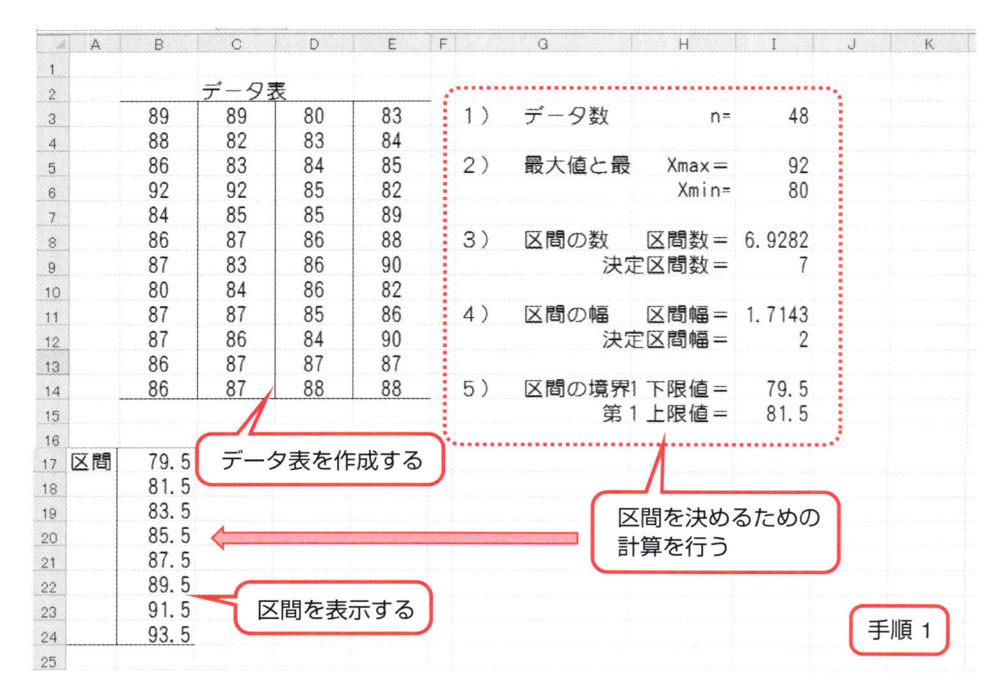

データ表

89	89	80	83
88	82	83	84
86	83	84	85
92	92	85	82
84	85	85	89
86	87	86	88
87	83	86	90
80	84	86	82
87	87	85	86
87	86	84	90
86	87	87	87
86	87	88	88

図 2.6　データ入力と区間の計算

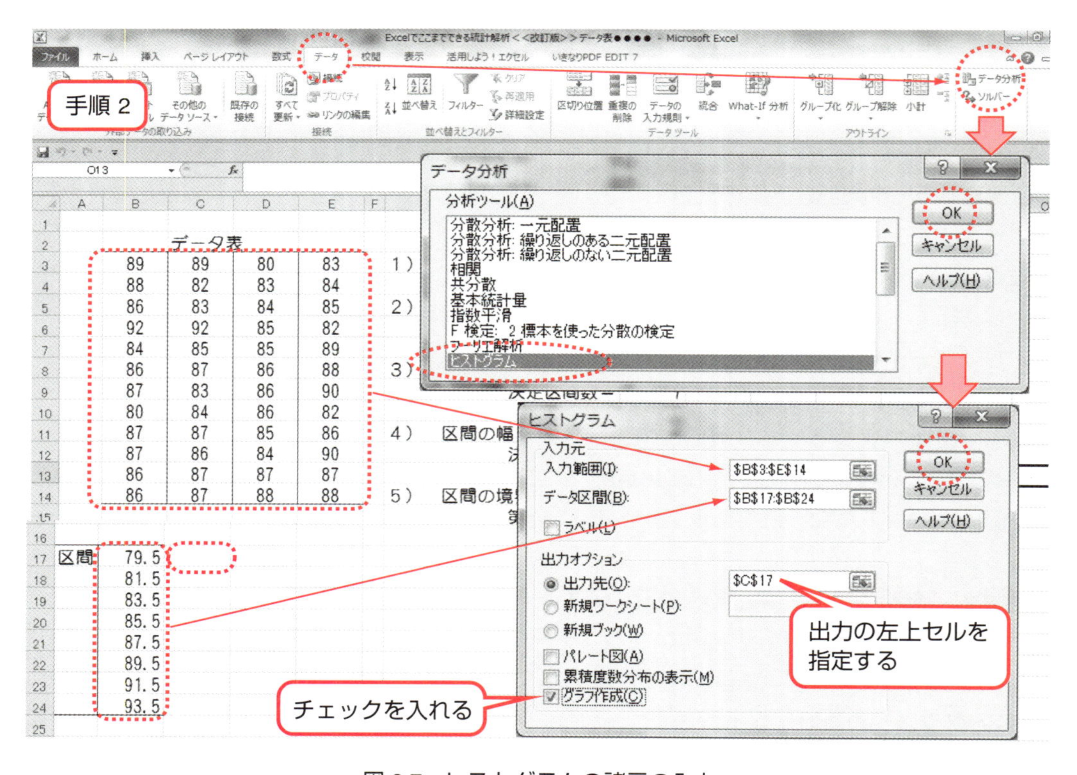

図 2.7　ヒストグラムの諸元の入力

2)　データ区間(B)：B17:B24　データを分ける区間データ範囲を入力する．
3)　出力先(O)：C17　ヒストグラムを表示させる左上角のセルを指定する．
4)　グラフ作成(C)：[✓] チェックマークを入力する．
5)　データ入力の完了：[OK] をクリックする．

手順 3　ヒストグラムの作成と平均値，標準偏差の計算

作成したヒストグラムのグラフを指定し，クリックする．その後，右クリックし，「データ系列の書式設定(F)」をクリックし，「系列オプション」の中の「要素の間隔(W)」を「なし(0%)」にする．[閉じる] をクリックする．これにより，棒グラフの隙間がなくなる（図 2.8 右側）．

2.1.6 項のとおりに，「数式」タブの「関数の挿入」からデータ数，平均値，標準偏差を計算する（図 2.8 左下）．

1)　データ数：=COUNT(B3:E14)
2)　平均値　：=AVERAGE(B3:E14)
3)　標準偏差：=STDEV.S(B3:E14)

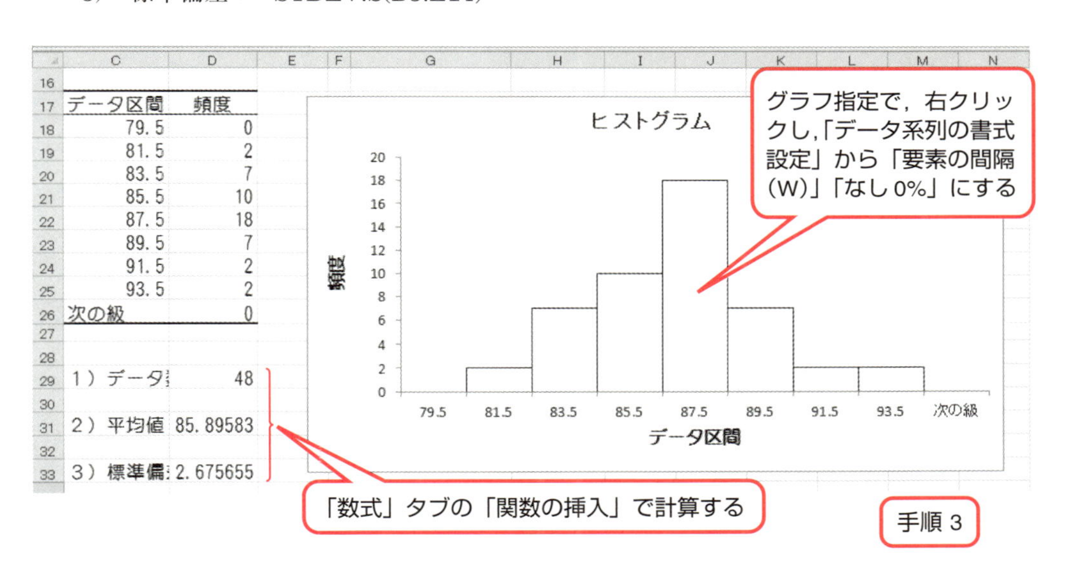

図 2.8　ヒストグラム作図と平均値と標準偏差の計算

2.2.4 ●工程の状態をみる工程能力指数

工程能力指数 C_p（Process Capability Index）とは，工程の平均値，標準偏差と規格値とを比較し，工程が規格に対して十分な能力を有するかどうかを評価する手法である．

(1)　工程能力指数の計算

工程能力指数 C_p の計算は，次のように行う．

下側規格値を S_{L}，上側規格値を S_{U} とすると，(2.21) 式で計算する．

$$C_p = \frac{S_{\mathrm{U}} - S_{\mathrm{L}}}{6s} \qquad s：標準偏差 \tag{2.21}$$

この工程能力指数 C_p の値が，1.33 以上であれば十分といわれている．

規格と工程の状態により，いろいろな工程能力指数 C_p があり，それぞれの計算式は次のとおりである．

① 両側規格の場合の工程能力指数 C_p

$$C_p = \frac{S_{\mathrm{U}} - S_{\mathrm{L}}}{6s} \tag{2.22}$$

② 片側規格の場合の工程能力指数 C_p

$$C_p = \frac{S_{\mathrm{U}} - \bar{x}}{3s} \quad または \quad C_p = \frac{\bar{x} - S_{\mathrm{L}}}{3s} \tag{2.23}$$

③ 両側規格の場合で，かつ規格の中心と分布の平均が一致しない場合の工程能力指数 C_{pk}

$$C_{pk} = (1-K)C_p \qquad K = \frac{|(S_{\mathrm{U}} + S_{\mathrm{L}})/2 - \bar{x}|}{(S_{\mathrm{U}} - S_{\mathrm{L}})/2} \tag{2.24}$$

規格の中心と工程の中心が一致しないのが一般的である．そのため (2.24) 式で C_{pk} を計算する代わりに平均値が寄っているほうの規格値を使って片側規格値の場合の C_p を計算して，C_{pk} としている企業もある．

(2)　工程能力指数の判断基準

計算された工程能力指数 C_p は，その値によって工程の状態を判断することができる．おおよその判断基準は，表 2.5 を目安にするとよい．

工程能力指数 C_p が 1.00 の場合には，規格の幅と $\pm 3s$ の幅，すなわち $6s$ の幅が同じであることを示している．この場合，規格の幅の外に出る割合は，両側に規格があるときは約 0.27 %，片側のみに規格のあるときは約 0.135%と見込まれるから，100 個程度のデータで描いたヒストグラムでは，規格の幅の中にほぼ収まっている状態となる．しかし，無限母集団として工程を考えれば，C_p=1.00 であっても必ずしも満足すべき状態とはいえない．これは，1 000 個の製品があれば，3 個は規格から外れることを意味する．まして C_p<1.00 は問題のある工程である．規格の幅の中にゆとりをもって収まるようにするためには，C_p=1.33（$8s$）以上になるように，工程能力を改善することが必要になる．

表 2.5　工程能力指数の判断基準

工程能力指数 C_p	工程の状態と処置	製品のばらつきと規格の幅
$C_p \geqq 1.67$ 工程能力は非常にある	製品の標準偏差が若干大きくなっても，不良品は発生しない．	S_L 規格の幅 S_U $3s$ $3s$
$1.67 \geqq C_p \geqq 1.33$ 工程能力は十分である	規格に対して適正な状態なので，維持する．	S_L 規格の幅 S_U $3s$ $3s$
$1.33 \geqq C_p \geqq 1.00$ 工程能力は十分といえないが，まずまずである	注意を要する．不良品発生のおそれがあるので，必要に応じて工程能力を上げる処置をとる．	S_L 規格の幅 S_U $3s$ $3s$
$1.00 \geqq C_p$ 工程能力は不足している	この状態では不良品が発生する．作業方法の改善などを行い，工程能力を向上させる必要がある．	S_L 規格の幅 S_U $3s$ $3s$

2.3 母集団の分布状態を表す正規分布

2.3.1 ●正規分布とは

私たちがある長さのものを切断しようとしても，全く同じ長さに切断することは難しく，ほんの少しずつばらついてくる．また，ものの長さを測ろうとすると，測るたびに少しずつ物差しの読みが違ってくることを経験する．これが仕上がりの誤差であり，測定の誤差というものである．測定回数を多くとったとき，この分布を描くと，図2.9のように「釣鐘を伏せた」カーブを描く．この曲線を正規分布とよぶ．

正規分布は，図2.9に示すように平均を中心にして左右対称であり，平均のところで最も高くなり，平均から右（プラス側）へ少しいったところと，平均から左（マイナス側）へ同じだけいったところにカーブが変わる変曲点がある．この変曲点から中心の値である平均までの距離を標準偏差とよび，ばらつきを表す尺度となる．

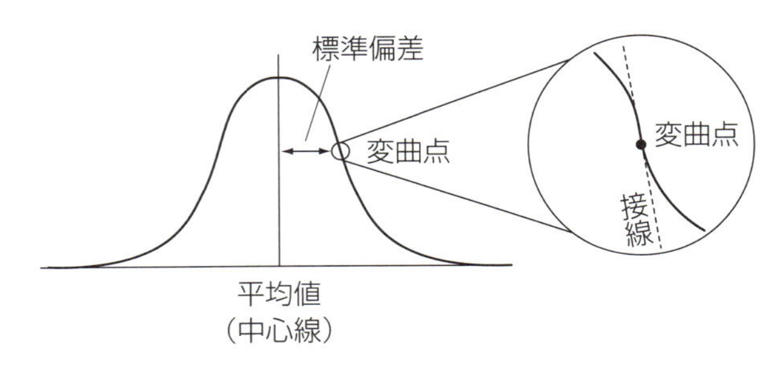

図2.9　正規分布の変曲点と標準偏差

正規分布のグラフでも，中心からの幅が大きいもの，小さいものなどいろいろある．それは，二つの要素，平均と標準偏差で決まる．

母平均をμ，母標準偏差をσとした正規分布では，図2.10に示すように，$\mu\pm\sigma$の間の面積は68.26%，$\mu\pm2\sigma$の間の面積は95.44%，$\mu\pm3\sigma$の間の面積は99.73%，それ以外の間の面積は0.27%が含まれることになる．

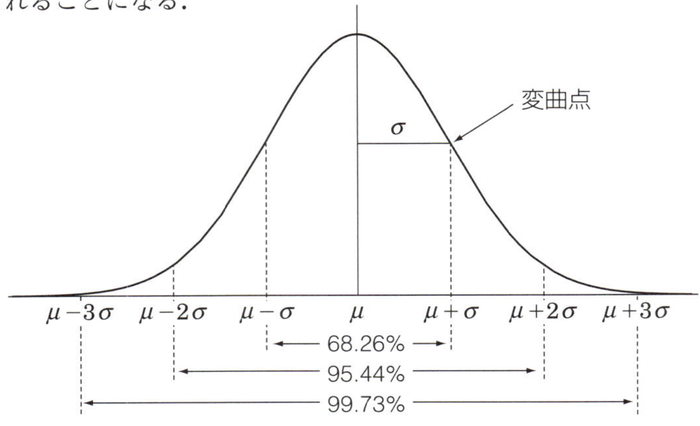

図2.10　正規分布の面積を標準偏差で分割

2.3.2 ●正規分布の標準化

正規分布の性質を示すには，平均と標準偏差だけで十分だが，平均と標準偏差の値はさまざまな値をとる．単位や対象による違いを統一するために，横幅の単位が同じになるような方法を考えてみる．そのためには，すべての測定値から平均を引いた値を標準偏差で割ってから分布を作ればよいことになる．

このような操作を行うと，すべての正規分布は，平均が 0，標準偏差が 1 の正規分布に統一されることになる．この正規分布を標準正規分布といい，この操作を行うことを標準化とよんでいる（図 2.11）．

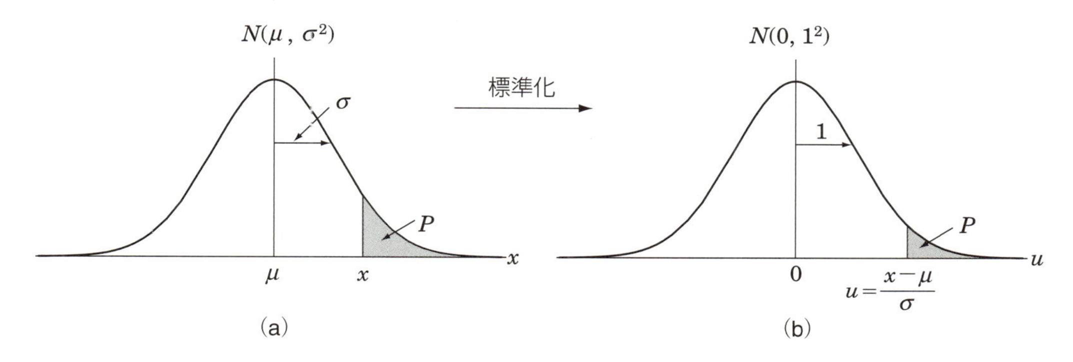

図 2.11　正規分布の標準化

$$\text{正規分布の標準化：} u = \frac{x-\mu}{\sigma} \tag{2.25}$$

このように，ある正規分布に従う測定値を標準化するには，測定値から平均を引き，標準偏差で割ることにより示すことができる．標準正規分布については，詳細な確率の計算表ができている（表 2.6 参照）．

表 2.6　正規分布表（1）

k から *P* を求める表
（Excel 関数「NORM.S.DIST」より計算した結果）

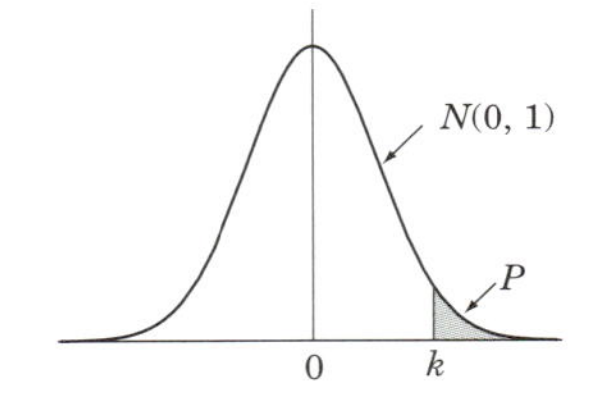

k	*=0	1	2	3	4	5	6	7	8	9
0.0*	.5000	.4960	.4920	.4880	.4840	.4801	.4761	.4721	.4681	.4641
0.1*	.4602	.4562	.4522	.4483	.4443	.4404	.4364	.4325	.4286	.4247
0.2*	.4207	.4168	.4129	.4090	.4052	.4013	.3974	.3936	.3897	.3859
0.3*	.3821	.3783	.3745	.3707	.3669	.3632	.3594	.3557	.3520	.3483
0.4*	.3446	.3409	.3372	.3336	.3300	.3264	.3228	.3192	.3156	.3121
0.5*	.3085	.3050	.3015	.2981	.2946	.2912	.2877	.2843	.2810	.2776
0.6*	.2743	.2709	.2676	.2643	.2611	.2578	.2546	.2514	.2483	.2451
0.7*	.2420	.2389	.2358	.2327	.2296	.2266	.2236	.2206	.2177	.2148
0.8*	.2119	.2090	.2061	.2033	.2005	.1977	.1949	.1922	.1894	.1867
0.9*	.1841	.1814	.1788	.1762	.1736	.1711	.1685	.1660	.1635	.1611
1.0*	.1587	.1562	.1539	.1515	.1492	.1469	.1446	.1423	.1401	.1379
1.1*	.1357	.1335	.1314	.1292	.1271	.1251	.1230	.1210	.1190	.1170
1.2*	.1151	.1131	.1112	.1093	.1075	.1056	.1038	.1020	.1003	.0985
1.3*	.0968	.0951	.0934	.0918	.0901	.0885	.0869	.0853	.0838	.0823
1.4*	.0808	.0793	.0778	.0764	.0749	.0735	.0721	.0708	.0694	.0681
1.5*	.0668	.0655	.0643	.0630	.0618	.0606	.0594	.0582	.0571	.0559
1.6*	.0548	.0537	.0526	.0516	.0505	.0495	.0485	.0475	.0465	.0455
1.7*	.0446	.0436	.0427	.0418	.0409	.0401	.0392	.0384	.0375	.0367
1.8*	.0359	.0351	.0344	.0336	.0329	.0322	.0314	.0307	.0301	.0294
1.9*	.0287	.0281	.0274	.0268	.0262	.0256	.0250	.0244	.0239	.0233
2.0*	.0228	.0222	.0217	.0212	.0207	.0202	.0197	.0192	.0188	.0183
2.1*	.0179	.0174	.0170	.0166	.0162	.0158	.0154	.0150	.0146	.0143
2.2*	.0139	.0136	.0132	.0129	.0125	.0122	.0119	.0116	.0113	.0110
2.3*	.0107	.0104	.0102	.0099	.0096	.0094	.0091	.0089	.0087	.0084
2.4*	.0082	.0080	.0078	.0075	.0073	.0071	.0069	.0068	.0066	.0064
2.5*	.0062	.0060	.0059	.0057	.0055	.0054	.0052	.0051	.0049	.0048
2.6*	.0047	.0045	.0044	.0043	.0041	.0040	.0039	.0038	.0037	.0036
2.7*	.0035	.0034	.0033	.0032	.0031	.0030	.0029	.0028	.0027	.0026
2.8*	.0026	.0025	.0024	.0023	.0023	.0022	.0021	.0021	.0020	.0019
2.9*	.0019	.0018	.0018	.0017	.0016	.0016	.0015	.0015	.0014	.0014
3.0*	.0013	.0013	.0013	.0012	.0012	.0011	.0011	.0011	.0010	.0010

2.3.3 ●正規分布表とは

正規分布表とは，横軸に標準化した値 k より外側（右側）の確率 P を表した表である．表2.6 の正規分布表(1) の使い方を説明する．

(1) 標準化した値 k から外側の確率 P を求める方法

標準化した値 $k=1.84$ は表 2.6 の正規分布表(1) において，左端の列（k）の $+1.8^*$ を読みとり，次に 1.8^* の行を右へ見ながら最上の行が，$*=4$ のところを下へ見ていき，両者の交わったところの数字を読む．0.0329 となる．この 0.0329 とは，全体を 100%としたとき，$k=1.84$ より外側の確率が 3.29%であることを示している（図 2.12）．

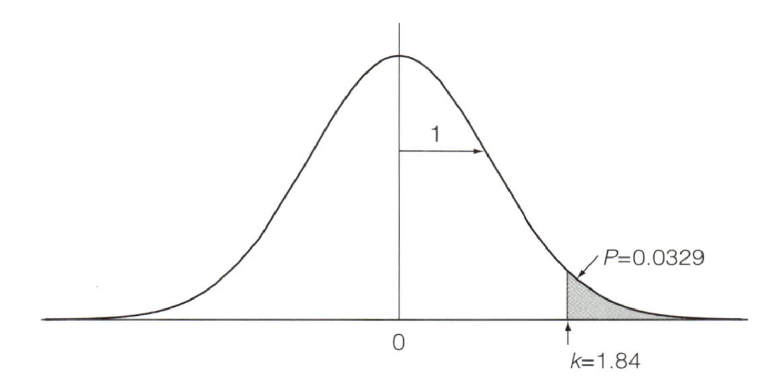

図 2.12　k から確率 P を求める

(2) 外側の確率 P から標準化された k の値を求める方法

表 2.7 の正規分布表(2) で右側 5%の点を求めてみよう．このときは，P から k を求める正規分布表(2) を使うと便利である．表 2.7 の P の値 0.05 の下に書いてある k の値を読むと 1.645 となる．この値 1.645 より外側の確率が 5%ということになる（図 2.13）．

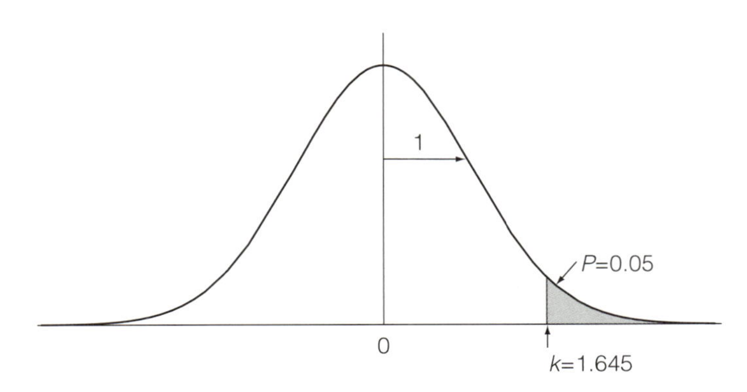

図 2.13　確率 P から k を求める

また，表 2.6 の正規分布表(1) でみると，表中の中から 0.05 を探すと $k=1.64$ のとき $P=0.0505$ であり $k=1.65$ のとき $P=0.0495$ であり，$P=0.05$ は $k=1.64$ ～ $k=1.65$ の間にあることがわかる．

2

表 2.7　正規分布表（2）
（確率 P から k を求める表）

P	0.001	0.005	0.010	0.025	0.05	0.10	0.20
k	3.090	2.576	2.326	1.960	1.645	1.282	0.842

注）Excel 関数「NORM.S.INV」より計算された値.

2.3.4 ● Excel 関数機能による正規分布の確率 P と k の値の求め方

(1)　Excel 関数機能から正規分布における確率 P の求め方

「数式」タブから「関数の挿入」を選択し，「関数の挿入」画面上で，「関数の分類(C)」から「統計」を選択する．「関数名(N)」の中から「NORM.S.DIST」を選択する．「OK」をクリックする．

「関数の引数」画面の「Z」項目に k の値「1.84」を入力する．「関数形式」項目に「TRUE」を入力する．「OK」をクリックする．

この結果，得られた「数式の結果 =0.96712」は，正規分布の左からの確率を表しているので，求める確率 P が正規分布の右側であるとき，

求める確率 P=1−「数式の結果=0.96712」=0.03288

となる（図 2.14）.

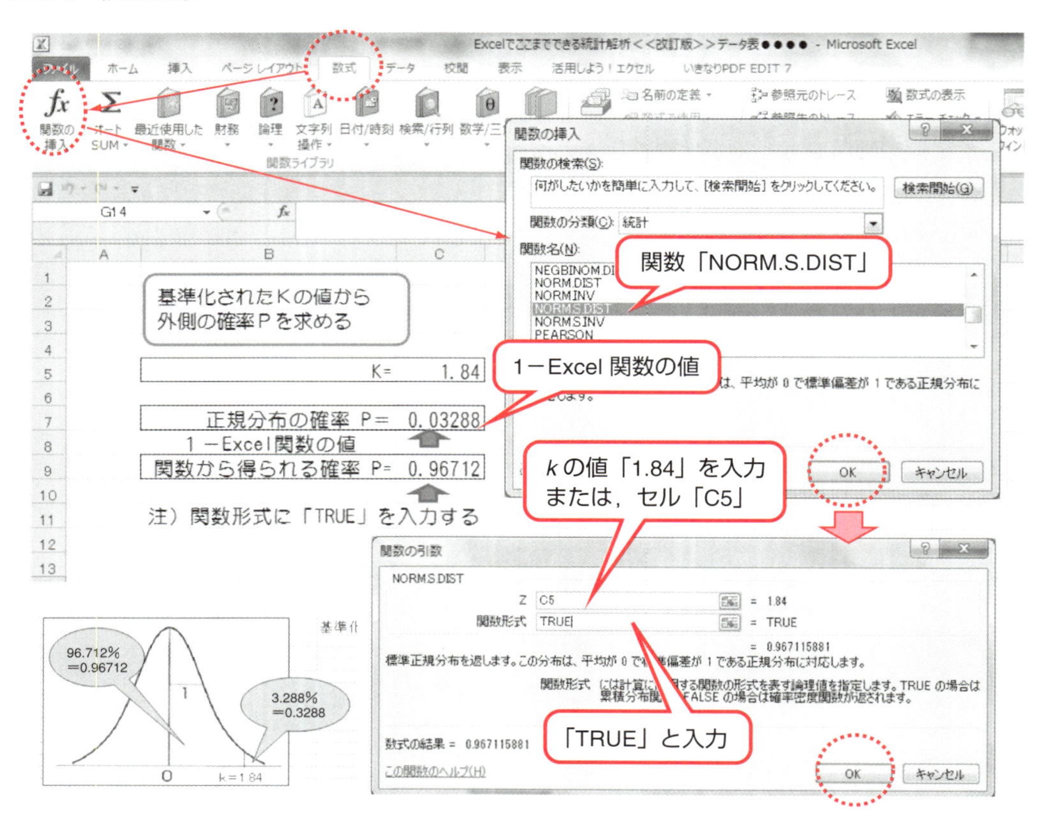

図 2.14　Excel の関数から正規分布の確率をみる

(2)　Excel 関数から正規分布における k の値の求め方

「数式」タブから「関数の挿入」を選択し，「関数の挿入」画面上で，「関数の分類(C)」から「統計」を選択する．「関数名(N)」の中から「NORM.S.INV」を選択する．「OK」をクリックする．

「関数の引数」画面で次のように入力する．「OK」をクリックする．

確率：「P 値 =0.025」を入力

この結果，得られた「数式の結果 =−1.95996」は，正規分布の左からの確率 P に対する k を表している．正規分布は左右対称であるから，求める k は，

求める k=−「数式の結果 =−1.95996」=1.95996

となる（図 2.15）．

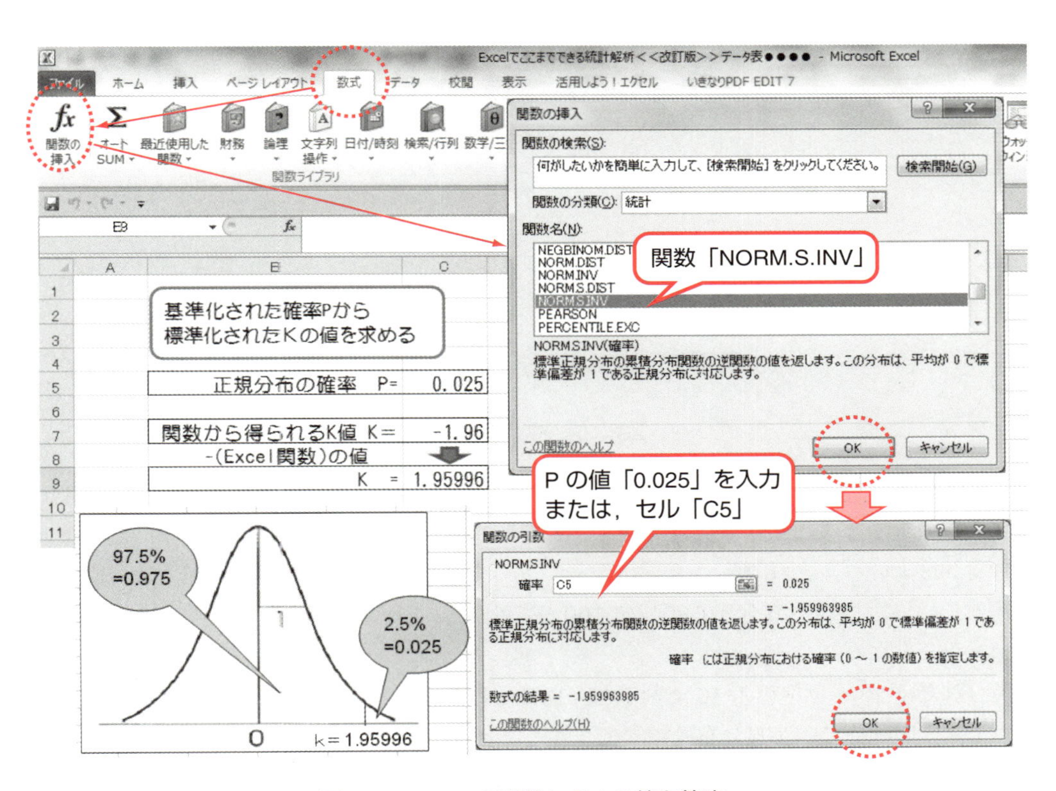

図 2.15　Excel の関数から k の値を算出

2.3.5 ●分布を知ることでわかる遅刻する確率

シグマ君は自宅から1時間40分かけて通学していた．通学時間の分布図を作ったところ，平均値が100分で，標準偏差が16分の正規分布をしていることがわかった（図2.16）．そのため，シグマ君は，始業時間の9時00分に遅刻しないように余裕を持って，毎日7時00分に自宅を出ていた．それでも，ときどき遅刻することがあった．そこで，遅刻する確率を求めてみることにした．

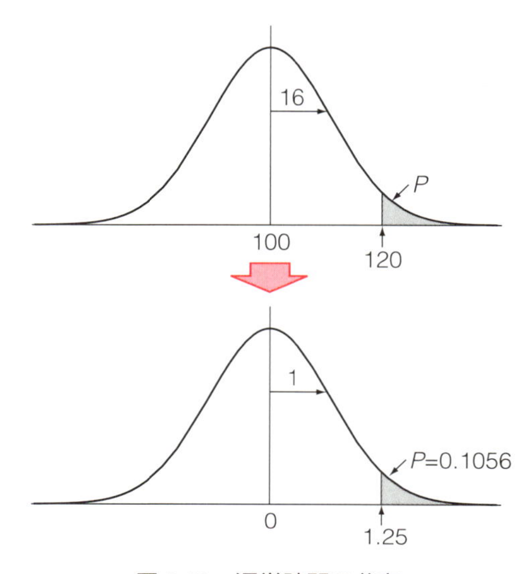

図2.16　通学時間の分布

平均100分，標準偏差16分の状態で，2時間（120分）以上かかるときが遅刻である．すると，遅刻する確率はどれくらいになるであろうか．この問題を解くには，通学時間の標準化を考えればよい（図2.16）．

遅刻しない限界値120分から平均値100分を引く．これにより，分布の中心は0の位置に移動したことになる．

得られた値20を標準偏差16で割ると，1.25となる．

以上二つの操作で，正規分布は標準化されることになる．

図2.16から標準化した値 $k=1.25$ は表2.6の正規分布表(1) から $P=0.1056$ である．この

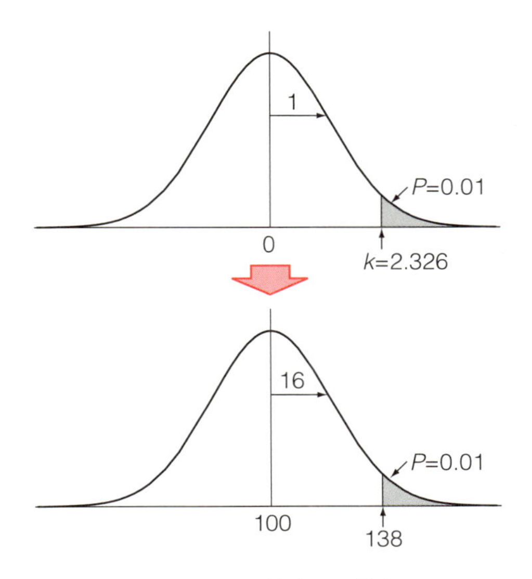

図 2.17　通学時間の分布

ことから，シグマ君の遅刻する確率は，10.56%となる．つまり，10 日に 1 日の割合で遅刻することになる．

そこで，遅刻するか確率を 1%以下にするためには，遅くとも何時何分に家を出ればよいかを考えてみよう．この問題では，先ほどの逆を考えてみるとよい．

まず，表 2.7 の正規分布表(2) より，P=0.010 のときの k の値を求めると，k=2.326 となる．(2.26)式を求めれば，x_0 は 138 分となる．

$$k = \frac{x_0 - \mu}{\sigma} \qquad 2.326 = \frac{x_0 - 100}{16} \tag{2.26}$$

$$x_0 = 137.3 \quad \rightarrow \quad 138 \tag{2.27}$$

この結果から，138 分前に自宅を出ればよいことになる．つまり，9 時の 138 分前，6 時 42 分にシグマ君が自宅を出ればよいということになる（図 2.17）．

2.3.6 ●偏差値が教えてくれること

大学受験を控えているシグマ君は，先日受けた模擬試験の結果をみて，悩んでいた．「う〜ん．模擬試験の結果，偏差値が54だったんだ．どうしよう．」それを聞いたミュー爺さん，「偏差値54？　でも先日試験を受けた後，自己採点したら65点はあるだろうと言ってたではないのか？」，シグマ君もミュー爺さんも浮かない顔をしている．

試験の採点結果は，問題がやさしければ高得点を取る受験生が増える．その逆に問題が難しければ点数が低くなる．このため，採点結果だけでは，自分がどの位置にいるのかわからない．模擬試験は，目指す大学に合格するか否かの判断に使われるため，個々の採点結果から自分のレベルを表す指標として「偏差値」なるものがある．

偏差値とは，全体の平均を50，標準偏差を10に置き換えたときの個々人の得点をいう．

つまり偏差値とは，今回受験した全国の受験生の採点結果から，母平均と母標準偏差を計算する．考え方として，正規分布を標準化する，そうすれば，平均0，標準偏差1の標準正規分布になる．さらに，標準化された評価点に平均50を足し，標準偏差10をかけることによって，$N(50, 10^2)$ の正規分布上の評価点に変換したものが偏差値となる（図2.18）．

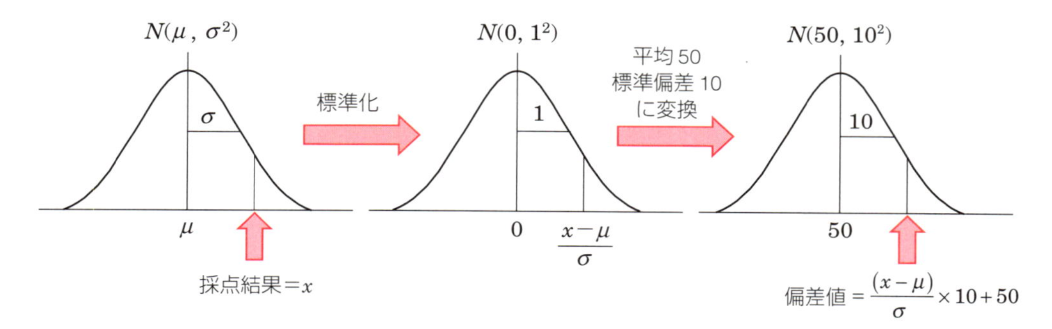

図2.18　模擬試験結果から偏差値を求める

ところで，シグマ君の偏差値54は，

$$偏差値\ 54 = \frac{シグマ君の採点結果 - 全国の受験者の平均値}{全国の受験者の標準偏差} \times 10 + 50 \tag{2.28}$$

となる．

偏差値54をもう一度標準化（平均0，標準偏差1）してみると，

$$\frac{54-50}{10} = 0.40 \tag{2.29}$$

となる．$k=0.40$ のときの確率 P を表2.6の正規分布表(1)やExcel関数「NORM.S.DIST」で求めると，$P=0.3446$ となる（図2.19）．

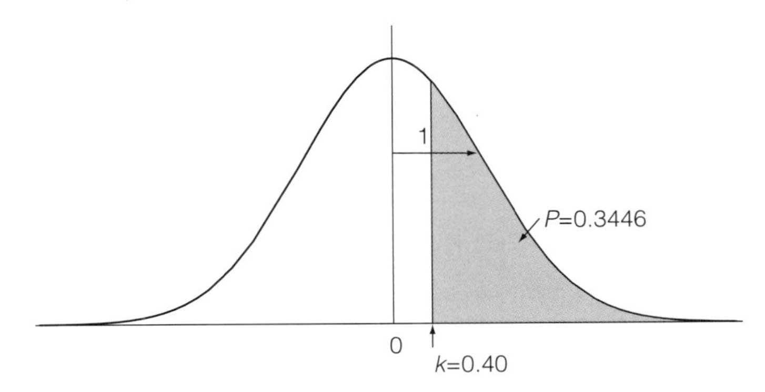

図 2.19　kから確率 Pを求める

2

図 2.19 からわかることは，シグマ君の偏差値 54 であることは，シグマ君より高い点を取った人が，全体の 0.3446（34.46%）いるということである．

今年の受験生が全国に約 100 万人いたとすれば，

$$1\,000\,000 \times 0.3446 = 344\,600 \tag{2.30}$$

シグマ君より高い得点の人が，全国に 344 600 人いることになる．この結果，希望校に合格できるのかどうか悩んでいたのである．

ちなみに，偏差値 60 とは，0.1587，偏差値 70 とは，0.0228 が偏差値より上の確率となり，偏差値 70 をとれば，自分より上の受験生が 22 800 人ということになる．

ほっとひと息　Part 1『桜の開花予想』

分厚いコートからトレンチコートに着替える頃，
誰もが気にする　桜の開花予想．
お花見・宴会・場所……今年はどこへ行こうかウキウキしながら発表を待つ．

「気象庁の発表によると，今年の開花予想は……」
この後必ず付け加えられるひとことがある．
「例年に比べて3日早い」「昨年に比べて5日遅い」

開花予想日の平均が4月5日としても，
その年の気象状況などにより，1日だったり13日だったりする．
ちなみに気象庁に問い合わせたところ，
開花予想日に開花する確率は○○%だそうだ．
当たっているような，そうでないような，微妙な数字．
これがバラつき，そして，だいたい今頃……これが平均かもしれない．

第 3 章

計量値の検定と推定

3.1 サンプルデータから母集団を推測

3.1.1 ●検定と推定とは

データに基づいて母集団の様子を具体的に探る手法が統計的推測である．この統計的推測の一つに，検定と推定という手法がある（図3.1参照）．

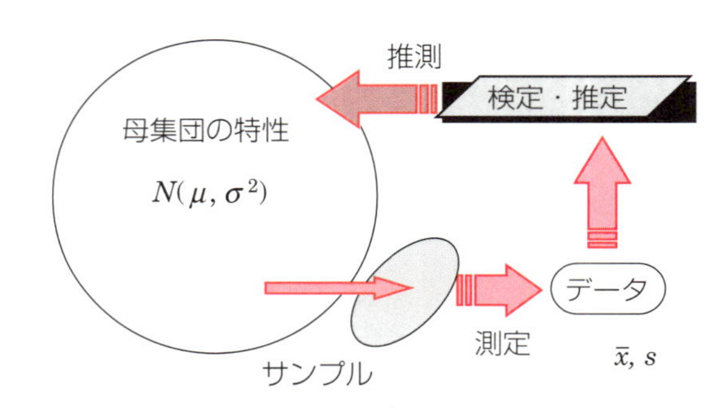

図3.1　データから母集団を推測

検定とは

「母平均は“これこれ”の値である」という基準値に関する仮説を設定した後で「この仮説は成り立っているかどうか？」を問う方法である．

この問いに対する答えは「仮説は成り立っている」または「仮説は成り立っているとはいえない」のいずれかとなる．

推定とは

「母平均はどんな値であろうか？」または「母平均はいくらより大きく，いくらより小さいと考えられるか？」という問いに対する答えを求めるものである．

推定には二つの問い方があり，答えが一つの値で与えられる方法を点推定といい，答えが区間の上限と下限で与えられる方法を区間推定という．

これらについて，例で考えてみる．

例1　研究室で実験を行ったが，当初設定した目標に達したのか．
例2　工場で，ある添加物を変えた後，製品の引張強度が増加したのか．
例3　現場で，工法を改善した後，接地抵抗が低下したのか．
例4　事業所で，仕事のやり方を変えてみた後，処理日数が短縮できたのか．
例5　営業活動で，当社製品のシェアが向上したのか．

以上のように，研究現場，製造現場や事務・営業職場，さらには学校などいろいろな場面で，判断したいケースが多くある．

3.1.2 ●差をみつける検定

検定とは，目的に応じてなんらかの“母集団に関する仮説”（例えば，業務処理日数の母平均μは12日に等しい，というような）を設定し，この仮説が成り立っているとみなしてよいかどうかを，サンプルから得られたデータによって統計的に判断することである．検定の対象となる命題は，帰無仮説とよばれ，H_0という記号で表される．

検定の結果は，「仮説は成り立っている」または「仮説は成り立っているとはいえない」のいずれかとなり，これらの判断は確率計算に基づいて行われる．

そして，「仮説が成り立っている」と判断するとき，帰無仮説H_0を「棄却しない」．

ここでは，業務処理日数の母平均μは12日に等しいという結論を出したくなるが，帰無仮説H_0を積極的に支持することはできず，業務処理日数の母平均μは12日に等しくないとはいえない．

「仮説が成り立っているとはいえない」と判断するとき，帰無仮説H_0を「棄却する」．

つまり，『業務処理日数の母平均μは12日に等しくない』という結論になる．

帰無仮説を棄却するということは，これにかわる別の仮説が成り立っているとみなすことを意味し，この仮説を対立仮説とよび，H_1という記号で表す．

一般に判断するというのは，相反する二つの仮説のいずれを採用するかということであるが，これをデータに基づき統計的に判断するのが検定である．

3

3.1.3 ●仮説を立てて判定する検定

ここでは，母集団の分散がわかっている場合の“母平均に関する検定”を例にとって述べる．

母平均の検定とは，「母平均はある基準値に等しい」という帰無仮説を検定する方法である．

帰無仮説　$H_0 : \mu = \mu_0$　(3.1)

に対する対立仮説としては

$H_1 : \mu \neq \mu_0$　母平均μはμ_0と等しくない（両側検定という）　(3.2)

$H_1 : \mu > \mu_0$　母平均μはμ_0より大きい　（右片側検定という）　(3.3)

$H_1 : \mu < \mu_0$　母平均μはμ_0より小さい　（左片側検定という）　(3.4)

のいずれかを目的に応じて一つだけ設定する．

ここで，アルファ父さんの勤めている会社の業務処理日数を例にして考える．

「業務処理日数の母平均は12.0日であるか？」

という問いについて，検定の考え方を述べることにする．

この設問に答えるためには，

$H_0 : \mu = \mu_0$（$\mu_0 = 12.0$日）　(3.5)

という帰無仮説と，業務処理日数の母平均μは12日と異なるという対立仮説

$H_1 : \mu \neq \mu_0$　(3.6)

のもとで検定することになる．

まず第1に必要なのは，業務処理日数のデータがどのような分布に従うかを仮定すること

である．ここでは，長期にわたって同一手順の管理状態にあったデータをもとにして母分散 2.0^2，母平均 μ の正規分布 $N(\mu, 2.0^2)$ に従うものとする．

第2に必要なのは，仮説の“もっともらしさ”を判断するための手がかりとして，“利用する統計量”を選定することである．この場合，仮説は母平均 μ に関するものであるから，平均値 $\bar{x}$ をもってそのための手がかりとすることにする．

業務改善で手順を変更した後の業務処理日数をランダムに10件抜き出し，表3.1のようなデータを得たものとする．

表3.1　業務処理日数

データNo.	1	2	3	4	5	6	7	8	9	10	計
業務処理日数	10.5	11.0	9.0	11.5	8.5	12.0	11.5	10.0	11.0	10.0	105.0

表3.1から，このデータの平均値 $\bar{x}$ は，

$$\bar{x} = \frac{105.0}{10} = 10.5 \tag{3.7}$$

である．$\mu_0 = 12.0$ 日と比べて平均値は，

$$10.5 - 12.0 = -1.5 \tag{3.8}$$

だけ異なっている．

この $\bar{x}$ と μ_0 の差が大きければ，「母平均 μ と，いま問題にしている値 μ_0 とは等しいといえないのではないか？」と考える．しかし，大きいとか小さいというのは程度の問題である．何を基準として大きいとか小さいといえば最も合理的だろうか．そこで，この大きさの程度を判定する基準として，“標準偏差”を用いることにする．

$n = 10$ の平均値 $\bar{x}$ の標準偏差 $D(\bar{x})$ は，

$$D(\bar{x}) = \frac{\sigma}{\sqrt{n}} = \frac{2.0}{\sqrt{10}} = 0.63 \tag{3.9}$$

である．

データと母平均との差の絶対値が標準偏差の1.96倍以上になる確率は約5%，$u(0.05/2) = u(0.025) = 1.960$ である．したがって，$\bar{x}$ と μ_0 の差が $\bar{x}$ の標準偏差の1.96倍以上大きくなったときには，100回のうち5回しか起こらないような「めったに起こらないはずのことが起こったのだ」と考えるよりも，「ほかに何かわけがあるのではないか？」と疑うことになる．別の言い方をするならば，そういう大きな差は単にランダム・サンプリングの際に生じた偶然性によって生じたものではなく，もっと“意味のある差”である．すなわち「母平均 μ と，いま問題にしている値 μ_0 とが等しくないために生じた差である」と考えるのである（図3.2参照）．

したがって，このとき $|\bar{x} - \mu_0|$ の値が，

$$1.96D(\bar{x}) = 1.96 \times 0.63 = 1.23 \tag{3.10}$$

より大きくなっている場合には，帰無仮説 H_0 を棄却し，対立仮説 H_1 を採択することになる．この例の場合，

$$|\bar{x} - \mu_0| = |10.5 - 12.0| = 1.5 > 1.23 \tag{3.11}$$

であるから，帰無仮説 H_0 を棄却し，「業務処理日数の母平均は12.0日でない」と判断する．

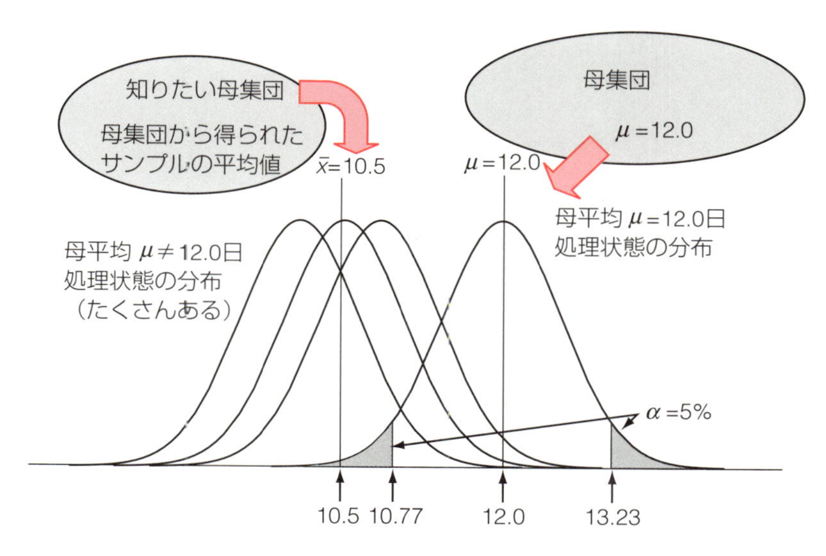

図 3.2　処理状態 12.0 日の分布とその他の分布

3.1.4 ●母平均の値を推測する推定

母平均や母分散など，母集団の母数の値を直接知りたい場合も多い．工程平均とか導入したロットの品質を定量的に知りたい場合がそれである．例えば，パイプの切断工程における寸法の母平均や寸法精度を知るには，どのようにすればよいか．

これには推定という手法が活用できる．推定には**点推定**と**区間推定**がある．

(1)　1 点を推測する点推定

点推定とは，一つの値で推測する手法である．

例えば，「母平均は○○という値である」．

母平均 μ を推定する場合を考えると，普通に行われるのは，平均値 $\bar{x}$ をもって母平均 μ の推定値とすることである．推定値は母数を表す記号の上に，＾（ハットと読む）をつけた形で表す．$\hat{\mu}$ はミューハットと読む．

$$\text{母平均の点推定}\quad \hat{\mu}=\bar{x} \tag{3.12}$$

(2)　幅を推測する区間推定

区間推定とは，区間の上限と下限で示す方法である．

例えば，「母平均は○○—◎◎の区間内の値である」．

区間推定を行う場合には，母数（例えば，母平均）が上限値と下限値の間に存在する確率（この確率を信頼率という）をあらかじめ決めておく必要がある．

区間推定にあたっては，まず，**信頼率**［推定したい母数（例えば，母平均）がその間に含まれる確率］を定める．「ある保証された信頼率で母数（例えば，母平均）を含む区間」を**信頼区間**といい，「信頼区間の上限値と下限値」を**信頼限界**という．

母平均 μ に対する信頼率（$1-\alpha$）%の信頼限界は，

信頼上限　$\bar{x}+u\left(\dfrac{\alpha}{2}\right)\dfrac{\sigma}{\sqrt{n}}$　(3.13)

信頼下限　$\bar{x}-u\left(\dfrac{\alpha}{2}\right)\dfrac{\sigma}{\sqrt{n}}$　(3.14)

となる（図3.3参照）．

先ほどの業務処理日数について推定を行ってみる．

まず平均値$\bar{x}$を求めると，

$$\bar{x}=\frac{105.0}{10}=10.5\text{ 日} \tag{3.15}$$

となり，母平均の点推定は，

$$\hat{\mu}=10.5\text{ 日} \tag{3.16}$$

となる．

また，信頼率95%の区間推定は，

$$\mu_{\mathrm{U}}:\bar{x}+u\left(\frac{\alpha}{2}\right)\frac{\sigma}{\sqrt{n}}=10.5+1.96\times\frac{2.0}{\sqrt{10}}=11.74 \tag{3.17}$$

$$\mu_{\mathrm{L}}:\bar{x}-u\left(\frac{\alpha}{2}\right)\frac{\sigma}{\sqrt{n}}=10.5-1.96\times\frac{2.0}{\sqrt{10}}=9.26 \tag{3.18}$$

となる．

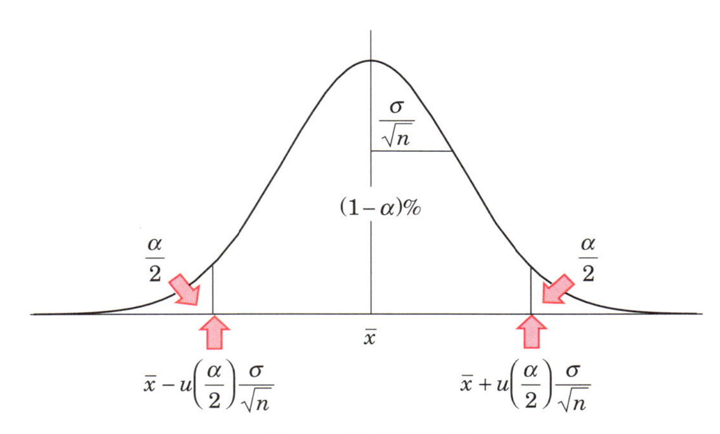

図3.3　信頼区間

3.2 母分散がわかっているときの母平均の検定と推定

母分散がわかっているときの検定と推定は，対象となる母集団が正規分布に従っており，正規分布表にて統計量を判定すればよい．その手順は，次のとおりである．

3.2.1 ●母分散がわかっているときの母平均の検定と推定の解析手順

(1) 検定の手順

手順 1　仮説の設定

帰無仮説 H_0 及び対立仮説 H_1 を設定する．

$$H_0 : \mu=\mu_0 \tag{3.19}$$

$$H_1 : \mu\neq\mu_0 \qquad H_1 : \mu>\mu_0 \qquad H_1 : \mu<\mu_0 \tag{3.20}$$

対立仮説は，三つのうちから一つを選択する．

手順 2　有意水準の設定

$$\alpha=0.05 \quad \text{または} \quad \alpha=0.01 \tag{3.21}$$

手順 3　棄却域の設定

H_0 の棄却域は，対立仮説 H_1 の種類によって図 3.4 ～図 3.6 から選択する．

表 3.2　$H_0 : \mu=\mu_0$ の検定（σ^2 既知）

検定統計量	対立仮説 H_1	棄却域 R	備　考
$u_0=\dfrac{\bar{x}-\mu_0}{\dfrac{\sigma}{\sqrt{n}}}$	$\mu\neq\mu_0$	$\lvert u_0\rvert\geq u\left(\dfrac{\alpha}{2}\right)$　図 3.4	σ：既にわかっている母標準偏差
	$\mu>\mu_0$	$u_0\geq u(\alpha)$　図 3.5	
	$\mu<\mu_0$	$u_0\leq -u(\alpha)$　図 3.6	

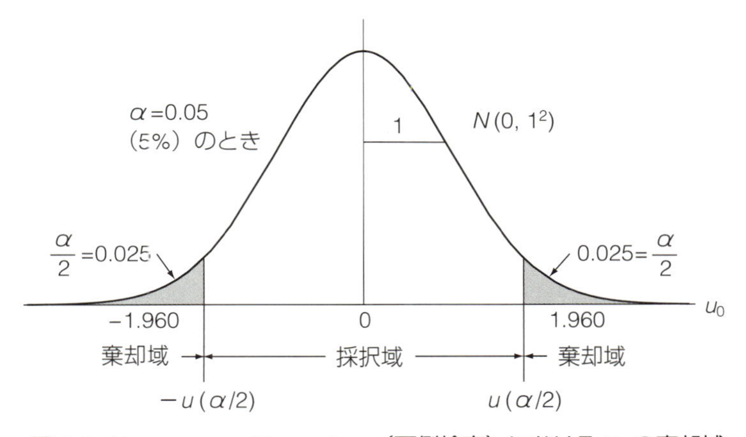

図 3.4　$H_0 : \mu=\mu_0$，$H_1 : \mu\neq\mu_0$（両側検定）における H_0 の棄却域

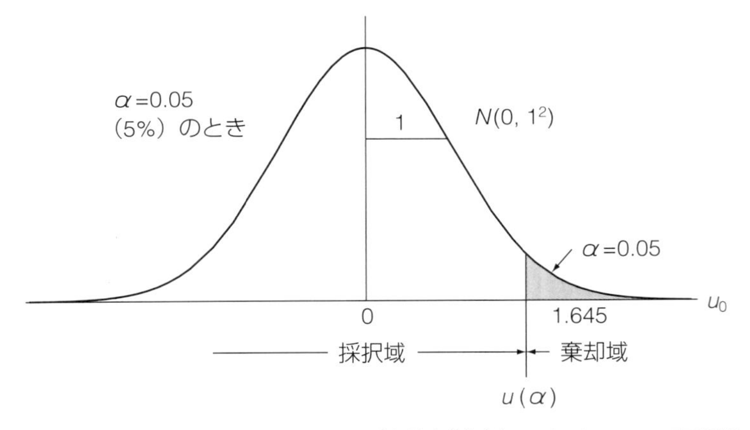

図 3.5　$H_0 : \mu = \mu_0$, $H_1 : \mu > \mu_0$（右片側検定）における H_0 の棄却域

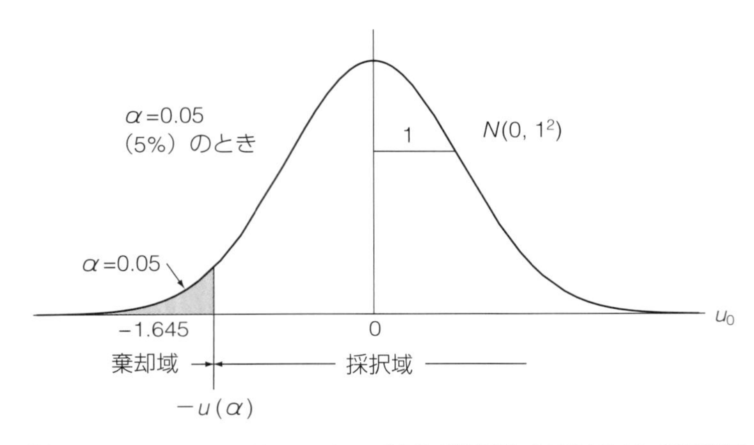

図 3.6　$H_0 : \mu = \mu_0$, $H_1 : \mu < \mu_0$（左片側検定）における H_0 の棄却域

手順4　検定統計量の計算

サンプルの平均値 $\bar{x}$ を求める．

$$\text{平均値}\quad \bar{x} = \frac{\sum x_i}{n} \tag{3.22}$$

u_0 の値を求める．

$$\text{検定統計量}\quad u_0 = \frac{\bar{x} - \mu_0}{\dfrac{\sigma}{\sqrt{n}}} \tag{3.23}$$

手順5　判定

u_0 と $u(\alpha/2)$ 値，または $u(\alpha)$ 値を比較する．

① u_0 の値が棄却域にあれば有意と判定する．
　帰無仮説 H_0 を棄却して，対立仮説 H_1 を採択する．

② u_0 の値が採択域にあれば有意でないと判定する．
　帰無仮説 H_0 を棄却しない．

(2)　推定の手順

手順 1　母平均の点推定を行う．

$$点推定\quad \hat{\mu} = \bar{x} = \frac{\sum x_i}{n} \tag{3.24}$$

手順 2　信頼率 100(1−α)%における母平均 μ の区間推定を行う．

$$信頼上限\quad \mu_{\mathrm{U}} = \bar{x} + u\left(\frac{\alpha}{2}\right)\frac{\sigma}{\sqrt{n}} \tag{3.25}$$

$$信頼下限\quad \mu_{\mathrm{L}} = \bar{x} - u\left(\frac{\alpha}{2}\right)\frac{\sigma}{\sqrt{n}} \tag{3.26}$$

3

【例題 3.1】

ベータ母さんは自宅で金魚を飼育している．最近，イプシロンちゃんが金魚屋から 6 匹の金魚を買ってきた．その買ってきた金魚の体長がこれまでの金魚の平均の体長 10.0 cm と比べて少し大きく，「これまで飼育している金魚と種類が違うのではないか？」と思うようになった．金魚の体長のみで判定するためにはどのようにすればよいか．

そこで，ベータ母さんは，買ってきた金魚が家で飼育している金魚より大きな種類の金魚の種類であるかどうかを確かめるため，買ってきた 6 匹の金魚の体長を測定した．測定結果は，次のとおりであった．

$x_i\ (i=6)$　10.0　11.0　11.5　11.0　10.5　11.5

この金魚の体長が正規分布であるとしたとき，その母数である母平均と母分散を決めることが必要であるが，これは魚類図鑑を参考にすることで，この体長前後の金魚の母分散 σ^2 が 1.00 cm^2 であることがわかった．さて，どのように識別（判定）できるであろうか．

以上のことを，金魚の体長から，検定と推定の手順に従って判定してみる．

(1) 検 定

手順1 仮説の設定

帰無仮説 $H_0 : \mu = \mu_0 \quad (\mu_0 = 10.0\ \text{cm})$ (3.27)

対立仮説 $H_1 : \mu > \mu_0$ (3.28)

金魚の体長が大きいかどうかを確めたいので，対立仮説は $H_1 : \mu > \mu_0$ である．

手順2 有意水準の設定

有意水準 $\alpha = 0.05$ (5%) (3.29)

手順3 棄却域の設定

棄却域 $R : u_0 \geq u(\alpha) = u(0.05) = 1.645$ (3.30)

手順4 統計量の計算

平均値 $$\bar{x} = \frac{\sum x_i}{n} = \frac{65.5}{6} = 10.92 \tag{3.31}$$

検定統計量 $$u_0 = \frac{\bar{x} - \mu_0}{\dfrac{\sigma}{\sqrt{n}}} = \frac{10.92 - 10.00}{\dfrac{1.00}{\sqrt{6}}} = 2.24 \tag{3.32}$$

手順5 判 定

$u_0 = 2.24 > u(0.05) = 1.645$ (3.33)

以上の結果から，有意水準5%で有意である．したがって，帰無仮説 H_0 は棄却され，対立仮説 H_1 を採択する．つまり，買ってきた金魚の体長は，家で飼っている金魚の体長より大きいといえる．

(2) 推 定

点推定 $\hat{\mu} = \bar{x} = 10.92$ (3.34)

信頼率95%の区間推定は，

区間推定 $$\bar{x} \pm u\left(\frac{\alpha}{2}\right)\sqrt{\frac{\sigma^2}{n}} = 10.92 \pm u(0.025) \times \sqrt{\frac{1.00^2}{6}} \tag{3.35}$$

$$= 10.92 \pm 1.96 \times \sqrt{\frac{1.00^2}{6}}$$

$$= 10.92 \pm 0.80$$

$$= 10.12 \sim 11.72$$

すなわち，買ってきた金魚の体長の母平均は，信頼率95%で10.12 cm～11.72 cmの範囲にあると推測される．

3.2.2 ● Excel 関数機能による母分散既知の母平均の検定と推定の手順

(1)　Excel 関数機能による検定手順

Excel により母平均の検定（母分散既知の場合）を行うには，「数式」タブの中から「関数の挿入」をクリックすると，「関数の挿入」画面が現れる．この画面から「統計」→「Z.TEAT」を実行する（図 3.7）．

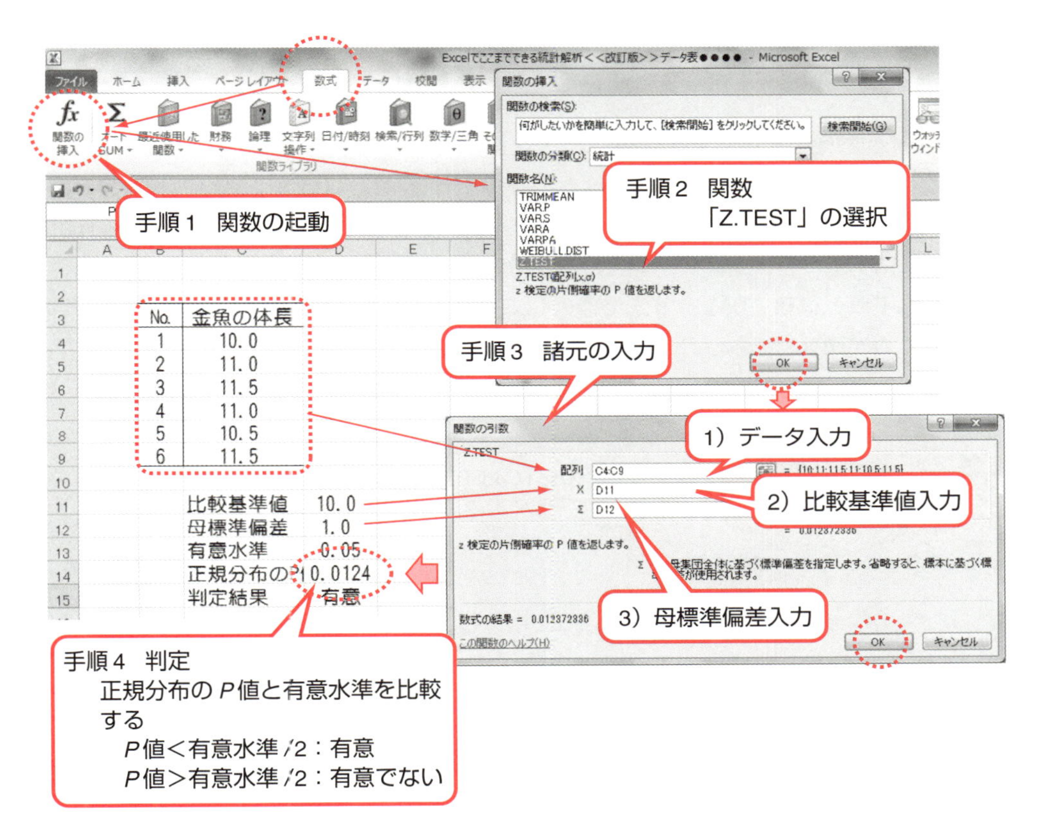

図 3.7　Excel による母平均（母分散既知）の検定手順

手順 1　関数の起動

「数式」タブの中から「関数の挿入」をクリックする．その結果，「関数の挿入」画面が現れる．

手順 2　関数「Z.TEST」の選択

「関数の挿入」画面において，「関数の分類(C)」欄から「統計」を選択する．「関数名(N)」欄から「Z.TEST」を選択し，OK をクリックする．その結果,「関数の引数」画面が現れる．

手順 3　諸元の入力

「関数の引数」画面において，

1）「配列」欄にデータ範囲を入力する．図 3.7 では，C4:C9 となる．
2）「X」欄に比較したい値を入力する．図 3.7 では，D11（10.0 cm）となる．
3）「Z」欄に母標準偏差の値を入力する．図 3.7 では，D12（1.0 cm）となる．

以上の入力が終われば，OK をクリックする．

手順4　判　定

指定されたセル D14 に Z 検定の確率 P 値が表示される．

図 3.7 では，P 値=0.0124 が表示される．この値は，買ってきた6匹の金魚が，母平均 μ_0=10.0 cm，母標準偏差 σ=1.00 cm の正規分布である母集団の中からサンプリングされた金魚である確率が 0.0124（1.24%）であり，有意水準 5%より外側に位置する．結果，有意水準 5%で有意となる．

したがって，買ってきた金魚は従来から飼っている金魚より大きいといえる．

(2)　Excel 関数機能による推定手順

Excel により母平均（母分散既知の場合）の推定を行うには，「数式」タブの「関数の挿入」から，平均値 $\bar{x}$ を「AVERAGE」，データ数 n を「COUNT」，正規分布確率の k を「NORM.S.INV」から求める．

次に，信頼上限と信頼下限を計算式で作成して区間推定値を求める．以下の推定手順と推定結果を示したのが図 3.8 である．

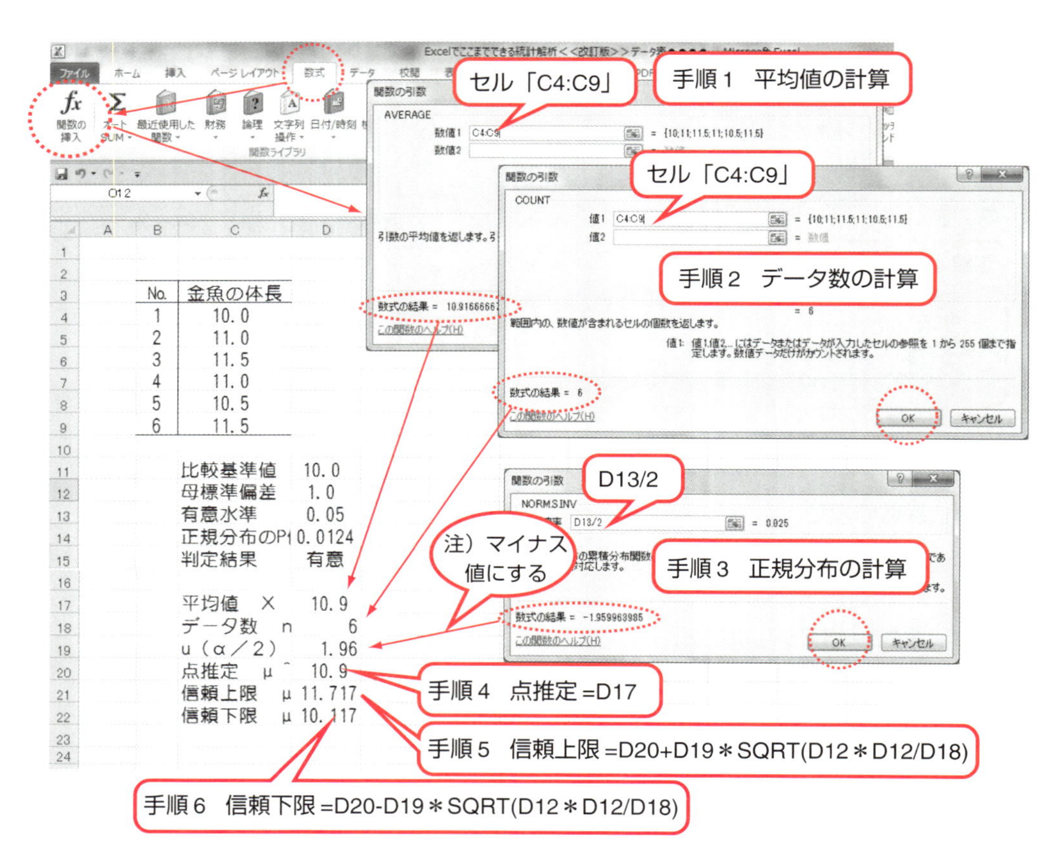

図 3.8　Excel による母平均（母分散既知）の推定手順

手順 1　平均値の計算

「数式」タブの「関数の挿入」をクリックし，「関数の引数」画面の「統計」から「AVERAGE」を選択する．そして，「数値 1」欄にデータを入力する．図 3.8 では，「C4:C9」となり，その結果が D17 に 10.9 と表示される．

手順 2　データ数の計算

「数式」タブの「関数の挿入」をクリックし，「関数の引数」画面の「統計」から「COUNT」を選択する．そして，「数値 1」欄にデータを入力する．図 3.8 では，「C4:C9」となり，その結果が D18 に 6 と表示される．

手順 3　正規分布の計算

「数式」タブの「関数の挿入」をクリックし，「関数の引数」画面の「統計」から「NORM.S.INV」を選択する．そして，「数値 1」欄にデータを入力する．図 3.8 では，「D13/2」になり（または，0.025 と確率数値を入力してもよい），その結果が D19 に 1.96 と表示される．正規分布の確率点は，Excel の関数では，左より計算をしているので，必ず結果の符号を「+」にするように「−NORM.S.INV」とすることを忘れないようにする．

手順 4　点推定の計算

図 3.8 では，「=D17」の計算を行うことにより，結果が D20 に 10.9 と表示される．

手順 5　信頼上限の計算

図 3.8 では，「=D20+D19＊SQRT(D12＊D12/D18)」の計算を行うことにより，結果が D21 に 11.717 と表示される．

手順 6　信頼下限の計算

図 3.8 では，「=D20-D19＊SQRT(D12＊D12/D18)」の計算を行うことにより，結果が D22 に 10.117 と表示される．

3.3 t 検定による母集団の推測方法

3.3.1 ●推測したい目的と活用手法

計量値の検定と推定にはさまざまなものがある．それらの手法は，

“母集団の従う分布が正規分布であること”

を前提としている．

この仮定から，統計的推測（検定と推定）の対象は正規分布の母数である母平均 μ または母分散 σ^2 となる．すなわち，母集団分布の平均や分散に関する仮説の検定を行ったり，それら母平均 μ や母分散 σ^2 の大きさを推定することになる．

このとき，母分散 σ^2 がわからないケースが一般的であるので，母分散 σ^2 が未知（わからない）の場合の検定と推定をここで紹介する．

調査対象の母集団が一つの場合，その母集団分布を正規分布 $N(\mu, \sigma^2)$ とすると，母平均 μ と何らかの基準値 μ_0 との関係を調べる検定では，母分散 σ^2 が未知であるから分散 V で置き換えている．また，調査対象の母集団が二つの場合，それらの母集団分布を正規分布 $N(\mu_1, \sigma_1^2)$, $N(\mu_2, \sigma_2^2)$ とすると，二つの母平均 μ_1 と μ_2 の関係を調べる検定では，二つの母分散 σ_1^2 と σ_2^2 が等しいとみなされるときとみなされないときでは，検定方法が異なる．そのため，母平均の差の検定を行う前に等分散の検定を行っておく必要がある．

推定には，母分散が既知の場合と同様に，一つの値で推定する点推定やある信頼率で含まれる範囲を定める区間推定がある．

以上のようにデータから母集団を推測するフローを図 3.9 に示す．

3.3.2 ● t 分布とは

正規分布で検定や推定を行うには，母標準偏差 σ がわかっているというのが前提条件であった．

しかしながら，一般的には，正規分布する母集団であっても，事前に母標準偏差 σ がわかっていることはほとんどない．

平均値 $\bar{x}$ を標準化するとき，母分散 σ^2 を $\widehat{\sigma^2}=V$ で置き換えると，

$$t=\frac{\bar{x}-\mu}{\sqrt{\dfrac{V}{n}}} \tag{3.36}$$

となる．これをスチューデントの t という．

t 分布は，サンプル数 n（自由度 $\phi=n-1$）で定まる左右対称な分布である．サンプル数 n によって分布の形が異なり，$n=\infty$ のとき，正規分布と同じになる（図 3.10）．

表 3.3 の t 分布表は，分布の中心 0 から t 以上離れた値が出現する確率を示すものであり，表の上に示すように，分布の網かけ部分（$P/2$）の面積が両すそ合わせて一定の面積（10%，5%など）になるときの t の値が，絶対値の形で示されている．

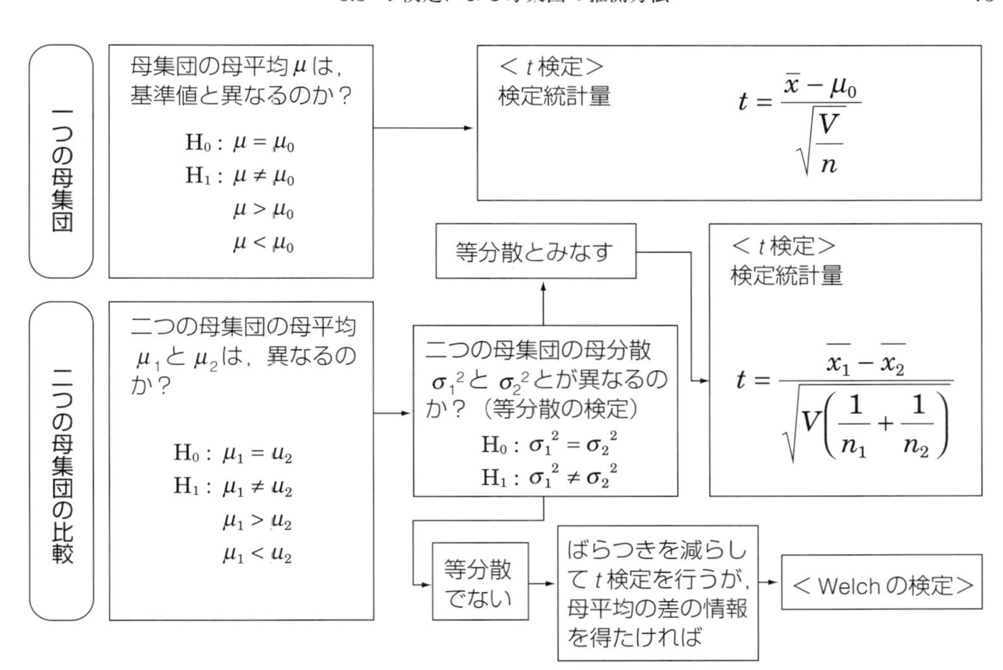

図 3.9　データから母集団を推測

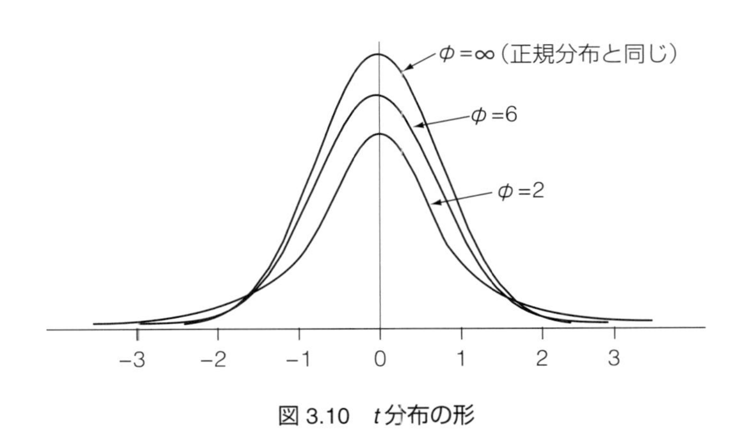

図 3.10　t 分布の形

表 3.3 の t 分布表を使うときは，左端の列で自分が読みとろうとする t の自由度（ϕ）を決める．次に一番上の行で読みとろうとする有意水準（P）を決める，この P の下には，表の上に描いた t の分布関数のグラフで網かけ部分の面積が，全体の面積の P（例えば 0.05）であるような t の値が書いてある．

例えば，6 個のデータを使って t を計算したのであれば，その自由度（ϕ）は $6-1=5$ である．P が 0.05 であるような点 α は，ϕ が 5 の行を右へ見ていき，P が 0.05 の下にある 2.571 を読みとればよい．

表3.3　t 分布表

自由度 ϕ と両側確率 P とから t を求める表
（Excel 関数「T.INV.2T」より計算した結果）

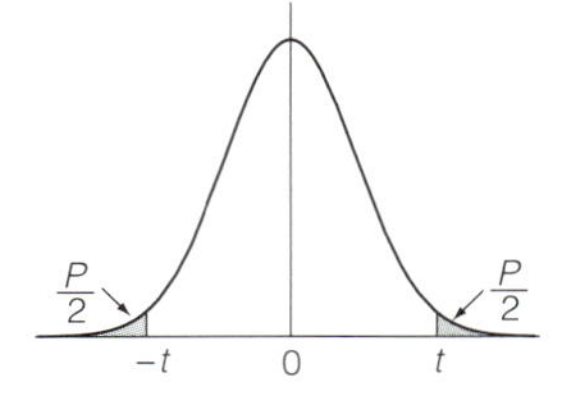

ϕ \ P	0.20	0.10	0.05	0.02	0.01
1	3.078	6.314	**12.706**	31.821	**63.657**
2	1.886	2.920	**4.303**	6.965	**9.925**
3	1.638	2.353	**3.182**	4.541	**5.841**
4	1.533	2.132	**2.776**	3.747	**4.604**
5	1.476	2.015	**2.571**	3.365	**4.032**
6	1.440	1.943	**2.447**	3.143	**3.707**
7	1.415	1.895	**2.365**	2.998	**3.499**
8	1.397	1.860	**2.306**	2.896	**3.355**
9	1.383	1.833	**2.262**	2.821	**3.250**
10	1.372	1.812	**2.228**	2.764	**3.169**
11	1.363	1.796	**2.201**	2.718	**3.106**
12	1.356	1.782	**2.179**	2.681	**3.055**
13	1.350	1.771	**2.160**	2.650	**3.012**
14	1.345	1.761	**2.145**	2.624	**2.977**
15	1.341	1.753	**2.131**	2.602	**2.947**
16	1.337	1.746	**2.120**	2.583	**2.921**
17	1.333	1.740	**2.110**	2.567	**2.898**
18	1.330	1.734	**2.101**	2.552	**2.878**
19	1.328	1.729	**2.093**	2.539	**2.861**
20	1.325	1.725	**2.086**	2.528	**2.845**
21	1.323	1.721	**2.080**	2.518	**2.831**
22	1.321	1.717	**2.074**	2.508	**2.819**
23	1.319	1.714	**2.069**	2.500	**2.807**
24	1.318	1.711	**2.064**	2.492	**2.797**
25	1.316	1.708	**2.060**	2.485	**2.787**
26	1.315	1.706	**2.056**	2.479	**2.779**
27	1.314	1.703	**2.052**	2.473	**2.771**
28	1.313	1.701	**2.048**	2.467	**2.763**
29	1.311	1.699	**2.045**	2.462	**2.756**
30	1.310	1.697	**2.042**	2.457	**2.750**
40	1.303	1.684	**2.021**	2.423	**2.704**
60	1.296	1.671	**2.000**	2.390	**2.660**
120	1.289	1.658	**1.980**	2.358	**2.617**
∞	1.282	1.645	**1.960**	2.327	**2.576**

3.3.3 ● Excel 関数機能による t 値の求め方

「数式」タブから「関数の挿入」を選択し，「関数の挿入」画面上で，「関数の分類(C)」から「統計」を選択する．「関数名(N)」の中から「T.INV.2T」を選択する．「OK」をクリックする．

「関数の引数」画面で次のように入力する．

確　率：P 値をセル「C4」または，数値「0.05」を入力

自由度：自由度をセル「C7」または，数値「5」を入力

「OK」をクリックする．

この結果，得られた「数式の結果 =2.57058」は，t 分布の確率 P に対する t 値を表している（図 3.11）．

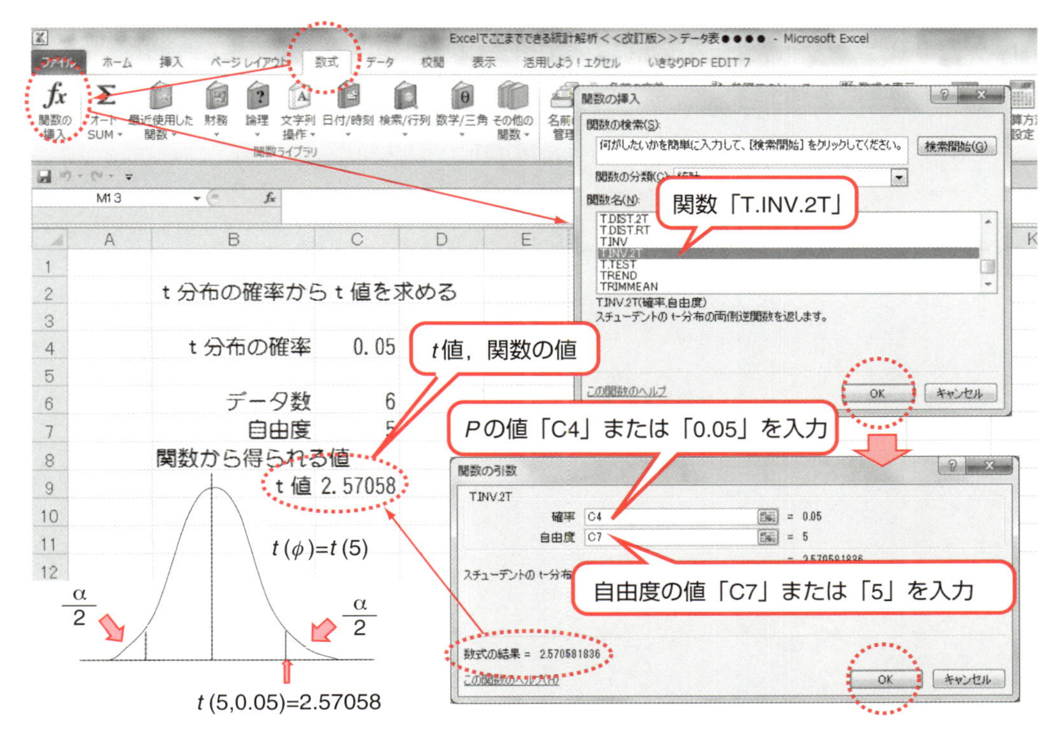

図 3.11　t 分布確率から t 値を求める手順

3.3.4 ●母分散がわからないときの母平均の検定と推定

正規母集団 $N(\mu, \sigma^2)$（ただし σ^2 未知）からの大きさ n のランダムサンプルの平均値 $\bar{x}$ と不偏分散 V に基づいて母平均 μ に関する検定と推定を行うには，次の手順で行う．

(1)　検定の手順

手順1　仮説の設定

帰無仮説 H_0 及び対立仮説 H_1 を設定する．

$$H_0 : \mu = \mu_0 \tag{3.37}$$

$$H_1 : \mu \neq \mu_0 \qquad H_1 : \mu > \mu_0 \qquad H_1 : \mu < \mu_0 \tag{3.38}$$

手順2　有意水準の設定

$\alpha=0.05$　または　$\alpha=0.01$

手順3　棄却域の設定

H_0 の棄却域は，対立仮説 H_1 の種類によって図3.12～図3.14から選択する．

表3.4　$H_0 : \mu = \mu_0$ の検定（σ^2 未知）

検定統計量	対立仮説 H_1	棄却域 R		備　考
$t = \dfrac{\bar{x}-\mu_0}{\sqrt{\dfrac{V}{n}}}$	$\mu \neq \mu_0$	$\lvert t_0 \rvert \geq t(\phi, \alpha)$	図3.12	$\phi = n-1$
	$\mu > \mu_0$	$t_0 \geq t(\phi, 2\alpha)$	図3.13	
	$\mu < \mu_0$	$t_0 \leq -t(\phi, 2\alpha)$	図3.14	

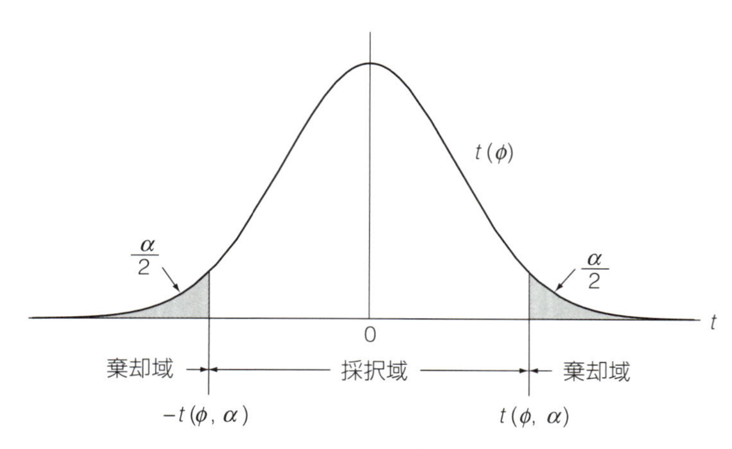

図3.12　$H_0 : \mu = \mu_0$，$H_1 : \mu \neq \mu_0$（両側検定）における H_0 の棄却域

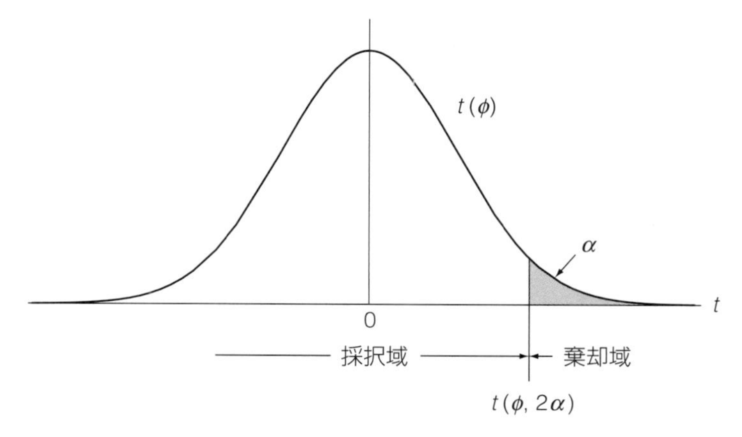

図 3.13　H_0：$\mu=\mu_0$，H_1：$\mu>\mu_0$（右片側検定）における H_0 の棄却域

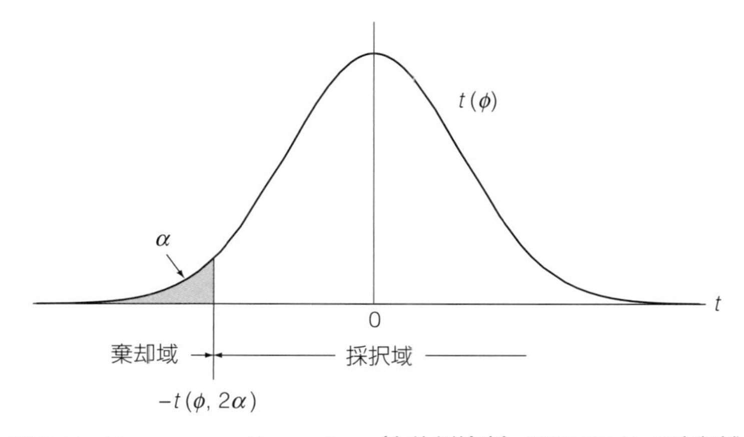

図 3.14　H_0：$\mu=\mu_0$，H_1：$\mu<\mu_0$（左片側検定）における H_0 の棄却域

手順 4　検定統計量 t_0 の計算

サンプルの平均値 $\bar{x}$ と不偏分散 V を求める．

平均値　$$\bar{x}=\frac{\sum x_i}{n} \tag{3.39}$$

不偏分散　$$V=\frac{\sum x_i^{\,2}-\dfrac{\left(\sum x_i\right)^2}{n}}{n-1} \tag{3.40}$$

t_0 の値を求める．

検定統計量　$$t_0=\frac{\bar{x}-\mu_0}{\sqrt{\dfrac{V}{n}}} \tag{3.41}$$

手順 5　判　定

t_0 と $t(\phi, \alpha)$ 値，または $t(\phi, 2\alpha)$ 値を比較する．

① t_0 の値が棄却域にあれば有意と判定する．

帰無仮説 H_0 を棄却して，対立仮説 H_1 を採択する．

② t_0 の値が採択域にあれば有意でないと判定する．

帰無仮説 H_0 を棄却しない．

(2) 推定の手順

手順1　母平均 μ の点推定をする

点推定　$$\hat{\mu} = \bar{x} = \frac{\sum x_i}{n} \tag{3.42}$$

手順2　信頼率 $100(1-\alpha)$%における母平均 μ の区間推定を行う

信頼上限　$$\mu_U = \bar{x} + t(\phi, \alpha)\sqrt{\frac{V}{n}} \tag{3.43}$$

信頼下限　$$\mu_L = \bar{x} - t(\phi, \alpha)\sqrt{\frac{V}{n}} \tag{3.44}$$

ただし，$\phi = n-1$

【例題 3.2】

ベータ母さんが買ってきた6匹の金魚の体長を測ったところ，次のようになった（【例題3.1】と同じデータ）．

10.0　　11.0　　11.5　　11.0　　10.5　　11.5

この金魚の体長は，10.0 cm の金魚と異なるのかどうか，有意水準5%で検定し，買ってきた金魚の母平均を推定（点推定と区間推定）を行ってみる．

ただし，【例題3.1】のように，魚類図鑑からの情報である母分散がわからないということで考えてみる．

(1) 検　定

手順1　仮説の設定

帰無仮説　$H_0 : \mu = \mu_0$　($\mu_0 = 10.0$ cm)　(3.45)

対立仮説　$H_1 : \mu \neq \mu_0$　(3.46)

手順2　有意水準の設定

有意水準　$\alpha = 0.05$　または　$\alpha = 0.01$　(3.47)

手順3　棄却域の設定

棄却域　$R : |t_0| \geq t(\phi, \alpha) = t(5, 0.05) = 2.571$　(3.48)

手順4　検定統計量の計算

平均値　$$\bar{x} = \frac{\sum x_i}{n} = \frac{65.5}{6} = 10.92\ \text{cm} \tag{3.49}$$

不偏分散　$$V = \frac{\sum x_i^2 - \frac{\left(\sum x_i\right)^2}{n}}{n-1} = \frac{716.75 - \frac{65.5 \times 65.5}{6}}{6-1} = 0.34 \tag{3.50}$$

$$検定統計量 \quad t_0=\frac{\bar{x}-\mu_0}{\sqrt{\frac{V}{n}}}=\frac{10.92-10.0}{\sqrt{\frac{0.34}{6}}}=\frac{0.92}{0.24}=3.83 \tag{3.51}$$

手順 5　判　定

$$t_0=3.83>t(5,\ 0.05)=2.571 \tag{3.52}$$

この結果，有意水準 $\alpha=0.05$ で有意である．したがって，帰無仮説 H_0 が棄却され，対立仮説 H_1 が採択される．

つまり，買ってきた金魚の母平均は，10.0 cm と異なるといえる．

(2)　推　定

手順 1　点推定

$$\hat{\mu}=\bar{x}=10.92\ \text{cm} \tag{3.53}$$

手順 2　信頼率 95%の区間推定

$$\begin{aligned}信頼上限 \quad \mu_U &= \bar{x}+t(\phi,\alpha)\sqrt{\frac{V}{n}}\\ &=10.92+2.571\times\sqrt{\frac{0.34}{6}} \qquad (3.54)\\ &=10.92+0.61\\ &=11.53\end{aligned}$$

$$\begin{aligned}信頼下限 \quad \mu_L &= \bar{x}-t(\phi,\alpha)\sqrt{\frac{V}{n}}\\ &=10.92-2.571\times\sqrt{\frac{0.34}{6}} \qquad (3.55)\\ &=10.92-0.61\\ &=10.31\end{aligned}$$

3.3.5 ● Excel 関数機能による母平均の t 検定の解析手順

ベータ母さんが働いている工場では，耐候性の接着剤を製造している．このたび，強度の向上を図るために配合の割合を変えることになった．強度の母平均が 9 以上であれば，新製品として販売したいと考えている．理論上は強度が向上することがわかっているので，それを確かめるため，製造された製品を 10 個ランダムに抜き取り，強度を測定したところ，表 3.5 のデータが得られた．

表 3.5　強度のデータ

（単位省略）

No.	1	2	3	4	5	6	7	8	9	10
x	10.0	11.0	9.5	12.0	10.0	8.0	9.5	13.0	11.0	12.0

3

表3.5のデータから，強度の母平均が，9より大きいかどうかを有意水準5%で検定してみよう．また，強度の母平均の点推定値，および信頼率95%の信頼区間を求めてみよう．この検定と推定をExcelを使って求めてみよう．

(1)　*t* 検定（図3.15）

手順1　データと諸元の入力

検定するデータ表（B3:C13）を作成する．

1）帰無仮説を記入する．「G4:μ=9」

2）対立仮説を記入する．「G5:μ>9」

3）比較する値を入力する．「G6:9」

4）有意水準を入力する．「G7:0.05」

手順2　統計量の計算

各統計量は，「数式」タブの「関数の挿入」から必要な「関数」を選択し，諸元を入力して求める．

5）データ数を計算する．関数「=COUNT(C4:C13)」=10

6）自由度を計算する．計算「=G9-1」=9

7）平均値を計算する．関数「=AVERAGE(C4:C13)」=10.6

8）不偏分散を計算する．関数「=VAR.S(C4:C13)」=2.2111

9）検定統計量を計算する．計算「=(G11-G6)/SQRT(G12/G9)」=3.4026

手順3　棄却域の設定

「数式」タブの「関数の挿入」から「関数：T.INV.2T」を使って，棄却域の t 値を求める．

10）関数「T.INV.2T」の画面上で，有意水準と自由度を入力する．
「確率」欄に有意水準を「セル(G7)＊2」または「値(0.10)」で入力する．=1.8331
両側検定の場合は，「有意水準」の値を入力する．
「OK」をクリックする．

手順4　判　定

11）判定は，検定統計量と棄却域の値を比較する．
（検定統計量G13）＞（棄却域G15）→　有意である
（検定統計量G13）＜（棄却域G15）→　有意でない

この例では，検定統計量 t_0=3.4026 ＞棄却域 $t(\phi, 2\alpha)$=1.8331であり，有意水準0.05（5%）で有意である．帰無仮説 H_0 を棄却し，対立仮説 H_1：μ>9を採択する．したがって，配合を変えた接着剤は，従来の強度より大きくなったといえる．

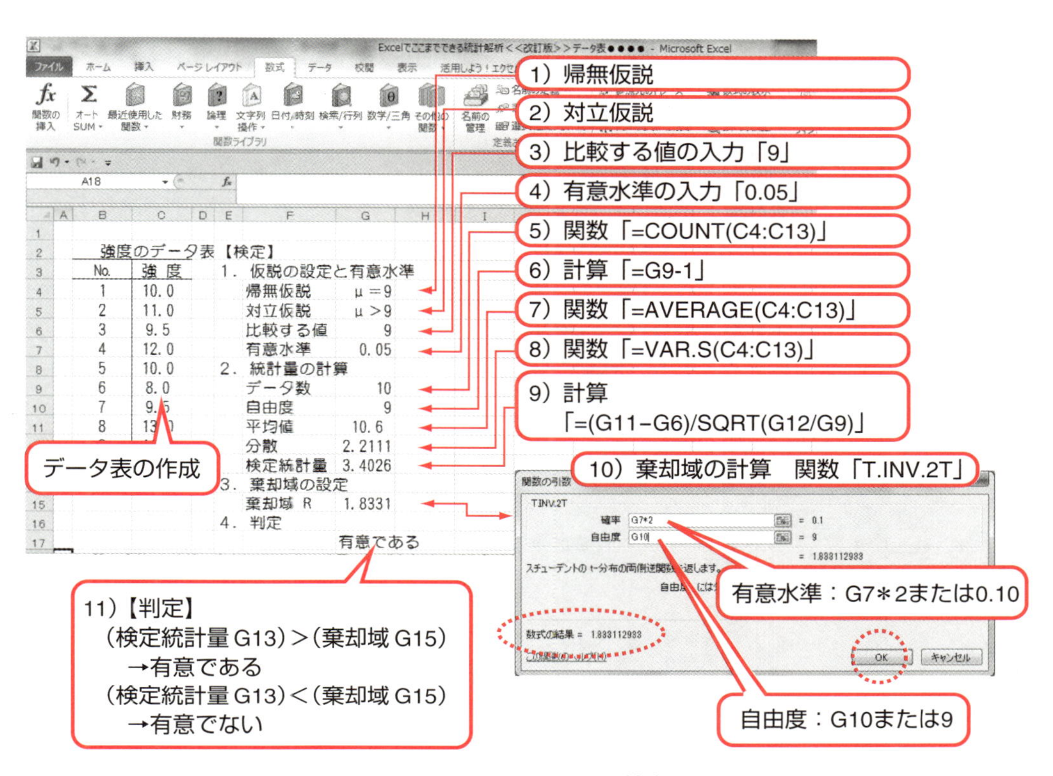

図 3.15　Excel による t 検定

(2)　母平均の推定（図 3.16）

手順 5　点推定の計算

12）点推定を計算する．計算「=G11」=10.6

手順 6　区間推定の計算

13）関数「T.INV.2T」の画面上で，有意水準と自由度を入力する．

「確率」欄に有意水準を「セル(G7)」または「値(0.05)」で入力する．=2.2622

「OK」をクリックする．

14）信頼上限を計算する．計算「=G20+C21＊SQRT(G12/G9)」=11.664

15）信頼下限を計算する．計算「=G20-C 21＊SQRT(G12/G9)」=9.536

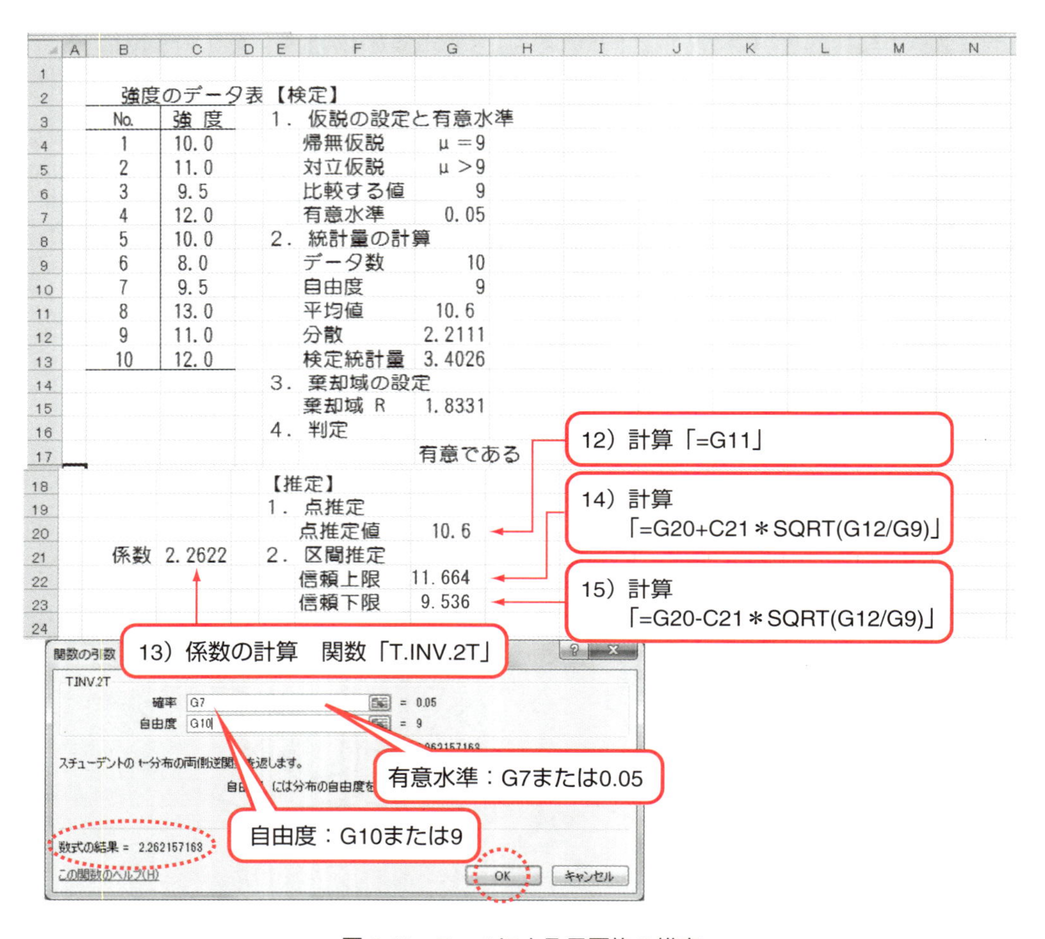

図 3.16　Excel による母平均の推定

3.4 二つの母平均の差の検定と推定

二つの母平均の差の検定を行うにあたって，重要な情報は，

$\sigma_1^2=\sigma_2^2$ か $\sigma_1^2\neq\sigma_2^2$ か

である．しかし，これがわかっていることはまずない．そのため二つの母平均の差の検定と推定を行うにあたって，母分散の比の検定を第1ステップとして予備的に行い，母分散に関する上記の情報を得た後に母平均の差の検定と推定を行う．

このとき重要なことは，母分散の検定を行って，“等分散とみなせる”場合は，t 検定と推定を行うとよい．“等分散でない”となった場合は，安易に Welch の方法による検定と推定と決めつけるのではなく，“まずばらつきを減らし，しかる後に母平均の比較を行う”とする．ただし，たとえ母分散が異なっていても母平均の差に関する情報を得たい場合は，Welch の方法による検定と推定を行う．

3.4.1 ●等分散の検定

等分散の検定は，二つの母集団のばらつきの比の検定を行う．このとき，統計量として $V_1>V_2$ なら分散比 $F_0=V_1/V_2$（分散の大きいほうを分子，小さなほうを分母にする）を使う．棄却域を設定する分布は，F 分布を使用する（表 3.6）.

等分散の検定は，次の手順で行う．

手順 1　仮説の設定

$$\mathrm{H}_0 : \sigma_1^2=\sigma_2^2 \tag{3.56}$$

$$\mathrm{H}_1 : \sigma_1^2\neq\sigma_2^2 \tag{3.57}$$

手順 2　有意水準の設定

$$\alpha=0.05 \tag{3.58}$$

手順 3　棄却域の設定

$$V_1 \geq V_2,\quad F_0=\frac{V_1}{V_2}\geq F\left(\phi_1,\phi_2;\frac{\alpha}{2}\right) \tag{3.59}$$

このとき，分散の大きいほうを分子におく．

手順 4　検定統計量の計算

$$V_1=\frac{\sum x_{1i}{}^2-\dfrac{\left(\sum x_{1i}\right)^2}{n_1}}{n_1-1} \tag{3.60}$$

$$V_2=\frac{\sum x_{2i}{}^2-\dfrac{\left(\sum x_{2i}\right)^2}{n_2}}{n_2-1} \tag{3.61}$$

このとき，分散の大きいほうを分子におく．

$$F_0=\frac{V_1}{V_2},\ \frac{V_2}{V_1}\qquad \phi_1=n_1-1,\ \phi_2=n_2-1 \tag{3.62}$$

手順5　判　定

F_0 値と $F(\phi_1, \phi_2; \alpha/2)$ 値を比較する．

① F_0 の値が手順3で定められた棄却域に入らなければ，有意水準 α で有意でないと判断し，H_0 を棄却できない．

　このとき，等分散とみなし，t 検定を行う．→　3.4.2 項へ

② F_0 の値が手順3で定められた棄却域に入れば，有意水準 α で有意であると判断し，H_0 を棄却し，H_1 を採択する．

　このとき，Welch の検定を行うが，n 数の比あるいは分散比が2倍以内であれば t 検定を行ってもよい．

表 3.6 *F* 分布表（α =0.025）

自由度 φ_1 自由度 ϕ_2 と片側確率 *P* から *F* を求める表
（Excel 関数「F.INV.RT」より計算した結果）

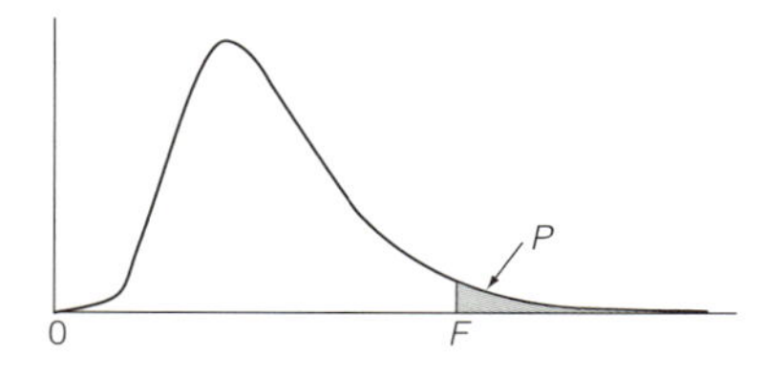

ϕ_2 \ ϕ_1	1	2	3	4	5	6	7	8	9	10	12	15	20	24	30	40	60	120	∞
1	648	799	864	900	922	937	948	957	963	969	977	985	993	997	1001	1006	1010	1014	1018
2	38.5	39.0	39.2	39.2	39.3	39.3	39.4	39.4	39.4	39.4	39.4	39.4	39.4	39.5	39.5	39.5	39.5	39.5	39.5
3	17.4	16.0	15.4	15.1	14.9	14.7	14.6	14.5	14.5	14.4	14.3	14.3	14.2	14.1	14.1	14.0	14.0	13.9	13.9
4	12.2	10.6	9.98	9.60	9.36	9.20	9.07	8.98	8.90	8.84	8.75	8.66	8.56	8.51	8.46	8.41	8.36	8.31	8.26
5	10.0	8.43	7.76	7.39	7.15	6.98	6.85	6.76	6.68	6.62	6.52	6.43	6.33	6.28	6.23	6.18	6.12	6.07	6.02
6	8.81	7.26	6.60	6.23	5.99	5.82	5.70	5.60	5.52	5.46	5.37	5.27	5.17	5.12	5.07	5.01	4.96	4.90	4.85
7	8.07	6.54	5.89	5.52	5.29	5.12	4.99	4.90	4.82	4.76	4.67	4.57	4.47	4.41	4.36	4.31	4.25	4.20	4.14
8	7.57	6.06	5.42	5.05	4.82	4.65	4.53	4.43	4.36	4.30	4.20	4.10	4.00	3.95	3.89	3.84	3.78	3.73	3.67
9	7.21	5.71	5.08	4.72	4.48	4.32	4.20	4.10	4.03	3.96	3.87	3.77	3.67	3.61	3.56	3.51	3.45	3.39	3.33
10	6.94	5.46	4.83	4.47	4.24	4.07	3.95	3.85	3.78	3.72	3.62	3.52	3.42	3.37	3.31	3.26	3.20	3.14	3.08
11	6.72	5.26	4.63	4.28	4.04	3.88	3.76	3.66	3.59	3.53	3.43	3.33	3.23	3.17	3.12	3.06	3.00	2.94	2.88
12	6.55	5.10	4.47	4.12	3.89	3.73	3.61	3.51	3.44	3.37	3.28	3.18	3.07	3.02	2.96	2.91	2.85	2.79	2.73
13	6.41	4.97	4.35	4.00	3.77	3.60	3.48	3.39	3.31	3.25	3.15	3.05	2.95	2.89	2.84	2.78	2.72	2.66	2.60
14	6.30	4.86	4.24	3.89	3.66	3.50	3.38	3.29	3.21	3.15	3.05	2.95	2.84	2.79	2.73	2.67	2.61	2.55	2.49
15	6.20	4.77	4.15	3.80	3.58	3.41	3.29	3.20	3.12	3.06	2.96	2.86	2.76	2.70	2.64	2.59	2.52	2.46	2.40
16	6.12	4.69	4.08	3.73	3.50	3.34	3.22	3.12	3.05	2.99	2.89	2.79	2.68	2.63	2.57	2.51	2.45	2.38	2.32
17	6.04	4.62	4.01	3.66	3.44	3.28	3.16	3.06	2.98	2.92	2.82	2.72	2.62	2.56	2.50	2.44	2.38	2.32	2.25
18	5.98	4.56	3.95	3.61	3.38	3.22	3.10	3.01	2.93	2.87	2.77	2.67	2.56	2.50	2.44	2.38	2.32	2.26	2.19
19	5.92	4.51	3.90	3.56	3.33	3.17	3.05	2.96	2.88	2.82	2.72	2.62	2.51	2.45	2.39	2.33	2.27	2.20	2.13
20	5.87	4.46	3.86	3.51	3.29	3.13	3.01	2.91	2.84	2.77	2.68	2.57	2.46	2.41	2.35	2.29	2.22	2.16	2.09
21	5.83	4.42	3.82	3.48	3.25	3.09	2.97	2.87	2.80	2.73	2.64	2.53	2.42	2.37	2.31	2.25	2.18	2.11	2.04
22	5.79	4.38	3.78	3.44	3.22	3.05	2.93	2.84	2.76	2.70	2.60	2.50	2.39	2.33	2.27	2.21	2.14	2.08	2.00
23	5.75	4.35	3.75	3.41	3.18	3.02	2.90	2.81	2.73	2.67	2.57	2.47	2.36	2.30	2.24	2.18	2.11	2.04	1.97
24	5.72	4.32	3.72	3.38	3.15	2.99	2.87	2.78	2.70	2.64	2.54	2.44	2.33	2.27	2.21	2.15	2.08	2.01	1.94
25	5.69	4.29	3.69	3.35	3.13	2.97	2.85	2.75	2.68	2.61	2.51	2.41	2.30	2.24	2.18	2.12	2.05	1.98	1.91
26	5.66	4.27	3.67	3.33	3.10	2.94	2.82	2.73	2.65	2.59	2.49	2.39	2.28	2.22	2.16	2.09	2.03	1.95	1.88
27	5.63	4.24	3.65	3.31	3.08	2.92	2.80	2.71	2.63	2.57	2.47	2.36	2.25	2.19	2.13	2.07	2.00	1.93	1.85
28	5.61	4.22	3.63	3.29	3.06	2.90	2.78	2.69	2.61	2.55	2.45	2.34	2.23	2.17	2.11	2.05	1.98	1.91	1.83
29	5.59	4.20	3.61	3.27	3.04	2.88	2.76	2.67	2.59	2.53	2.43	2.32	2.21	2.15	2.09	2.03	1.96	1.89	1.81
30	5.57	4.18	3.59	3.25	3.03	2.87	2.75	2.65	2.57	2.51	2.41	2.31	2.20	2.14	2.07	2.01	1.94	1.87	1.79
40	5.42	4.05	3.46	3.13	2.90	2.74	2.62	2.53	2.45	2.39	2.29	2.18	2.07	2.01	1.94	1.88	1.80	1.72	1.64
60	5.29	3.93	3.34	3.01	2.79	2.63	2.51	2.41	2.33	2.27	2.17	2.06	1.94	1.88	1.82	1.74	1.67	1.58	1.48
120	5.15	3.80	3.23	2.89	2.67	2.52	2.39	2.30	2.22	2.16	2.05	1.94	1.82	1.76	1.69	1.61	1.53	1.43	1.31
∞	5.02	3.69	3.12	2.79	2.57	2.41	2.29	2.19	2.11	2.05	1.94	1.83	1.71	1.64	1.57	1.48	1.39	1.27	1.00

3.4.2 ●二つの母平均の差の検定（$\sigma_1^2=\sigma_2^2$ 等分散とみなせるとき）

二つの母集団の違いをみるには，母平均の差の検定を行う．

ここでは，母分散未知で等分散の場合を考えてみる．母集団の分布は正規分布で，二つの母分散 σ_A^2, σ_B^2 は未知だが，$\sigma_A^2=\sigma_B^2$（等分散）とみなせるときは，

自由度 $\phi=(n_A-1)+(n_B-1)=n_A+n_B-2$

の t 分布を利用する．この場合の二つの母平均 μ_A と μ_B の差 $\mu_A-\mu_B$ の検定は次の手順で行う．

(1)　検定の手順

手順１　仮説の設定

帰無仮説 H_0 および対立仮説 H_1 を設定する．

$$H_0: \mu_A=\mu_B \tag{3.63}$$

$$H_1: \mu_A\neq\mu_B \qquad H_1: \mu_A>\mu_B \qquad H_1: \mu_A<\mu_B \tag{3.64}$$

手順２　有意水準の設定

$\alpha=0.05$　または　$\alpha=0.01$

手順３　棄却域の設定

表 3.7　H_0: $\mu_A=\mu_B$ の検定（σ^2 未知）

検定統計量	対立仮説 H_1	棄却域 R	備　考
$t_0=\dfrac{\bar{x}_A-\bar{x}_B}{\sqrt{V\left(\dfrac{1}{n_A}+\dfrac{1}{n_B}\right)}}$	$\mu_A\neq\mu_B$	$\lvert t_0\rvert\geq t(\phi,\alpha)$	$\phi=n_A+n_B-2$ $V=\dfrac{S_A+S_B}{n_A+n_B-2}$
	$\mu_A>\mu_B$	$t_0\geq t(\phi,2\alpha)$	
	$\mu_A<\mu_B$	$t_0\leq -t(\phi,2\alpha)$	

手順４　検定統計量の計算

サンプルの平均値 $\bar{x}_A, \bar{x}_B$ を求める．

$$\text{平均値}\quad \bar{x}_A=\frac{\sum x_{Ai}}{n_A} \qquad \bar{x}_B=\frac{\sum x_{Bi}}{n_B} \tag{3.65}$$

合併した不偏分散 V を求める．

$$\text{平方和}\quad S_A=\sum x_A{}^2-\frac{\left(\sum x_A\right)^2}{n_A} \qquad S_B=\sum x_B{}^2-\frac{\left(\sum x_B\right)^2}{n_B} \tag{3.66}$$

$$\text{データ数}\quad n_A \quad n_B \tag{3.67}$$

$$\text{合併した不偏分散}\quad V=\frac{S_A+S_B}{n_A+n_B-2} \tag{3.68}$$

t_0 の値を求める．

$$\text{検定統計量}\quad t_0=\frac{\bar{x}_A-\bar{x}_B}{\sqrt{V\left(\dfrac{1}{n_A}+\dfrac{1}{n_B}\right)}} \tag{3.69}$$

手順5 判 定

t_0 値と $t(\phi, \alpha)$ 値または $t(\phi, 2\alpha)$ 値と比較する．

① t_0 の値が棄却域にあれば有意と判定する．
帰無仮説 H_0 を棄却して，対立仮説 H_1 を採択する．

② t_0 の値が採択域にあれば有意でないと判定する．
帰無仮説 H_0 を棄却しない．

(2) 推定の手順

μ_A と μ_B の個々の母平均の推定は，3.3.4 項の推定手順で求める．
ここでは，μ_A と μ_B の差 $\mu_A-\mu_B$ の推定を説明する．

手順1 母平均の差 $\mu_A-\mu_B$ の点推定を計算する

$$\text{点推定}\quad \widehat{\mu_A-\mu_B}=\bar{x}_A-\bar{x}_B \tag{3.70}$$

手順2 信頼率 100(1 − α)%における母平均の差 $\mu_A-\mu_B$ の区間推定を行う

$$\text{信頼上限}\quad (\mu_A-\mu_B)_U=(\bar{x}_A-\bar{x}_B)+t(\phi,\alpha)\sqrt{V\left(\frac{1}{n_A}+\frac{1}{n_B}\right)} \tag{3.71}$$

$$\text{信頼下限}\quad (\mu_A-\mu_B)_L=(\bar{x}_A-\bar{x}_B)-t(\phi,\alpha)\sqrt{V\left(\frac{1}{n_A}+\frac{1}{n_B}\right)} \tag{3.72}$$

ただし，$\phi=n_A+n_B-2$ (3.73)

$$V=\frac{S_A+S_B}{n_A+n_B-2} \tag{3.74}$$

【例題 3.3】みかんのばらつきを比較してみる

ミュー爺さんが，近くのスーパーマーケットでみかんを買ってきた．サイズはMサイズであった．しばらくして，ベータ母さんもみかんを買ってきた．ベータ母さんの買ってきたみかんはSサイズであった．でも見た目は，どちらのみかんも同じ大きさに見えた．そんなはずはない．といっているところへみんなが帰ってきた．

アルファ父さんが，「よし，重さを測ってみよう」と言ったので，シグマ君が台所から秤を持ってきた．イプシロンちゃんも加わり，Mサイズ，Sサイズのみかんの重さを一個一個測っていった．その結果は表 3.8 のとおりとなった．

表 3.8 みかんの重さ

(g)

Mサイズ	84	99	100	82	96	96		
Sサイズ	82	85	81	71	71	70	87	79

Mサイズのみかんとサイズのみかんの重さの差を有意水準 5%で検定してみよう．また，Mサイズのみかんとサイズのみかんの重さの差の点推定と，信頼率 95%で区間推定してみよう．平均値の差の検定を行う前に，等分散とみなしてよいかどうかの検定を事前に行うことから始めてみる．

(1)　等分散の検定

手順1　仮説の設定

帰無仮説　$H_0 : \sigma_A{}^2 = \sigma_B{}^2$　(3.75)

対立仮説　$H_1 : \sigma_A{}^2 \neq \sigma_B{}^2$　(3.76)

手順2 有意水準の設定

有意水準　$\alpha=0.05$

手順3　棄却域の設定

R ：$F_0 \geq F$(分子の分散の自由度，分母の分散の自由度；$\dfrac{\alpha}{2}$)

手順4　検定統計量

平方和　$$S_A = \sum x_{Ai}{}^2 - \frac{\left(\sum x_{Ai}\right)^2}{n_A} = 52\,013 - \frac{557 \times 557}{6} = 304.834 \quad (3.77)$$

$$S_B = \sum x_{Bj}{}^2 - \frac{\left(\sum x_{Bj}\right)^2}{n_B} = 49\,302 - \frac{626 \times 626}{8} = 317.5 \quad (3.78)$$

データ数　$n_A=6$　　$n_B=8$

不偏分散　$$V_A = \frac{S_A}{\phi_A} = \frac{304.834}{6-1} = 60.97 \quad (3.79)$$

$$V_B = \frac{S_B}{\phi_B} = \frac{317.5}{8-1} = 45.36 \quad (3.80)$$

V_A と V_B の大きさを比較すると，$V_A=60.97>V_B=45.36$ なので，V_A を分子，V_B を分母にもってくる．

検定統計量　$$F_0 = \frac{V_A}{V_B} = \frac{60.97}{45.36} = 1.344 \quad (3.81)$$

手順5　判　定

F 分布表から上側確率2.5%の値を求める．

F(分子の V の自由度，分母の V の自由度；0.05/2)$=F(5, 7;0.025)=5.29$

$F_0=1.344<F(5, 7;0.025)=5.29$　(3.82)

有意水準5%で有意でない．すなわち，H_0 を棄却できない．$\sigma_A{}^2 \neq \sigma_B{}^2$ とはいえない．よって，Mサイズのみかんと S サイズのみかんの重さのばらつきは異なるとはいえない．そこで，M サイズのみかんと S サイズのみかんに重さの差があるかどうか，t 検定してみることとなった．

(2)　母平均の差の *t* 検定

手順1　仮説の設定

$$H_0 : \mu_A = \mu_B \tag{3.83}$$

$$H_1 : \mu_A \neq \mu_B \tag{3.84}$$

手順2　有意水準の設定

$\alpha = 0.05$

手順3　棄却域の設定

$$R : |t_0| \geq t(\phi, \alpha) = t(12, 0.05) = 2.179 \qquad \phi = n_A + n_B - 2 = 6 + 8 - 2 = 12 \tag{3.85}$$

手順4　検定統計量の計算

サンプル数（データ数）　M サイズ　$n_A = 6$　　S サイズ　$n_B = 8$

平均値　$$\bar{x}_A = \frac{\sum x_{Ai}}{n_A} = \frac{557}{6} = 92.8 \qquad \bar{x}_B = \frac{\sum x_{Bi}}{n_B} = \frac{626}{8} = 78.3 \tag{3.86}$$

平方和　$$S_A = \sum x_{Ai}{}^2 - \frac{\left(\sum x_{Ai}\right)^2}{n_A} = 52\,013 - \frac{557 \times 557}{6} = 304.834 \tag{3.87}$$

$$S_B = \sum x_{Bj}{}^2 - \frac{\left(\sum x_{Bj}\right)^2}{n_B} = 49\,302 - \frac{626 \times 626}{8} = 317.5 \tag{3.88}$$

合併した不偏分散　$$V = \frac{S_A + S_B}{n_A + n_B - 2} = \frac{304.8 + 317.5}{6 + 8 - 2} = \frac{622.3}{12} = 51.858 \tag{3.89}$$

検定統計量　$$t_0 = \frac{\bar{x}_A - \bar{x}_B}{\sqrt{V\left(\frac{1}{n_A} + \frac{1}{n_B}\right)}} = \frac{92.8 - 78.3}{\sqrt{51.858 \times \left(\frac{1}{6} + \frac{1}{8}\right)}} = \frac{14.5}{3.889} = 3.728 \tag{3.90}$$

手順5　判　定

$$t_0 = 3.728 > t(12, 0.05) = 2.179 \tag{3.91}$$

となり，有意水準5%で帰無仮説 H_0 は棄却される．すなわち，対立仮説 H_1 は採用される．この結果から，M サイズみかんの重量と S サイズみかんの重量は異なるといえる．

(3)　母平均の差の推定の手順

手順1　母平均の差の点推定

点推定　$$\widehat{\mu_A - \mu_B} = \bar{x}_A - \bar{x}_B = 92.8 - 78.3 = 14.5\ \mathrm{g} \tag{3.92}$$

3

手順2　信頼率95%における母平均の差の区間推定

区間推定　$\mu_A - \mu_B = (\bar{x}_A - \bar{x}_B) \pm t(\phi, \alpha)\sqrt{V\left(\frac{1}{n_A} + \frac{1}{n_B}\right)}$

$$= (92.8 - 78.3) \pm t(12, 0.05) \times \sqrt{51.818 \times \left(\frac{1}{6} + \frac{1}{8}\right)}$$

$$= 14.5 \pm 2.179 \times \sqrt{15.11} \qquad (3.93)$$

$$= 14.5 \pm 8.47$$

$$= 6.03 \sim 22.97$$

参考1　Welchの検定（$\sigma_1^2 \neq \sigma_2^2$とみなせるとき）

t検定のうち，検定統計量t_0と自由度ϕを次のように変えて計算を行う．

検定統計量　$t_0 = \dfrac{\bar{x}_1 - \bar{x}_2}{\sqrt{\dfrac{V_1}{n_1} + \dfrac{V_2}{n_2}}}$　(3.94)

自由度　$\phi^* = \dfrac{\left(\dfrac{V_1}{n_1} + \dfrac{V_2}{n_2}\right)^2}{\dfrac{\left(\dfrac{V_1}{n_1}\right)^2}{n_1 - 1} + \dfrac{\left(\dfrac{V_2}{n_2}\right)^2}{n_2 - 1}}$　(3.95)

3.4.3 ● Excel「分析ツール」による母平均の差のt検定と推定手順

二つの母集団を比較する検定は，Excelの「分析ツール」が活用できる．
「分析ツール」によるt検定には，次の三つがある（図3.17）．

① t検定：一対の標本による平均の検定

② t検定：等分散を仮定した2標本による検定

③ t検定：分散が等しくないと仮定した2標本による検定

①はデータが対応ある場合に検定を行うものであり，一般的には，等分散の検定を行って，②のt検定を行う．③はWelchの検定ともよばれ，ばらつきが異なっていても，検定の情報が知りたい場合に行うt検定である．ここで，一般的に使われる②のt検定の使い方を「引張強度」の例で説明する．

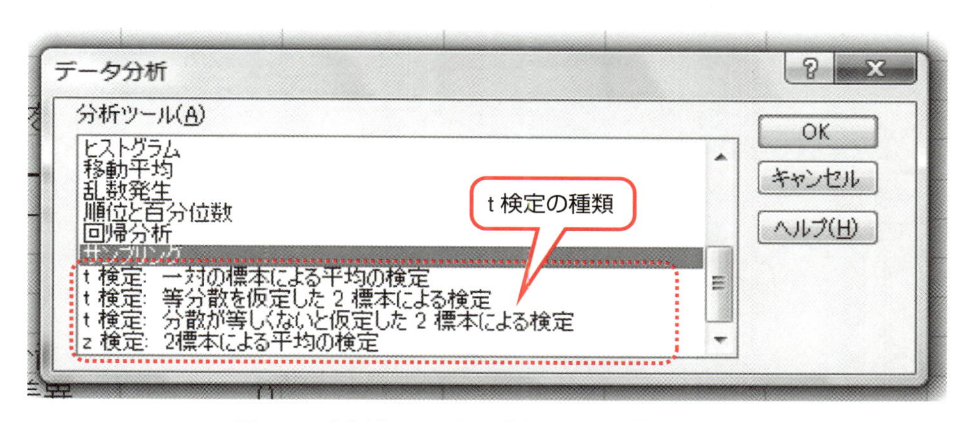

図 3.17 「分析ツール」で実行できる t 検定の種類

【例題 3.4】

アルファ父さんの関連会社では，耐熱性ゴムを製造している．このたび，引張強度の高い製品を開発をすることになった．その結果，従来の B 法のほかに A 法（新製造法）が研究室レベルで開発された．B 法（従来の製造法）より A 法の方が引張強度の母平均が大きければ採用したい．そこで，A 法，B 法でそれぞれランダムに製造実験を行い，その結果を表 3.9 に示す．

表 3.9　引張強度のデータ

（単位省略）

A 法	195	205	255	250	299	256	298	235	240	256	267	245
B 法	155	173	161	198	177	190	200	229	202	203		

表 3.9 のデータから，A 法による引張強度の母平均が B 法による引張強度より大きくなったといえるか，有意水準 5%で検定を Excel にて行ってみる．また，A 法と B 法による引張強度について，母平均の差の点推定値，および信頼率 95%の信頼区間を Excel にて求めてみる．

(1)　等分散の検定

手順 1　データ表の作成

比較したい二つの母集団のサンプルを列または行に入力する．図 3.18 の B3:C13 のセルに，データとラベルを入力してある．二つのサンプルのデータ数は異なっていてもよい．

手順 2 「分析ツール」の起動

「データ」タブの「データ分析」をクリックすると，「分析ツール」の画面が表示される．「分析ツール」画面から「F 検定：２標本を使った分散の検定」を選択し，「OK」をクリックする．

そうすると，図 3.19 の「F 検定：２標本を使った分散の検定」が表示される．

手順 3　検定を行う諸元の入力

「F 検定：２標本を使った分散の検定」画面において，検定に必要な諸元を入力する．

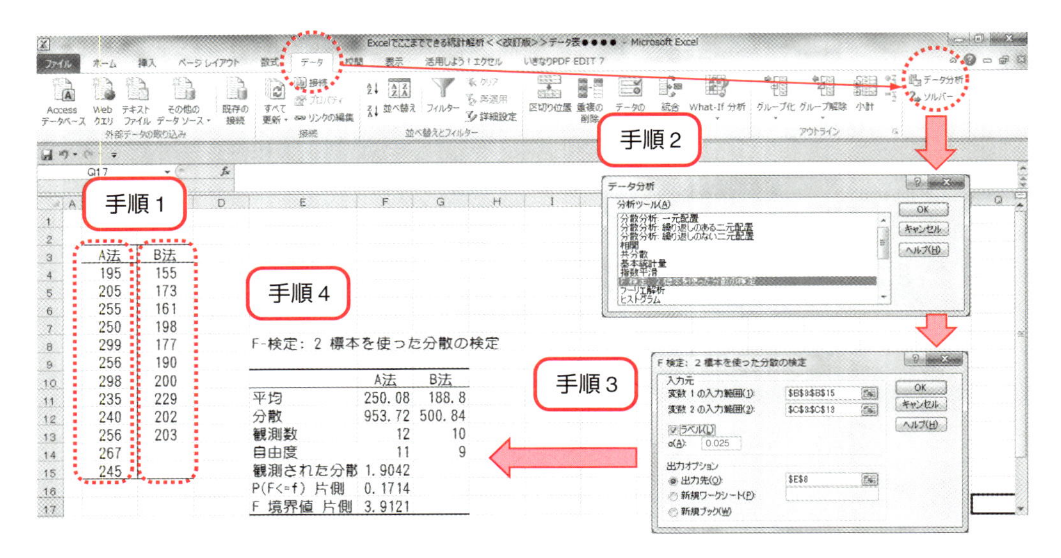

図 3.18 Excel による等分散の検定

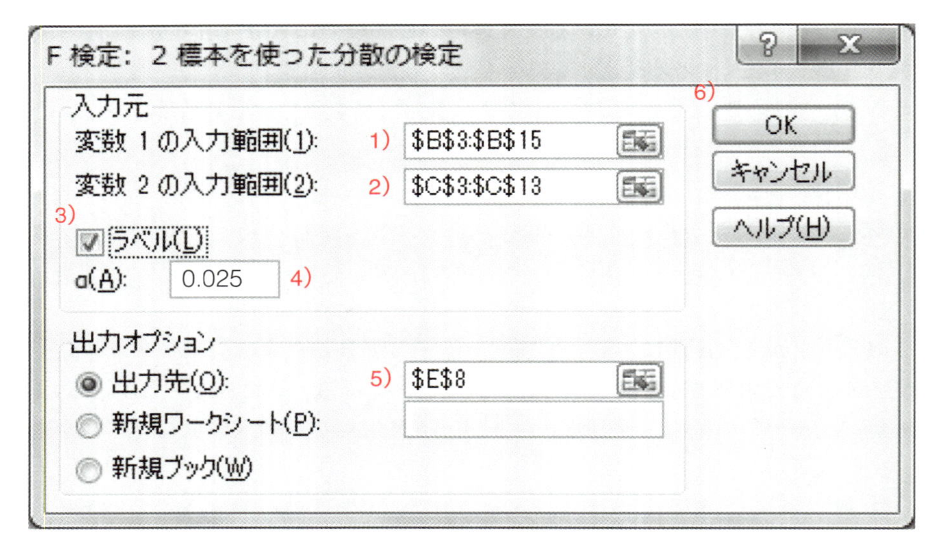

図 3.19 *F* 検定の入力画面

1) 入力元 変数 1 の入力範囲(1)：サンプル 1 のデータを入力する．図 3.19 では，B3:B15 となる．
2) 入力元 変数 2 の入力範囲(2)：サンプル 2 のデータを入力する．図 3.19 では，C3:C13 となる．
3) ラベル(L)：データ表の先頭が「項目」である場合は，チェックマーク「✓」を入れる．
4) α(A)：有意水準を入力する．初期値に 0.05 が入力されている．両側検定を行うので，「0.025」に変更する．
5) 出力先(O)：結果を表示させる左上のセル（図 3.19 では E8）を入力する．
6) 「OK」をクリックする．その結果，図 3.20 が表示される．

F-検定: 2 標本を使った分散の検定　手順 4

	A法	B法
平均	250.08	188.8
分散	953.72	500.84
観測数	12	10
自由度	11	9
観測された分散比	1.9042	
P(F<=f) 片側	0.1714	
F 境界値 片側	3.9121	

（注記：平均〜自由度に 1），観測された分散比に 3），F 境界値 片側に 2））

図 3.20　*F* 検定の出力画面

手順 4　検定結果の判定

図 3.20 の結果から次のことがわかる．

1)　統計量の表示：平均（それぞれの平均値）　$\bar{x}_A=250.08$, $\bar{x}_B=188.8$
分散（それぞれの不偏分散）　$V_A=953.72$, $V_B=500.84$
観測値（それぞれのサンプル数）　$n_A=12$, $n_B=10$
自由度（それぞれの自由度）　$\phi_A=11$, $\phi_B=9$
観測された分散比（$F_0=V_A/V_B$）　$F_0=1.9042$

2)　棄却域の表示：*F* 境界値片側：$F(\phi_A, \phi_B;\alpha)=F(11, 9;0.025)=3.9121$

3)　判定：「観測された分散比」と「F 境界値」を比較する．
$F_0=1.9042<F(11, 9;0.025)=3.9121$ なので，有意水準 5%で有意でない．
帰無仮説を棄却できないので，等分散 $\sigma_A{}^2=\sigma_B{}^2$ とみなす．したがって，*t* 検定で平均値の差の検定を行う．

(2)　平均値の差の検定

手順 1　データ表の作成

比較したい二つの母集団のサンプルを列または行に入力する．図 3.21 の B3:15 のセルに，データとラベルを入力する．二つのサンプルのデータ数は異なってもよい．

手順 2　「分析ツール」の起動

「データ」タブの「データ分析」をクリックすると，「分析ツール」の画面が表示される．「分析ツール」画面から「t 検定：等分散を仮定した 2 標本による検定」を選択し，「OK」をクリックする．

そうすると，図 3.22 の「t 検定：等分散を仮定した 2 標本による検定」が表示される．

手順 3　検定を行う諸元の入力

「t 検定：等分散を仮定した 2 標本による検定」画面において，検定に必要な諸元を入力する．

1)　入力元　変数 1 の入力範囲(1)：サンプル 1 のデータを入力する．図 3.22 では，B3:B15 となる．

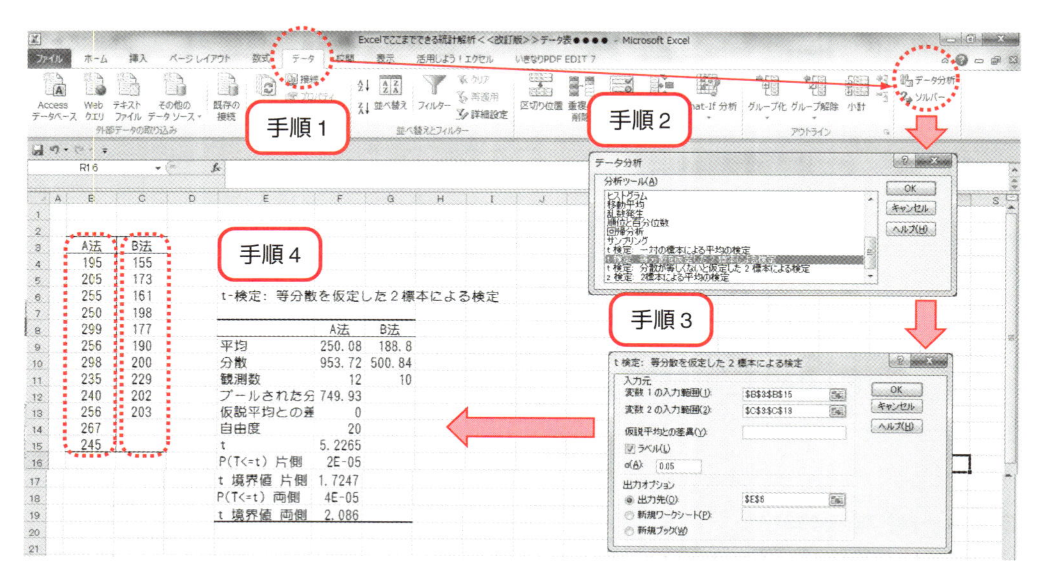

図 3.21　Excel による平均値の差の t 検定

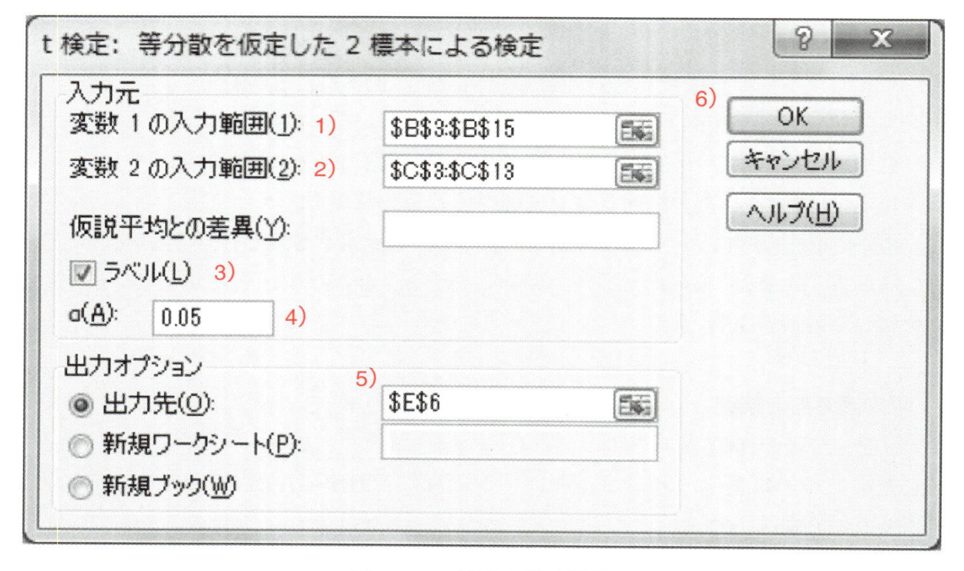

図 3.22　t 検定の入力画面

2）　入力元　変数 2 の入力範囲(2)：サンプル 2 のデータを入力する．図 3.22 では，C3:C13 となる．

3）　ラベル(L)：データ表の先頭が「項目」である場合は，チェックマーク「✓」を入れる．

4）　α(A)：有意水準を入力する．初期値に 0.05 が入力されているので OK．

5）　出力先(O)：結果を表示させる左上のセル（図 3.22 では E6）を入力する．

6）「OK」をクリックする．その結果，図 3.23 が表示される．

t-検定: 等分散を仮定した2標本による検定			手順4
	A法	B法	
平均	250.08	188.8	1)
分散	953.72	500.84	1)
観測数	12	10	1)
プールされた分散	749.93		1)
仮説平均との差異	0		1)
自由度	20		1)
t	5.2265	3) 4)	1)
P(T<=t) 片側	2E-05		
t 境界値 片側	1.7247	2)	
P(T<=t) 両側	4E-05		
t 境界値 両側	2.086	2)	

図 3.23　t 検定の出力画面

手順 4　検定結果の判定

図 3.23 の結果から次のことがわかる．

1)　統計量の表示：平均（それぞれの平均値）　$\bar{x}_A=250.08$，$\bar{x}_B=188.8$
　　分散（それぞれの不偏分散）　$V_A=953.72$，$V_B=500.84$
　　観測値（それぞれのサンプル数）　$n_A=12$，$n_B=10$
　　プールされた分散　$V=749.93$
　　自由度（合成の自由度）　$\phi=20$
　　検定統計量　$t_0=5.2265$

2)　棄却域の表示：t 境界値片側：$t(\phi, 2\alpha)=1.7247$
　　t 境界値両側：$t(\phi, \alpha)=2.086$

3)　判定：**「検定統計量 t」**と**「t 境界値」**を比較する．

4)　判定

　対立仮説は，B 法が A 法よりも強度が大きくなったかどうかを検定することである．そこで，結果の t 境界値片側の値を使うこととする．

　$t_0=5.2265>t(\phi, 2\alpha)=1.7247$ なので，有意水準 5%で有意である．

　帰無仮説は棄却され，A 法の引張強度は，B 法の引張強度より大きいということになる．

(3)　平均値の差の推定

平均値の差の推定は，図 3.24 に示すように計算を行う．

事前に平均値，合併された自由度，合併された分散，5%の t 値を計算する．

1)　データ数　$n_A=12$，$n_B=10$

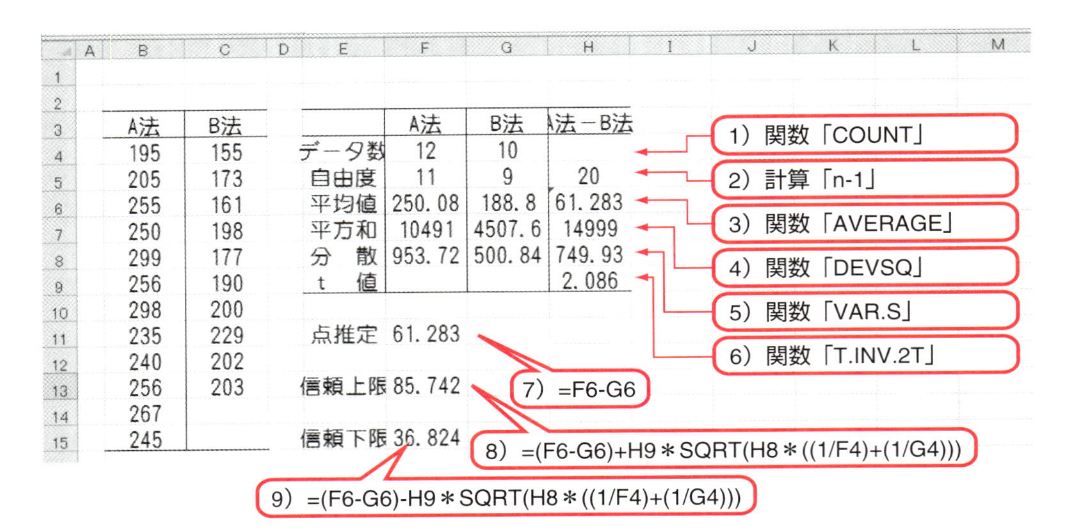

A法	B法
195	155
205	173
255	161
250	198
299	177
256	190
298	200
235	229
240	202
256	203
267	
245	

	A法	B法	A法－B法
データ数	12	10	
自由度	11	9	20
平均値	250.08	188.8	61.283
平方和	10491	4507.6	14999
分　散	953.72	500.84	749.93
t　値			2.086

点推定	61.283
信頼上限	85.742
信頼下限	36.824

図 3.24　Excel による平均値の差の推定

2）　自由度　$\phi=20$

3）　平均（それぞれの平均値）　$\bar{x}_A=250.08$，$\bar{x}_B=188.8$

4）　平方和（それぞれの平方和）　$S_A=10491$，$S_B=4507.6$

5）　分散（それぞれの不偏分散）　$V_A=953.72$，$V_B=500.84$

　　プールされた分散　$V=749.93$

6）　5% t 値　$t(20, 0.05)=2.086$

　　関数「T.INV.2T」の画面上で，有意水準と自由度「20」を入力する．

　　「確率」欄に有意水準「0.05」を入力する．=2.086

手順 5　点推定の計算

7）　点推定を計算する．計算「=F6-G6」=61.283

手順 6　区間推定の計算

8）　信頼上限を計算する．

　　計算「=(F6-G6)+H9＊SQRT(H8＊((1/F4)+(1/G4)))」=85.742

9）　信頼下限を計算する．

　　計算「=(F6-G6)-H9＊SQRT(H8＊((1/F4)+(1/G4)))」=36.824

ほっとひと息 Part 2『彼はモテる　その仮説は正しいか？』

彼は，

・ルックスがいい（これぞイケメン）
・話題が豊富（業界の裏情報通）
・学歴が高い（誰もが知っている有名大学の大学院卒）
・マンションで一人住まい（閑静な住宅街）

でも，

・性格がイマイチ（ネチネチくどい）
・食べ物の好き嫌いが激しい（あれもダメ，これもダメ）
・友人が少ない（数えるほど）
・オタクっぽい（趣味はアニメのフィギュア集め）

ところで「彼はモテるのか？」10人の友達に聞いてみた．
仮説は二つ「仮説 1. 彼はモテる」「仮説 2. 彼はモテない」

8人が「彼はモテる」と答え，2人が「彼はモテない」と答えた．
さあ，彼は「モテる」と判断できるか？

こんなとき，一方の意見が3人以下なら他方を結論付けると基準を決めてみよう．
そうすると，「彼はモテる」と判断できる．

でも，彼がモテるからといって，
「彼女ができる，結婚できる，幸せな家庭が築ける」
かどうかはわからない．

第 4 章

計数値の検定と推定

4.1 計数値の検定と推定の概要

シグマ君は，新聞を見ながら，この1か月間の雨の日を数えていた．というのは，今年は7月に入っても雨の日が多く，野球の練習ができなかったからである．数えた結果，雨の日が15日，晴れの日が5日，くもりの日が11日であった．7月の降雨率の式は，

$$［雨の日の日数(15日)/全日数(31日)］\times 100 = 降雨率（\%） \quad (4.1)$$

である．「雨の日」・「くもりの日」・「晴れの日」の数は，計数値とよばれるものである．また降雨率も計数値として扱われる．

計数値とは，計量値と異なり，数えて得られる離散した値である．例えば，不良数，良品数，顧客満足の割合や数，1級品・2級品・3級品の数，キズの欠点数，事故件数，不満の割合・数などが考えられる．このように考えると，計量値のみならず，計数値においても統計解析の適用場面が多いことがわかる．計数値の検定と推定の基本となる考え方は，計数値データの母集団の分布について，そこから求められる母数の統計的推測を行う手法である．

計数値のデータが従う分布の代表的なものとして，二項分布とポアソン分布がある．二項分布は不良率や不良個数に関する分布であり，母数として母不良率Pがある．一方，ポアソン分布は欠点数に関する分布であり，母数として母欠点数λがある．

これらの母不良率Pや母欠点数λを推測する方法として，次のような方法がある．

母集団が一つの場合は，検定では母不良率Pとある基準値P_0（または，母欠点数λとある基準値λ_0）との関係を表現した仮説が成り立つかどうかを検証する．推定では母不良率P（または母欠点数λ）の値を点推定および区間推定する．

母集団が二つの場合は，二つの母不良率の差の検定や推定，二つの母欠点数の差の検定や推定を行う．

二項分布やポアソン分布は，正規分布とは全く異なった分布にみえるが，正規分布に近似可能な条件

$np, n(1-p), \lambda$がそれぞれ5以上

n：サンプル数，p：不良率，λ：欠点数

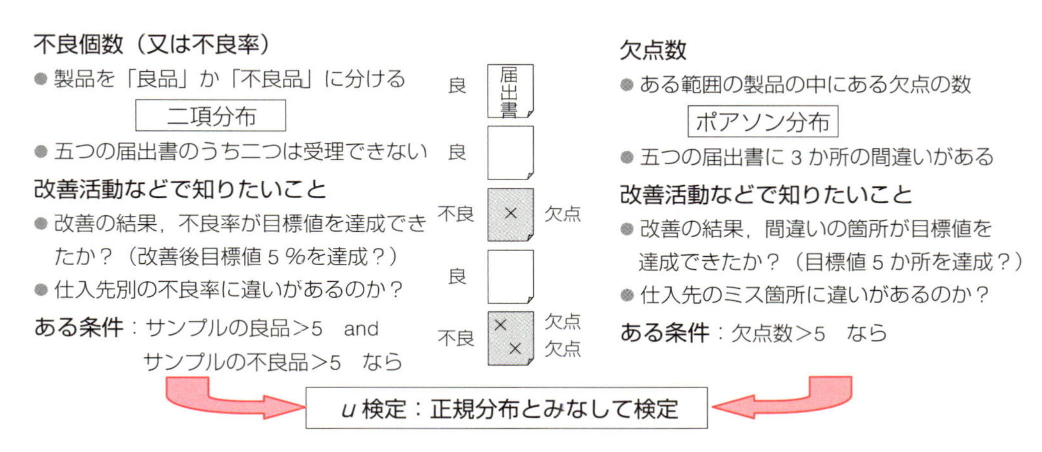

図 4.1　不良数（不良率）と欠点数について

のもとでは，第 3 章の計量値の検定と推定で述べたさまざまな手法と同様の手法を適用できる．さらに，計数値に関する検定として，「分割表による検定」や「適合度の検定」がある．

分割表による検定は，分割表のデータを用いて，二つの属性が独立であるかどうかを検定する方法である．

適合度の検定とは，ある事象に対する実測度数が期待度数（あるいは理論度数）と異なっているかどうかを検定する方法で，例えば，交通事故件数が曜日によって違いがあるかどうかを検定するのに用いられる．

4.2 母不良率の検定と推定

4.2.1 ●母不良率の検定と推定の手順

(1)　検定の手順

手順1　正規分布近似のチェック

まず，不良数と良品数が5以上あるかどうか，確認する．

ここで，n 個のサンプル数の中に x 個の不良個数があったとする．

$$\text{不良率}\quad p=\frac{x}{n} \tag{4.2}$$

$$np>5\quad\text{または}\quad n(1-p)>5 \tag{4.3}$$

(4.3)式が成り立てば，正規分布近似法を活用して，検定を行う．

手順2　仮説の設定

帰無仮説 H_0 及び対立仮説 H_1 を設定する．

$$H_0: P=P_0\ \ (P_0\ \text{は指定された値}) \tag{4.4}$$

$$H_1: P\neq P_0\qquad H_1: P>P_0\qquad H_1: P<P_0 \tag{4.5}$$

対立仮説は，三つのうちから一つ選定する．

手順3　有意水準の設定

$\alpha=0.05$　または　$\alpha=0.01$

手順4　棄却域の設定

H_0 の棄却域は，対立仮説 H_1 の種類によって表4.1より選択する．

表4.1　$H_0: P=P_0$ の検定

検定統計量	対立仮説 H_1	棄却域 R
$u_0=\dfrac{p-P_0}{\sqrt{\dfrac{P_0(1-P_0)}{n}}}$	$P\neq P_0$	$\lvert u_0\rvert \geq u\left(\dfrac{\alpha}{2}\right)$
	$P>P_0$	$u_0\geq u(\alpha)$
	$P<P_0$	$u_0\leq -u(\alpha)$

手順5　検定統計量 u_0 の計算

$$u_0=\frac{p-P_0}{\sqrt{\dfrac{P_0(1-P_0)}{n}}} \tag{4.6}$$

手順6　判　定

u_0 と $u(\alpha/2)$ 値，または $u(\alpha)$ 値を比較する．

① u_0 の値が棄却域にあれば有意と判定する．

帰無仮説 H_0 を棄却して，対立仮説 H_1 を採択する．

② u_0 の値が採択域にあれば有意でないと判定する．

帰無仮説 H_0 を棄却しない．

(2)　推定の手順

手順７　母不良率 P の点推定を行う

点推定　$\hat{P} = p = \dfrac{x}{n}$　(4.7)

手順８　信頼率 $100(1-\alpha)$%における母不良率 p の区間推定を行う

信頼上限　$P_U = p + u\left(\dfrac{\alpha}{2}\right)\sqrt{\dfrac{p(1-p)}{n}}$　(4.8)

信頼下限　$P_L = p - u\left(\dfrac{\alpha}{2}\right)\sqrt{\dfrac{p(1-p)}{n}}$　(4.9)

4.2.2 ●母不良率の検定と推定の例題

【例題 4.1】

アルファ父さんが勤めている会社では，故障品の修理期間を 30 日以内として日常管理しているが，全数を 30 日以内に処理するのは難しい実態にある．そこで，当面 30 日を超過する割合が 20%を超えないように管理水準を決めた．

今月の実績では，420 件を処理して，そのうち 66 件が 30 日を超過していた．30 日を超過する割合（母不良率と考える）は 20%よりも少ないといえるか有意水準 5%で検定してみる．また，信頼率 95%で母不良率の推定をしてみる．

以上のことを，正規分布近似法による検定と推定の手順に従って判定してみる．

(1)　検定の手順

手順１　正規分布近似のチェック

まず，不良数と良品数が 5 以上あるかどうか，確認する．

$p = \dfrac{x}{n} = \dfrac{66}{420} = 0.157$　(4.10)

$np = 420 \times 0.157 = 66 > 5$　(4.11)

$n(1-p) = 420 \times (1-0.157) = 354 > 5$　(4.12)

(4.11)式と(4.12)式が成り立つので，正規分布近似法を活用して，検定を行う．

手順２　仮説の設定

帰無仮説　$H_0 : P = P_0$　$(P_0 = 0.20)$　(4.13)

対立仮説　$H_1 : P < P_0$　(4.14)

修理期間の不良率が減少したかどうかを知りたいので，対立仮説は $H_1 : P < P_0$ である．

手順３　有意水準の設定

有意水準　$\alpha = 0.05$（5%）　(4.15)

手順4　棄却域の設定

棄却域　$R: u_0 \leq -u(\alpha) = -u(0.05) = -1.645$　(4.16)

手順5　統計量の計算

データより，次の統計量が求められる．

$$u_0 = \frac{p - P_0}{\sqrt{\frac{P_0(1-P_0)}{n}}} = \frac{0.157-0.20}{\sqrt{\frac{0.20(1-0.20)}{420}}} = -2.198 \tag{4.17}$$

手順6　判　定

$u_0 = -2.198 < -u(\alpha) = -1.645$ となるので有意水準5%で有意である．

帰無仮説 H_0 は棄却して，「今月の修理期間の母不良率は0.20より少ない」と判断する．

(2)　推定の手順

手順7　点推定

$$\hat{P} = p = \frac{x}{n} = \frac{66}{420} = 0.157 \tag{4.18}$$

手順8　区間推定

信頼率95%における P の信頼区間を求める．

$$\text{信頼上限}\quad P_U = p + u\left(\frac{\alpha}{2}\right)\sqrt{\frac{p(1-p)}{n}}$$
$$= 0.157 + 1.960 \times \sqrt{\frac{0.157 \times (1-0.157)}{420}} \tag{4.19}$$
$$= 0.192$$

$$\text{信頼下限}\quad P_L = p - u\left(\frac{\alpha}{2}\right)\sqrt{\frac{p(1-p)}{n}}$$
$$= 0.157 - 1.960 \times \sqrt{\frac{0.157 \times (1-0.157)}{420}} \tag{4.20}$$
$$= 0.122$$

すなわち，「今月の修理期間の母不良率の点推定は0.157（15.7％）であり，信頼率95%で0.122（12.2%）～0.192（19.2%）の範囲にある」と推測される．

4.2.3 ● Excel関数機能による不良率の検定と推定の手順

(1)　検定の手順（図4.2）

手順1　データの入力

検定するデータを入力する．

1）　サンプル数：セルD3に「420」を入力する．

2）　不良数：セルD4に「66」を入力する．

3）　比較する不良率：セルD5に「0.20」を入力する．

手順 2　正規分布近似のチェック

4）　不良品の個数：セル D7 に「=D4」と計算する．

5）　良品の個数：セル D8 に「=D3-D4」と計算する．

6）　近似条件の判定

D7>5 および D8>5 のとき，近似条件「OK」とする．

手順 3　仮説と有意水準の設定

7）　帰無仮説を記入する．セル D12 に「p=0.20」と入力する．

8）　対立仮説を記入する．セル D13 に「p<0.20」と入力する．

9）　有意水準を入力する．セル D14 に「0.05」と入力する．

手順 4　統計量の計算

10）サンプル不良率を計算する．セル D16 に「=D4/D3」と計算する．

11）検定統計量を計算する．セル D17 に

「=(D16-D5)/SQRT(D5＊(1-D5)/D3)」＝−2.196 と計算する．

手順 5　棄却域の設定

「数式」タブの「関数の挿入」から「関数：NORM.S.INV」を使って，棄却域の u 値を求める．

12）セル D19 に関数「NORM.S.INV」の画面上で，有意水準を入力する．

「確率」欄に有意水準を「セル D14」または「値(0.05)」で入力する．＝−1.645

手順 6　判　定

13）判定は，検定統計量と棄却域の値を比較する．

(検定統計量 D17)＜(棄却域 D19)　→　有意である

(検定統計量 D17)＞(棄却域 D19)　→　有意でない

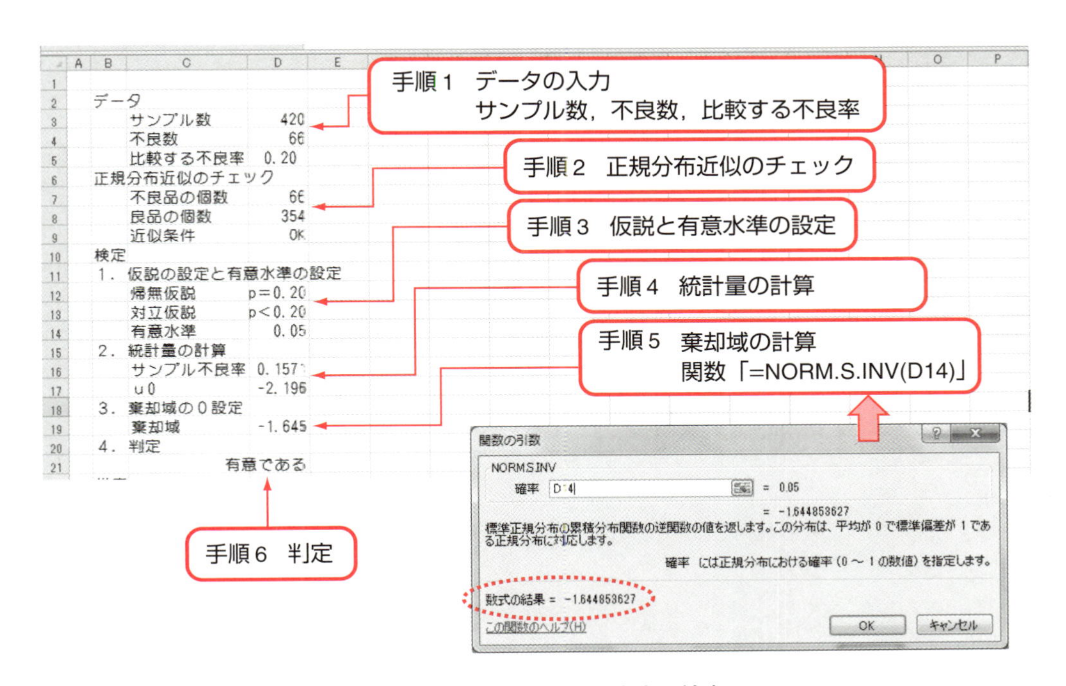

図 4.2　Excel による母不良率の検定

この例では，検定統計量 $u_0=-2.196<-u(\alpha)=-1.645$ であり，有意水準0.05（5%）で有意である．帰無仮説 H_0 を棄却し，対立仮説 H_1：$p<0.20$ を採択する．したがって，今月の修理期間の不良率は小さいといえる．

(2)　推定の手順（図4.3）

手順7　点推定の計算

14）点推定を計算する．セルD23に「=D16」=0.1571と計算する．

手順8　区間推定の計算

15）信頼率を入力する．セルD25に「0.95」を入力する．

16）セルD26に関数「NORM.S.INV」の画面上で，有意水準×0.5を入力する．
「確率」欄に有意水準を「D14/2」または「値(0.025)」を入力する．
　=1.96
Excelの正規分布は左側からの確率の値であるので，関数「NORM.S.INV」で計算された値に「−」をつける．

17）信頼上限を計算する．セルD27に
　「=D23+D26＊SQRT(D23＊(1-D23)/D3)」=0.1919と計算する．

18）信頼下限を計算する．セルD28に
　「=D23-D26＊SQRT(D23＊(1-D23)/D3)」=0.1223と計算する．

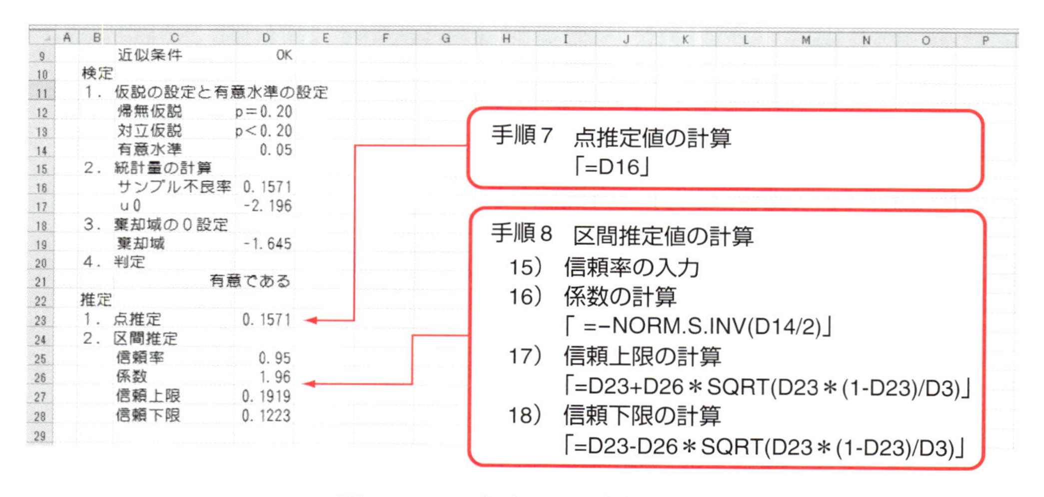

図4.3　Excelによる母不良率の推定

4.3 母不良率の差の検定と推定

4.3.1 ●母不良率の差の検定と推定の手順

(1) 検定の手順

手順 1　正規分布近似のチェック

n_1 個のサンプル中 x_1 個の不良個数がある母集団 1 と n_2 個のサンプル中 x_2 個の不良個数がある母集団 2 を比較するとする．

母集団 1 のサンプル不良率　$p_1=\dfrac{x_1}{n_1}$ (4.21)

母集団 2 のサンプル不良率　$p_2=\dfrac{x_2}{n_2}$ (4.22)

まず，不良数と良品数が 5 以上あるかどうか確認する．

$n_1p_1>5$　または　$n_1(1-p_1)>5$ (4.23)

$n_2p_2>5$　または　$n_2(1-p_2)>5$ (4.24)

(4.23) 式及び (4.24) 式が成り立てば，正規分布近似法を活用して，検定を行う．

手順 2　仮説の設定

帰無仮説 H_0 および対立仮説 H_1 を設定する．

$H_0 : P_1=P_2$ (4.25)

$H_1 : P_1\neq P_2$　　$H_1 : P_1>P_2$　　$H_1 : P_1<P_2$ (4.26)

対立仮説は，三つのうちから一つ選定する．

手順 3　有意水準の設定

$\alpha=0.05$　または　$\alpha=0.01$

手順 4　棄却域の設定

H_0 の棄却域は，対立仮説 H_1 の種類によって表 4.2 より選択する．

表 4.2　$H_0 : P_1=P_2$ の検定

検定統計量	対立仮説 H_1	棄却域 R	備　考
$u_0=\dfrac{p_1-p_2}{\sqrt{\overline{p}(1-\overline{p})\left(\dfrac{1}{n_1}+\dfrac{1}{n_2}\right)}}$	$P_1\neq P_2$	$\lvert u_0\rvert\geq u\left(\dfrac{\alpha}{2}\right)$	$\overline{p}=\dfrac{x_1+x_2}{n_1+n_2}$
	$P_1>P_2$	$u_0\geq u(\alpha)$	
	$P_1<P_2$	$u_0\leq -u(\alpha)$	

手順 5　検定統計量の計算

$\overline{p}=\dfrac{x_1+x_2}{n_1+n_2}$ (4.27)

$$u_0 = \frac{p_1 - p_2}{\sqrt{\bar{p}(1-\bar{p})\left(\frac{1}{n_1}+\frac{1}{n_2}\right)}} \quad (4.28)$$

手順 6 判 定

u_0 と $u(\alpha/2)$ 値，または $u(\alpha)$ 値を比較する．

① u_0 の値が棄却域にあれば有意と判定する．
帰無仮説 H_0 を棄却して，対立仮説 H_1 を採択する．

② u_0 の値が採択域にあれば有意でないと判定する．
帰無仮説 H_0 を棄却しない．

(2) 推定の手順

手順 7 母不良率の差の点推定を行う

点推定 $$\widehat{P_1 - P_2} = p_1 - p_2 = \frac{x_1}{n_1} - \frac{x_2}{n_2} \quad (4.29)$$

手順 8 信頼率 100(1 − α)%における母不良率の差の区間推定を行う

信頼上限 $$P_U = p_1 - p_2 + u\left(\frac{\alpha}{2}\right)\sqrt{\frac{p_1(1-p_1)}{n_1}+\frac{p_2(1-p_2)}{n_2}} \quad (4.30)$$

信頼下限 $$P_L = p_1 - p_2 - u\left(\frac{\alpha}{2}\right)\sqrt{\frac{p_1(1-p_1)}{n_1}+\frac{p_2(1-p_2)}{n_2}} \quad (4.31)$$

4.3.2 ●母不良率の差の検定と推定の例題

【例題 4.2】

アルファ父さんが勤めている会社では，故障品の修理期間を 30 日以内として日常管理している．先月の実績では，420 件を処理して，そのうち 66 件が 30 日を超過していた（例題 4.1）．

そこである対策を考え実施した．その結果，368 件処理して，そのうち 38 件が 30 日を超過していた．対策の効果が上がり，30 日を超過する割合（母不良率と考える）が減少したといえるか有意水準 5%で検定してみる．また，信頼率 95%で母不良率の差の推定をしてみる．

(1) 検定の手順

手順 1 正規分布近似のチェック

n_1 個のサンプル中 x_1 個の不良個数がある母集団 1（改善前）と n_2 個のサンプル中 x_2 個の不良個数がある母集団 2（改善後）を比較する．

母集団 1 のサンプル不良率 $$p_1 = \frac{x_1}{n_1} = \frac{66}{420} = 0.157 \quad (4.32)$$

母集団 2 のサンプル不良率 $$p_2 = \frac{x_2}{n_2} = \frac{38}{368} = 0.103 \quad (4.33)$$

まず，不良数と良品数が5以上あるかどうか，確認する．

$$n_1p_1=66>5 \quad \text{または} \quad n_1(1-p_1)=354>5 \tag{4.34}$$

$$n_2p_2=38>5 \quad \text{または} \quad n_2(1-p_2)=330>5 \tag{4.35}$$

(4.23)式及び(4.24)式が成り立つ．したがって，正規分布近似法を活用して，検定を行う．

手順2　仮説の設定

帰無仮説 H_0 及び対立仮説 H_1 を設定する．

$$H_0 : P_1=P_2 \tag{4.36}$$

$$H_1 : P_1>P_2 \tag{4.37}$$

対立仮説は，母不良率が小さくなったかどうかを調べることから，$H_1 : P_1>P_2$ を選定する．

手順3　有意水準の設定

$$\alpha=0.05$$

手順4　棄却域の設定

$$\text{棄却域} \quad R:|u_0| \geq u(\alpha)=u(0.05)=1.645 \tag{4.38}$$

手順5　統計量の計算

データより，

$$p_1=\frac{x_1}{n_1}=\frac{66}{420}=0.157\text{，} \quad p_2=\frac{x_2}{n_2}=\frac{38}{368}=0.103 \tag{4.39}$$

$$\bar{p}=\frac{x_1+x_2}{n_1+n_2}=\frac{66+38}{420+368}=0.132 \tag{4.40}$$

$$u_0=\frac{p_1-p_2}{\sqrt{\bar{p}(1-\bar{p})\left(\dfrac{1}{n_1}+\dfrac{1}{n_2}\right)}}=\frac{0.157-0.103}{\sqrt{0.132\times(1-0.132)\times\left(\dfrac{1}{420}+\dfrac{1}{368}\right)}}=2.235 \tag{4.41}$$

が求められる．

手順6　判　定

$u_0=2.235>u(0.05)=1.645$ となるので有意水準5%で有意である．

帰無仮説 H_0 を棄却し，対立仮説 H_1 を採択する．したがって，改善後，修理期間の母不良率は低減したといえる．

(2)　推定の手順

手順7　母不良率の差の点推定を行う

$$\text{点推定} \quad \widehat{P_1-P_2}=p_1-p_2=\frac{x_1}{n_1}-\frac{x_2}{n_2}=\frac{66}{420}-\frac{38}{368}=0.054 \tag{4.42}$$

手順8　信頼率 $100(1-\alpha)$%における母不良率の差の区間推定を行う

信頼上限

$$P_U=p_1-p_2+u\left(\frac{\alpha}{2}\right)\sqrt{\frac{p_1(1-p_1)}{n_1}+\frac{p_2(1-p_2)}{n_2}}$$

$$=0.054+1.96\sqrt{\frac{0.157\times(1-0.157)}{420}+\frac{0.103\times(1-0.103)}{368}}=0.1006 \tag{4.43}$$

4

信頼下限

$$P_L = p_1 - p_2 - u\left(\frac{\alpha}{2}\right)\sqrt{\frac{p_1(1-p_1)}{n_1}+\frac{p_2(1-p_2)}{n_2}}$$

$$=0.054-1.96\sqrt{\frac{0.157\times(1-0.157)}{420}+\frac{0.103\times(1-0.103)}{368}}=0.0074 \quad (4.44)$$

すなわち，「改善前と改善後の期日超過修理日数の母不良率の差の点推定は 0.054（5.4%）であり，信頼率 95%で 0.0074（0.74%）〜0.1006（10.06%）の範囲にある」と推測される．

4.3.3 ● Excel 関数機能による不良率の差の検定と推定の手順

(1)　検定の手順（図 4.4）

手順 1　データの入力

検定するデータを入力する．

1）サンプル数：セル D3 に「420」，セル E3 に「368」を入力する．

2）不良数：セル D4 に「66」，セル E4 に「38」を入力する．

3）不良率の計算：セル D5 に「=D3/D4」，セル E5 に「=E3/E4」と計算する．

手順 2　正規分布近似のチェック

4）不良品の個数：セル D7 に「=D4」，セル E7 に「=E4」と計算する．

5）良品の個数：セル D8 に「=D3-D4」，セル E8 に「=E3-E4」と計算する．

6）近似条件の判定：D7, D8, E7, E8>5 のとき，近似条件「OK」とする．

手順 3　仮説と有意水準の設定

7）帰無仮説を記入する．セル D12 に「p1=p2」を入力する．

8）対立仮説を記入する．セル D13 に「p1>p2」を入力する．

9）有意水準を入力する．セル D14 に「0.05」を入力する．

手順 4　統計量の計算

10）サンプル不良率を計算する．セル D17 に
「=(D4+E4)/(D3+E3)」=0.132 と計算する．

11）検定統計量を計算する．セル D18 に
「=(D5-E5)/SQRT(D17*(1-D17)*(1/D3+1/E3))」=2.2295 と計算する．

手順 5　棄却域の設定

セル D20 に「数式」タブの「関数の挿入」から「関数：NORM.S.INV」を使って，棄却域の u 値を求める．

12）関数「NORM.S.INV」の画面上で，有意水準を入力する．
「確率」欄に有意水準を「セル D14」または「値(0.05)」で入力する．=−1.6449

手順 6　判　定

13）判定は，検定統計量と棄却域の値を比較する．
（検定統計量 D18）>（棄却域 D20）→　有意である
（検定統計量 D18）<（棄却域 D20）→　有意でない

この例では，検定統計量 u_0=2.2295>棄却域 $u(\alpha)$=1.6449 であり，有意水準 0.05（5%）で

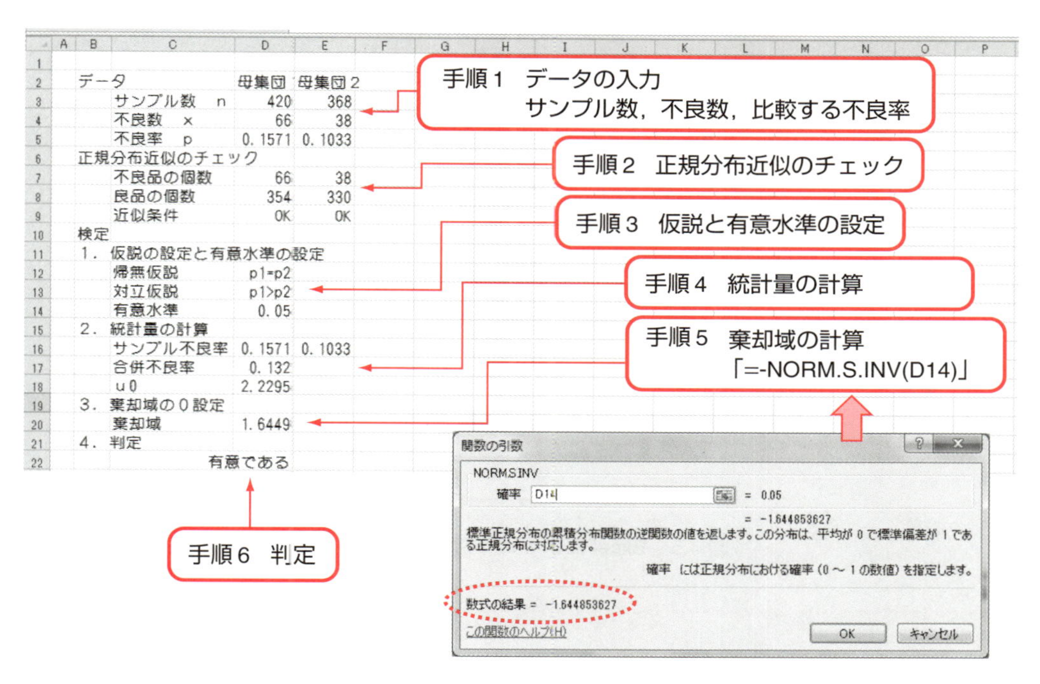

	C	D	E
2	データ	母集団	母集団2
3	サンプル数　n	420	368
4	不良数　x	66	38
5	不良率　p	0.1571	0.1033
6	正規分布近似のチェック		
7	不良品の個数	66	38
8	良品の個数	354	330
9	近似条件	OK	OK
10	検定		
11	1．仮説の設定と有意水準の設定		
12	帰無仮説	p1=p2	
13	対立仮説	p1>p2	
14	有意水準	0.05	
15	2．統計量の計算		
16	サンプル不良率	0.1571	0.1033
17	合併不良率	0.132	
18	u0	2.2295	
19	3．棄却域の0設定		
20	棄却域	1.6449	
21	4．判定		
22		有意である	

図 4.4　Excel による母不良率の差の検定

有意である．帰無仮説 H_0 を棄却し，対立仮説 H_1：$p_1>p_2$ を採択する．したがって，改善後，修理期間の母不良率は低減したといえる．

(2)　推定の手順（図 4.5）

手順 7　点推定の計算

14）点推定を計算する．セル D23 に「=D16-E16」=0.1571 と計算する．

手順 8　区間推定の計算

15）信頼率を入力する．セル D25 に「0.95」を入力する．

16）セル D26 に関数「NORM.S.INV」の画面上で，有意水準×0.5 を入力する．
「確率」欄に有意水準を「D14/2」または「値(0.025)」を入力する．
$=-1.96$
Excel の正規分布は左側からの確率の値であるので，関数「NORM.S.INV」で計算された値に「-」をつける．

17）信頼上限を計算する．セル D27 に
「=D24+D27＊SQRT(D16＊(1-D16)/D3+E16＊(1-E16)/E3)」=0.1919 と計算する．

18）信頼下限を計算する．セル D28 に
「=D24-D27＊SQRT(D16＊(1-D16)/D3+E16＊(1-E16)/E3)」=0.1223 と計算する．

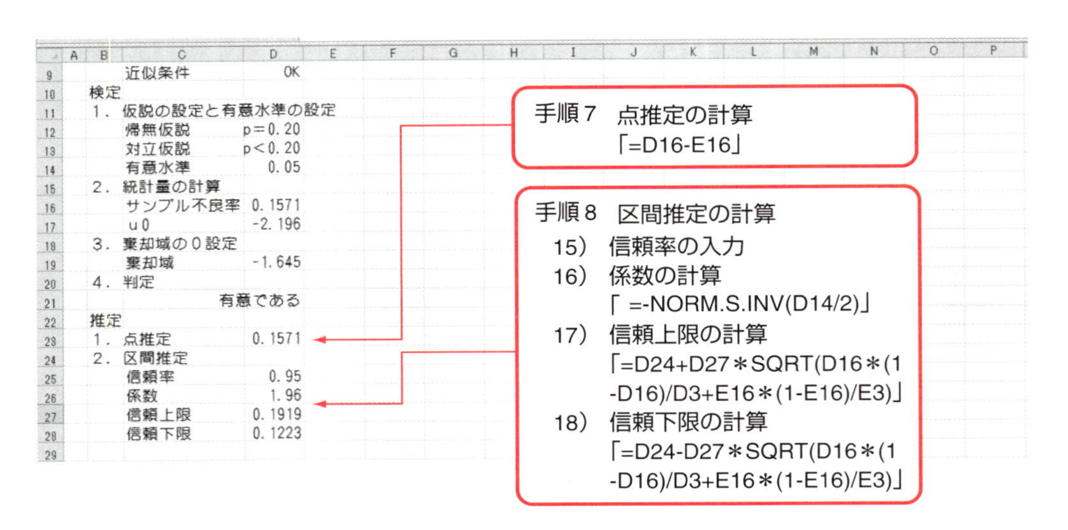

図 4.5　Excelによる母不良率の差の推定

参考 2　母欠点数に関する検定と推定

母欠点数に関する検定と推定は，前述の「4.2.1 母不良率の検定と推定」「4.3.1 母不良率の差の検定と推定」と考え方や手順は同じである．ただし，次に示す記号と統計量の計算を変えるとよい．

(1)　母欠点数の検定と推定

1）　欠点数　λ　(4.45)

2）　正規分布近似の条件　$\lambda>5$　(4.46)

3）　検定統計量：単位当たりの欠点数　$\bar{\lambda}=\dfrac{x}{n}$　(4.47)

λ_0：比較する単位当たりの欠点数

$$u_0=\frac{\bar{\lambda}-\lambda_0}{\sqrt{\dfrac{\bar{\lambda}}{n}}} \tag{4.48}$$

4）　点推定　$\hat{\lambda}=\dfrac{x}{n}$　(4.49)

x：観測された欠点数，n：観測した単位数

5）　区間推定：信頼上限　$\lambda_U=\hat{\lambda}+u\left(\dfrac{\alpha}{2}\right)\sqrt{\dfrac{\hat{\lambda}}{n}}$　(4.50)

信頼下限　$\lambda_L=\hat{\lambda}-u\left(\dfrac{\alpha}{2}\right)\sqrt{\dfrac{\hat{\lambda}}{n}}$　(4.51)

(2)　母欠点数の差の検定と推定

1)　欠点数　λ_1　(4.52)

　　欠点数　λ_2

2)　正規分布近似の条件：$\lambda_1>5$　かつ　$\lambda_2>5$　(4.53)

3)　検定統計量：$\bar{\lambda}=\dfrac{x_1+x_2}{n_1+n_2}$　(4.54)

$$u_0=\frac{\overline{\lambda_1}-\overline{\lambda_2}}{\sqrt{\bar{\lambda}\left(\dfrac{1}{n_1}+\dfrac{1}{n_2}\right)}} \quad (4.55)$$

　　$\bar{\lambda}$：単位当たりの欠点数

4)　点推定　$\widehat{\lambda_1-\lambda_2}=\overline{\lambda_1}-\overline{\lambda_2}=\dfrac{x_1}{n_1}-\dfrac{x_2}{n_2}$　(4.56)

　　x_1, x_2：観測された欠点数，n_1, n_2：観測した単位数

5)　区間推定：信頼上限　$\lambda_{\mathrm{U}}=\widehat{\lambda_1-\lambda_2}+u\left(\dfrac{\alpha}{2}\right)\sqrt{\dfrac{\overline{\lambda_1}}{n_1}+\dfrac{\overline{\lambda_2}}{n_2}}$　(4.57)

　　　　　　信頼下限　$\lambda_{\mathrm{L}}=\widehat{\lambda_1-\lambda_2}-u\left(\dfrac{\alpha}{2}\right)\sqrt{\dfrac{\overline{\lambda_1}}{n_1}+\dfrac{\overline{\lambda_2}}{n_2}}$　(4.58)

4.4 分割表による検定

製品を適合品と不適合品の2クラスに分けて，いくつかの母集団で不適合品率の違いを比較，あるいは製品やロットを1, 2, 3級品と3クラス以上に分けることができる場合に，各クラスの出現割合を比較したりするのに，分割表を用いて検定を行うことができる．

4.4.1 分割表による検定の手順

分割表は，層の数（行の数）l と級の数（列の数）m によって $l \times m$ 分割表として表される（表 4.3）．

表 4.3　分　割　表

（a）2×2 分割表

	B_1	B_2
A_1	x_{11}	x_{12}
A_2	x_{21}	x_{22}

（b）3×4 分割表

	B_1	B_2	B_3	B_4
A_1	x_{11}	x_{12}	x_{13}	x_{14}
A_2	x_{21}	x_{22}	x_{23}	x_{24}
A_3	x_{31}	x_{32}	x_{33}	x_{34}

ここでは，2×2 分割表を使って検定の手順を説明する．

手順 1　仮説の設定

帰無仮説 H_0：行のカテゴリーが発生する確率は，列によって違いはない

対立仮説 H_1：行のカテゴリーが発生する確率は，列によって違いがある

手順 2　有意水準の設定

$\alpha=0.05$（5%）または，$\alpha=0.01$（1%）

手順 3　棄却域の設定

不良品や各級品の比率が層（行）によって変わらないかどうか，つまり，これらの比率と各層（各行）とは独立であるかどうかを検定するには，χ^2 検定法が使われる．したがって，棄却域は，χ^2 分布表から設定する．

表 4.4 の χ^2 分布表より，自由度は，

$$\phi = (\text{行の数}-1)\times(\text{列の数}-1)=(2-1)\times(2-1)=1 \tag{4.59}$$

で計算され，棄却域は次のようになる．

$$R : {\chi_0}^2 \geq \chi^2(\phi, \alpha)=\chi^2(1, 0.05)=3.84 \tag{4.60}$$

手順 4　検定統計量の計算

1）データ表の作成

2×2 分割表を例にとって，検定統計量の求め方を次に示す．

具体例として，ある書類の作成業務において，チェック方法を改善した結果と改善前の調査を行ったところ，適合書類と不適合書類が表 4.5 のようであった．この結果を分割表を活用して改善の効果があったかどうか検定してみる．

表4.4　χ^2 分布表

自由度 ϕ と片側確率 P から χ^2 を求める表
（Excel 関数「CHISQ.INV.RT」より計算された値）

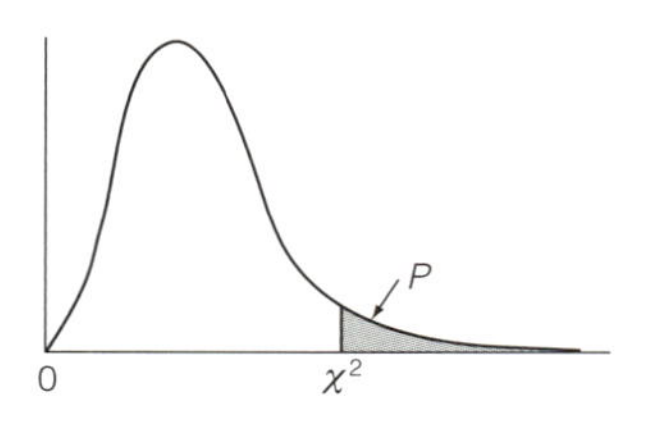

ϕ \ P	0.995	0.990	0.975	0.950	0.050	0.025	0.010	0.005
1	0.00004	0.0002	0.0010	0.0039	**3.84**	5.02	**6.63**	7.88
2	0.010	0.020	0.051	0.103	**5.99**	7.38	**9.21**	10.60
3	0.072	0.11	0.22	0.35	**7.81**	9.35	**11.34**	12.84
4	0.21	0.30	0.48	0.71	**9.49**	11.14	**13.28**	14.86
5	0.41	0.55	0.83	1.15	**11.07**	12.83	**15.09**	16.75
6	0.68	0.87	1.24	1.64	**12.59**	14.45	**16.81**	18.55
7	0.99	1.24	1.69	2.17	**14.07**	16.01	**18.48**	20.3
8	1.34	1.65	2.18	2.73	**15.51**	17.53	**20.1**	22.0
9	1.73	2.09	2.70	3.33	**16.92**	19.02	**21.7**	23.6
10	2.16	2.56	3.25	3.94	**18.31**	20.5	**23.2**	25.2
11	2.60	3.05	3.82	4.57	**19.68**	21.9	**24.7**	26.8
12	3.07	3.57	4.40	5.23	**21.0**	23.3	**26.2**	28.3
13	3.57	4.11	5.01	5.89	**22.4**	24.7	**27.7**	29.8
14	4.07	4.66	5.63	6.57	**23.7**	26.1	**29.1**	31.3
15	4.60	5.23	6.26	7.26	**25.0**	27.5	**30.6**	32.8
16	5.14	5.81	6.91	7.96	**26.3**	28.8	**32.0**	34.3
17	5.70	6.41	7.56	8.67	**27.6**	30.2	**33.4**	35.7
18	6.26	7.01	8.23	9.39	**28.9**	31.5	**34.8**	37.2
19	6.84	7.63	8.91	10.12	**30.1**	32.9	**36.2**	38.6
20	7.43	8.26	9.59	10.85	**31.4**	34.2	**37.6**	40.0
21	8.03	8.90	10.28	11.59	**32.7**	35.5	**38.9**	41.4
22	8.64	9.54	10.98	12.34	**33.9**	36.8	**40.3**	42.8
23	9.26	10.20	11.69	13.09	**35.2**	38.1	**41.6**	44.2
24	9.89	10.86	12.40	13.85	**36.4**	39.4	**43.0**	45.6
25	10.52	11.52	13.12	14.61	**37.7**	40.6	**44.3**	46.9
26	11.16	12.20	13.84	15.38	**38.9**	41.9	**45.6**	48.3
27	11.81	12.88	14.57	16.15	**40.1**	43.2	**47.0**	49.6
28	12.46	13.56	15.31	16.93	**41.3**	44.5	**48.3**	51.0
29	13.12	14.26	16.05	17.71	**42.6**	45.7	**49.6**	52.3
30	13.79	14.95	16.79	18.49	**43.8**	47.0	**50.9**	53.7
40	20.7	22.2	24.4	26.5	**55.8**	59.3	**63.7**	66.8
50	28.0	29.7	32.4	34.8	**67.5**	71.4	**76.2**	79.5
60	35.5	37.5	40.5	43.2	**79.1**	83.3	**88.4**	92.0
70	43.3	45.4	48.8	51.7	**90.5**	95.0	**100.4**	104.2
80	51.2	53.5	57.2	60.4	**101.9**	106.6	**112.3**	116.3
90	59.2	61.8	65.6	69.1	**113.1**	118.1	**124.1**	128.3
100	67.3	70.1	74.2	77.9	**124.3**	129.6	**135.8**	140.2

表 4.5　実測データ

	B_1 改善前	B_2 改善後	計
A_1 適合書類	x_{11} 132	x_{12} 280	$T_{1\cdot}$ 412
A_2 不適合書類	x_{21} 18	x_{22} 20	$T_{2\cdot}$ 38
計	$T_{\cdot 1}$ 150	$T_{\cdot 2}$ 300	$T_{\cdot\cdot}$ 450

2）期待度数の計算

各枠内の期待度数を計算する．例えば，x_{11} の期待度数を t_{11} とすれば，

$$t_{11} = T_{\cdot\cdot} \times \frac{T_{1\cdot}}{T_{\cdot\cdot}} \times \frac{T_{\cdot 1}}{T_{\cdot\cdot}} = \frac{T_{1\cdot} \times T_{\cdot 1}}{T_{\cdot\cdot}} \tag{4.61}$$

となる．一般的には，期待度数は次の式になる．

$$t_{ij} = \frac{T_{i\cdot} \times T_{\cdot j}}{T_{\cdot\cdot}} \tag{4.62}$$

表 4.5 の期待度数は，表 4.6 のようになる．

表 4.6　期 待 度 数

	B_1 改善前	B_2 改善後	計
A_1 適合書類	$x_{11} = \frac{T_{1\cdot} \times T_{\cdot 1}}{T_{\cdot\cdot}}$ $\frac{412 \times 150}{450} = 137.3$	$x_{12} = \frac{T_{1\cdot} \times T_{\cdot 2}}{T_{\cdot\cdot}}$ $\frac{412 \times 300}{450} = 274.7$	$T_{1\cdot}$ 412
A_2 不適合書類	$x_{21} = \frac{T_{2\cdot} \times T_{\cdot 1}}{T_{\cdot\cdot}}$ $\frac{38 \times 150}{450} = 12.7$	$x_{22} = \frac{T_{2\cdot} \times T_{\cdot 2}}{T_{\cdot\cdot}}$ $\frac{38 \times 300}{450} = 25.3$	$T_{2\cdot}$ 38
計	$T_{\cdot 1}$ 150	$T_{\cdot 2}$ 300	$T_{\cdot\cdot}$ 450

3）実測データと期待度数の差の計算

行の項目別に列の発生率に差がなければ，表 4.6 のように期待度数に近いデータが得られるはずである．そこで，実測データと期待度数の差を計算すると表 4.7 のようになる．

4）検定統計量 $\chi_0{}^2$ の計算

表 4.7 より，次の式で $\chi_0{}^2$ を計算する．

$$\chi_0{}^2 = \sum_{i=1}^{a}\sum_{j=1}^{b} \frac{(x_{ij} - t_{ij})^2}{t_{ij}}, \quad \phi = (a-1)(b-1) \tag{4.63}$$

その結果が表 4.8 である．

表 4.7　実測データと期待度数の差

	B_1 改善前	B_2 改善後	計
A_1 適合書類	$x_{11}-t_{11}$ $132-137.3=-5.3$	$x_{12}-t_{12}$ $280-274.7=5.3$	0
A_2 不適合書類	$x_{21}-t_{21}$ $18-12.7=5.3$	$x_{22}-t_{22}$ $20-25.3=-5.3$	0
計	0	0	0

表 4.8　検定統計量の計算

	B_1 改善前	B_2 改善後	計
A_1 適合書類	$\dfrac{(x_{11}-t_{11})^2}{t_{11}}$ $\dfrac{(-5.3)^2}{137.3}$	$\dfrac{(x_{12}-t_{12})^2}{t_{12}}$ $\dfrac{5.3^2}{274.7}$	
A_2 不適合書類	$\dfrac{(x_{21}-t_{21})^2}{t_{21}}$ $\dfrac{5.3^2}{12.7}$	$\dfrac{(x_{22}-t_{22})^2}{t_{22}}$ $\dfrac{(-5.3)^2}{25.3}$	
計			3.63

$$\chi_0{}^2=\frac{(-5.3)^2}{137.3}+\frac{5.3^2}{274.7}+\frac{5.3^2}{12.7}+\frac{(-5.3)^2}{25.4}=3.63 \tag{4.64}$$

手順 5　判　定

$\chi_0{}^2$ の値と $\chi_0{}^2(\phi,\alpha)$ の値を比較する．

① $\chi_0{}^2$ の値が手順 3 で定めた棄却域に入れば，有意水準 α で有意であり，帰無仮説 H_0 を棄却し，対立仮説 H_1 を採択する．したがって，行のカテゴリーが発生する確率は，列によって違いがある．

② $\chi_0{}^2$ の値が手順 3 で定めた棄却域に入らなければ，有意水準 α で有意でなく，帰無仮説 H_0 を棄却できない．したがって，行のカテゴリーが発生する確率は，列によって違いがあるとはいえない．

表 4.8 の結果，

$$\chi_0{}^2=3.63<\chi^2(1,0.05)=3.84 \tag{4.65}$$

となり，有意水準 5%で有意でない．したがって，改善により不適合書類の発生率は，変化したといえない．

参考 3　基準化残差による検討

基準化残差

$$e_{ij} = \frac{x_{ij} - t_{ij}}{\sqrt{t_{ij}}} \tag{4.66}$$

を計算し，絶対値で 2.5 以上であれば，特徴のあるクラスであると判断する．

表 4.8 から基準化残差を計算すると，表 4.9 となり，すべての枠内の値が，2.5 以下であることから，特徴のあるクラスは見つからない．

表 4.9　基準化残差

	B_1 改善前	B_2 改善後
A_1 適合書類	$e_{11} = \frac{x_{11} - t_{11}}{\sqrt{t_{11}}}$ $\frac{-5.3}{\sqrt{137.3}} = -0.45$	$e_{12} = \frac{x_{12} - t_{12}}{\sqrt{t_{12}}}$ $\frac{5.3}{\sqrt{274.7}} = 0.32$
A_2 不適合書類	$e_{21} = \frac{x_{21} - t_{21}}{\sqrt{t_{21}}}$ $\frac{5.3}{\sqrt{12.7}} = 1.49$	$e_{22} = \frac{x_{22} - t_{22}}{\sqrt{t_{22}}}$ $\frac{-5.3}{\sqrt{25.3}} = 1.05$

4.4.2 ● Excel 関数機能による分割表の検定の解析手順

Excel を活用して，例題 4.3 の解析を分割表を使って違いを検定してみる．

【例題 4.3】

前述 4.4.1 項（p.116）の具体例をとりあげて，Excel で分割表による検定を行ってみる．

ある書類の作成業務において，チェック方法を改善した結果と改善前の調査を行ったところ，適合書類と不適合書類が表 4.5（再掲）のようであった．この結果を分割表を活用して改善の効果があったかどうか検定してみる．

表 4.5（再掲）　実測データ

	B_1 改善前	B_2 改善後	計
A_1 適合書類	x_{11} 132	x_{12} 280	$T_{1\cdot}$ 412
A_2 不適合書類	x_{21} 18	x_{22} 20	$T_{2\cdot}$ 38
計	$T_{\cdot 1}$ 150	$T_{\cdot 2}$ 300	$T_{\cdot\cdot}$ 450

手順 1　分割表の作成

図 4.6 の【実測データ】「B2:E5」を作成し，データを入力する．

ここで，帰無仮説と対立仮説は次のように設定する．

帰無仮説 H_0：チェック方法を変えても適合書類と不適合書類の発生する確率に違いはない．

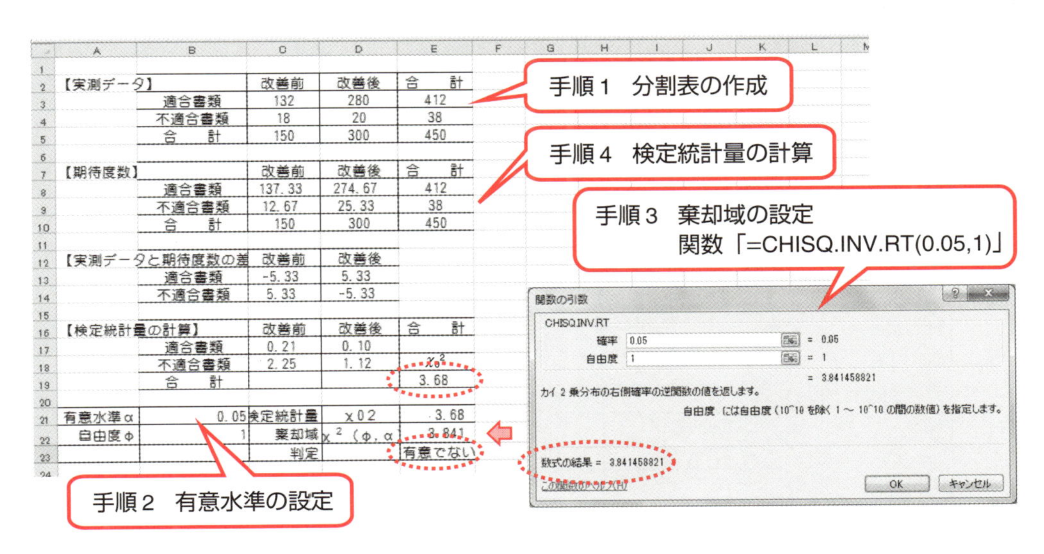

図 4.6　Excel を活用した分割表による検定

対立仮説 H_1：チェック方法を変えることによって適合書類と不適合書類が発生する確率に違いがある．

手順2　有意水準の設定

検定する有意水準を設定する．ここでは，$\alpha=0.05$（5%）とする．
図4.6では，セルB21に「0.05」を入力する．

手順3　棄却域の設定

棄却域を設定する．

$$\text{棄却域}\quad R: \chi_0^2 \geq \chi^2(\phi, \alpha) \tag{4.67}$$

$\chi^2(\phi, \alpha)$ の値は，Excel関数機能「CHISQ.INV.RT」を使って求める．

1）「数式」タブの「関数の挿入」をクリックする．
2）「関数の挿入」画面上で，「関数の分類(C)」から「統計」を選択し，「関数名」から「CHISQ.INV.RT」を選択し，「OK」をクリックする．
3）「関数の引数」画面上で，
　　確率：「0.05」と入力するか，「セルB21」を指定する．
　　自由度：「1」と入力するか，「セルB22」を指定する．
　を入力し，「OK」をクリックする．
4）セルE22に結果が表示される．$\chi^2(1, 0.05)=3.841$

手順4　検定統計量の計算

1）期待度数の計算

期待度数は，次のように計算する．

$$t_{11}=\frac{T_{1\cdot}\times T_{\cdot 1}}{T}=\frac{412\times 150}{450}=137.33 \qquad t_{12}=\frac{T_{1\cdot}\times T_{\cdot 2}}{T}=\frac{412\times 300}{450}=274.67$$

$$t_{21}=\frac{T_{2\cdot}\times T_{\cdot 1}}{T}=\frac{38\times 150}{450}=12.67 \qquad t_{22}=\frac{T_{2\cdot}\times T_{\cdot 2}}{T}=\frac{38\times 300}{450}=25.33 \tag{4.68}$$

表4.10　実測データ

	A	B	C	D	E	F
1						
2	【実測データ】		改善前	改善後	合　計	
3		適合書類	132	280	412	
4		不適合書類	18	20	38	
5		合　計	150	300	450	
6						
7	【期待度数】		改善前	改善後	合　計	
8		適合書類	137.33	274.67	412	
9		不適合書類	12.67	25.33	38	
10		合　計	150	300	450	

表4.10の期待度数の求め方は，次のとおりである．

改善前の適合書類　：セル C8「=E3＊C5/E5」=137.33
改善後の適合書類　：セル D8「=E3＊D5/E5」=274.67
改善前の不適合書類：セル C9「=E4＊C5/E5」=12.67
改善後の不適合書類：セル D9「=E4＊D5/E5」=25.33

2）実測データと期待度数の差の計算

表 4.10 から実測データと期待度数の差を計算する（表 4.11）.

改善前の適合書類　：表 4.10 の C3−C8=−5.33
改善後の適合書類　：表 4.10 の D3−D8=5.33
改善前の不適合書類：表 4.10 の C4−C9=5.33
改善後の不適合書類：表 4.10 の D4−D9=−5.33

表 4.11　実測データと期待度数の差と検定統計量の計算

	A	B	C	D	E
11					
12	【実測データと期待度数の差】		改善前	改善後	
13		適合書類	−5.33	5.33	
14		不適合書類	5.33	−5.33	
15					
16	【検定統計量の計算】		改善前	改善後	合　計
17		適合書類	0.21	0.10	
18		不適合書類	2.25	1.12	
19		合　計			3.68

3）　検定統計量の計算

表 4.11 の実測データと期待度数の差から検定統計量を次式で計算する.

$$\chi_0{}^2 = \sum_{i=1}^{a}\sum_{j=1}^{b}\frac{(x_{ij}-t_{ij})^2}{t_{ij}} = 3.68 \tag{4.69}$$

$$\phi=(a-1)(b-1)=(2-1)(2-1)=1 \tag{4.70}$$

改善前の適合書類　：セル C17「=C13^2/C8」=0.21
改善後の適合書類　：セル D17「=D13^2/D8」=0.10
改善前の不適合書類：セル C18「=C14^2/C9」=2.25
改善後の不適合書類：セル D18「=D14^2/D9」=1.12

$\chi_0{}^2$ 値の合計値は，セル E19「=SUM(C17:D18)」=3.68 となる.

手順 5　判　定

$$\chi_0{}^2=3.68<\chi^2(1, 0.05)=3.841 \tag{4.71}$$

$\chi_0{}^2$ の値は棄却域に入らないので，有意水準 5%で有意でない，帰無仮説 H_0 を棄却しない，すなわち，チェック方法を変えても適合書類と不適合書類の発生に違いがあるとはいえない，という結論になる.

Excel 画面上で，図 4.6 のセル E23 に結論を入力する.

4

手順 6　基準化残差の検討

参考 3 を使って，基準化残差の検討を行ってみる（表 4.12）．

$e_{ij}=\dfrac{x_{ij}-t_{ij}}{\sqrt{t_{ij}}}$ の式より求める．

改善前の適合書類　：セル C26「=C13/SQRT(C8)」$=-0.46$

改善後の適合書類　：セル D26「=D13/SQRT(D8)」$=0.32$

改善前の不適合書類：セル C27「=C14/SQRT(C9)」$=1.50$

改善後の不適合書類：セル D27「=D14/SQRT(D9)」$=-1.06$

以上の結果から，基準化残差は 2.5 以下あり，適合書類と不適合書類の発生に特に特徴があるとはいえない．

表 4.12　基準化残差の計算結果

	A	B	C	D	E
6					
7	【期待度数】		改善前	改善後	合　計
8		適合書類	137.33	274.67	412
9		不適合書類	12.67	25.33	38
10		合　計	150	300	450
11					
12	【実測データと期待度数の差】		改善前	改善後	
13		適合書類	-5.33	5.33	
14		不適合書類	5.33	-5.33	
15					
16	【検定統計量の計算】		改善前	改善後	合　計
17		適合書類	0.21	0.10	
18		不適合書類	2.25	1.12	
19		合　計			3.68
20					
21	有意水準α	0.05	検定統計量	χ02	3.68
22	自由度φ	1	棄却域	χ2(φ、α)	3.841
23			判定		有意でない
24					
25	【基準化残差の検討】		改善前	改善後	
26		適合書類	-0.46	0.32	
27		不適合書類	1.50	-1.06	
28					

Sheet1　Sheet2　Sheet3

4.5 適合度の検定

4.5.1 ●食い違いをみる適合度の検定

適合度の検定とは，「食い違い」の程度を調べるもので，$\chi_0{}^2$ 検定を適用して，期待値とのズレを検定する手法である．

例えば，A, B, C の三つのサンプルの優劣を判定する場合を考えてみよう．

「A, B, C のどれがよいか？」という質問を 60 人聞いてみたところ

- 「A がよい」と答えた人が 27 名
- 「B がよい」と答えた人が 15 名
- 「C がよい」と答えた人が 18 名

という結果を得た．

今，「A, B, C の間に優劣の差がない」と仮定すると「A, B, C」の三者択一の場合の期待値 =60/3=20 となる．ところが，上記の結果は 27, 15, 18 と異なっている．この結果が，

- 誤差の範囲なのか？
- A, B, C は本当に異なるのか？

を実測値と期待値との「食い違いの程度」を $\chi_0{}^2$ 値を使って，

- $\chi_0{}^2$ 値が大きければ食い違いが大きく「三つのサンプル間に優劣の差がある」と判断
- $\chi_0{}^2$ 値が小さければ食い違いが小さく「三つのサンプル間に優劣の差がない」と判断

のいずれかになる．

$$\chi_0{}^2 = \frac{(\text{実測値} - \text{期待値})^2}{\text{期待値}} \text{の和} \tag{4.72}$$

図 4.7 に以上の検定の流れと結果を示す．

まず，評価内容の実績値と期待値から $\chi_0{}^2$ 値を計算し，自由度 2（$\phi=3-1=2$），有意水準 5%の χ^2 値と比較すると，

$$\chi_0{}^2=3.90 < \chi^2(2,\ 0.05)=5.99 \tag{4.73}$$

となり，有意でないと判定できる．したがって，A と B と C では，評価の差が認められるとはいえない，という結論になる．

基準化残差による検討においても，

$$e_i = \frac{x_i(\text{実測値}) - t_i(\text{期待値})}{\sqrt{t_i(\text{期待値})}} \tag{4.74}$$

の計算の結果，すべて 2.5 以下であり，どのカテゴリーも，「特徴なし」ということになる．

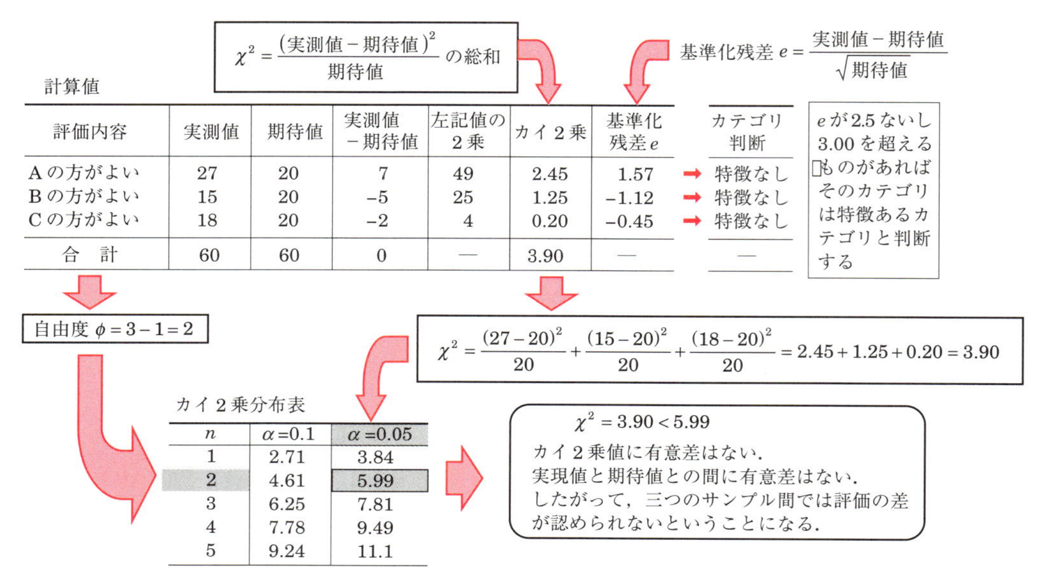

図4.7　適合度の検定の手順

4.5.2 ● Excel関数機能による適合度の検定の解析手順

Excelを活用して，次の例題4.4の適合度の検定を行ってみる．

【例題4.4】

ベータ母さんがパートで働いているお店のお客様センターに寄せられた1年間のクレーム件数を曜日別に整理してみた．その結果を表4.13に示す．

このような状況で，クレームがある特定の曜日に起こりやすいかどうかを知りたいときに「適合度の検定」を行ってみる．

表4.13　曜日別クレーム件数

曜日	日	月	火	水	木	金	土	計
件数	19	8	10	5	6	10	15	73

手順1　データ表の作成

図4.8の【実測データ】「B3:J4」を作成し，データを入力する．

ここで，帰無仮説と対立仮説は次のように設定する．

　　帰無仮説 H_0：曜日ごとのクレームの出方は一様である．

　　対立仮説 H_1：曜日ごとのクレームの出方は一様でない．

手順2　有意水準の設定

検定する有意水準を設定する．ここでは，α=0.05（5％）とする．

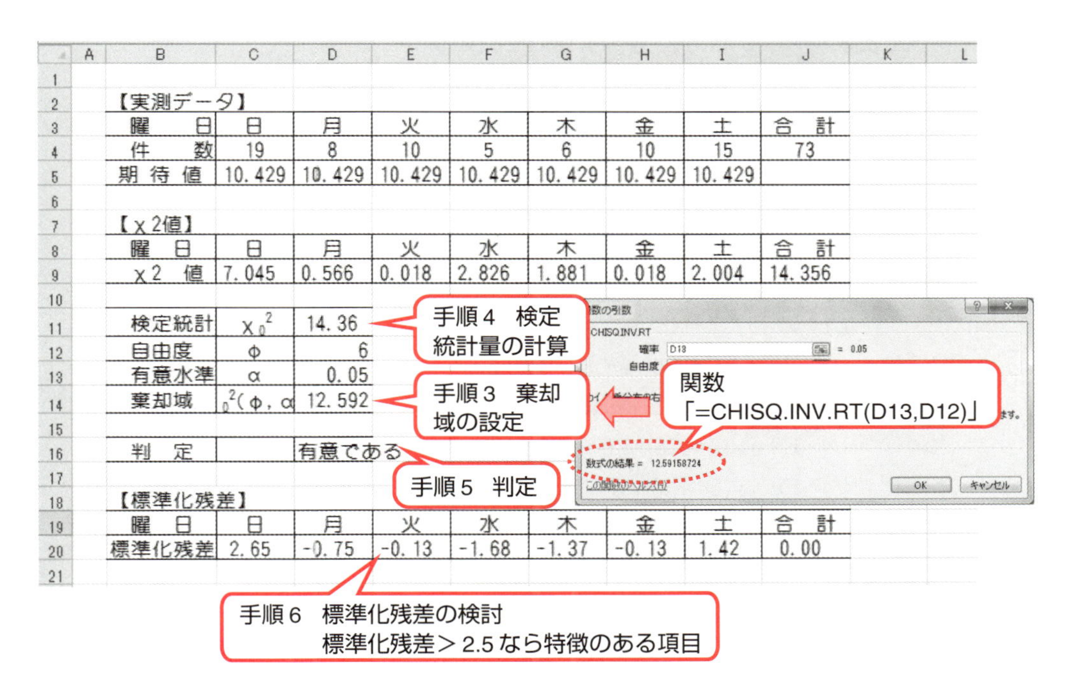

図 4.8 Excel による適合度の検定

図 4.8 では，セル D13 に「0.05」を入力する．

手順 3 棄却域の設定

棄却域を設定する．

$$\text{棄却域} \quad R : \chi_0^2 \geq \chi^2(\phi, \alpha) \tag{4.75}$$

$\chi^2(\phi, \alpha)$ の値は，Excel 関数機能「CHISQ.INV.RT」を使って求める．

1) 「数式」タブの「関数の挿入」をクリックする．
2) 「関数の挿入」画面上で，「関数の分類(C)」から「統計」を選択し，「関数名」から「CHISQ.INV.RT」を選択し，「OK」をクリックする．
3) 「関数の引数」画面上で，
   確率：「0.05_ と入力するか，「セル D13」を指定する．
   自由度：「6」と入力するか，「セル D12」を指定する．
   を入力し，「OK」をクリックする．
4) セル D14 に結果が表示される．$\chi^2(6, 0.05) = 12.592$

手順 4 検定統計量の計算

まず，期待値を計算する．期待値とは，日曜日から土曜日までの合計値を曜日の回数 7 回で割った値である．

$$t_i = \frac{T}{n} = \frac{73}{7} = 10.42857 \tag{4.76}$$

Excel では，セル C5 から I5 まで，「=J4/7」= 10.429 となる．

この期待値と実測データから，$\chi_0{}^2$ を計算すると次のようになる．

$$\chi_0{}^2 = \sum_{i=1}^{n} \frac{(x_i - t_i)^2}{t_i} = \frac{(19-10.429)^2}{10.429} + \frac{(8-10.429)^2}{10.429} + \frac{(10-10.429)^2}{10.429} + \frac{(5-10.429)^2}{10.429} + \frac{(6-10.429)^2}{10.429} + \frac{(10-10.429)^2}{10.429} + \frac{(15-10.429)^2}{10.429} = 14.356 \tag{4.77}$$

Excel では，表 4.14 に示すように，

日曜日：セル C9「=(C4-C5)^2/C5」=7.045

月曜日：セル D9「=(D4-D5)^2/D5」=0.566

火曜日：セル E9「=(E4-E5)^2/E5」=0.018

水曜日：セル F9「=(F4-F5)^2/F5」=2.826

木曜日：セル G9「=(G4-G5)^2/G5」=1.881

金曜日：セル H9「=(H4-H5)^2/H5」=0.018

土曜日：セル I9「=(I4-I5)^2/I5」=2.004

以上の結果から，

$\chi_0{}^2$ セル： J9「=SUM(C9:I9)」=14.356

となる．

表 4.14　検定統計量の計算

	A	B	C	D	E	F	G	H	I	J
1										
2		【実測データ】								
3		曜　日	日	月	火	水	木	金	土	合　計
4		件　数	19	8	10	5	6	10	15	73
5		期 待 値	10. 429	10. 429	10. 429	10. 429	10. 429	10. 429	10. 429	
6										
7		【χ2値】								
8		曜　日	日	月	火	水	木	金	土	合　計
9		χ2　値	7. 045	0. 566	0. 018	2. 826	1. 881	0. 018	2. 004	14. 356

手順 5　判　定

$$R : \chi_0{}^2 = 14.356 > \chi^2(6, 0.05) = 12.592 \tag{4.78}$$

となり，有意水準 5%で有意であり，帰無仮説 H_0 を棄却し，対立仮説 H_1 を採択する．すなわち，「曜日によって，クレーム件数の出方は異なる」という結論に達する．以上の結果を表 4.15 に示す．

表 4.15　検 定 結 果

	A	B	C	D	E
10					
11		検定統計	χ₀²	14. 36	
12		自由度	φ	6	
13		有意水準	α	0. 05	
14		棄却域	₀²(φ, α	12. 592	
15					
16		判　定		有意である	
17					

Excel では，表 4.15 に示すように，

検定統計量 D11＝14.36 ＞棄却域 D14＝12.592

判定 D16「有意である」と入力している．

手順 6　基準化残差の検討

基準化残差を計算し（表 4.16），絶対値で 2.5 以上であれば，特徴のあるクラスであると判断する．

表 4.16　基準化残差の計算

	A	B	C	D	E	F	G	H	I	J
1										
2		【実測データ】								
3		曜　日	日	月	火	水	木	金	土	合　計
4		件　数	19	8	10	5	6	10	15	73
5		期 待 値	10.429	10.429	10.429	10.429	10.429	10.429	10.429	
6										
7		【χ2値】								
8		曜　日	日	月	火	水	木	金	土	合　計
9		χ2　値	7.045	0.566	0.018	2.826	1.881	0.018	2.004	14.356
10										
11		検定統計	χ_0^2	14.36						
12		自由度	φ	6						
13		有意水準	α	0.05						
14		棄却域	$_0{}^2$(φ, α	12.592						
15										
16		判　定		有意である						
17										
18		【標準化残差】								
19		曜　日	日	月	火	水	木	金	土	合　計
20		標準化残差	2.65	-0.75	-0.13	-1.68	-1.37	-0.13	1.42	0.00
21										

日曜日：$e_{日}=\dfrac{19-10.429}{\sqrt{10.429}}=2.65$　　セル C20「=(C4-C5)/SQRT(C5)」=2.65

月曜日：$e_{月}=\dfrac{8-10.429}{\sqrt{10.429}}=-0.75$　　セル D20「=(D4-D5)/SQRT(D5)」=−0.75

火曜日：$e_{火}=\dfrac{10-10.429}{\sqrt{10.429}}=-0.13$　　セル E20「=(E4-E5)/SQRT(E5)」=−0.13

水曜日：$e_{水}=\dfrac{5-10.429}{\sqrt{10.429}}=-1.68$　　セル F20「=(F4-F5)/SQRT(F5)」=−1.68

木曜日：$e_{木}=\dfrac{6-10.429}{\sqrt{10.429}}=-1.37$　　セル G20「=(G4-G5)/SQRT(G5)」=−1.37

金曜日：$e_{金}=\dfrac{10-10.429}{\sqrt{10.429}}=-0.13$　　セル H20「=(H4-H5)/SQRT(H5)」=−0.13

土曜日：$e_{土}=\dfrac{15-10.429}{\sqrt{10.429}}=-1.42$　　セル I20「=(I4-I5)/SQRT(I5)」=−1.42

この結果から，日曜日の基準化残差が特に大きく，日曜日にはクレーム件数が他の曜日に比べて多いという特徴があることがわかる．

ほっとひと息 Part 3『ひょっとしたら，ノーベル賞？』

食べることへの欲求.
ハンバーガーでも，ケーキバイキングでも，焼肉食べ放題でも，
好きなものは食べたい.
お腹いっぱい食べたい.
満足するまで食べたい.

でも，最近，ちょっと気になる.
お腹が出てきたなぁ.
体重，増えてきた気がする.
去年のジーンズ，はけなくなった.
○○さんは，ダイエットのためのエステに通い始めたらしい.

適量，ほどほど，そこそこ，ちょっと……
日本語には素晴らしい表現がたくさんある.
あいまいだけど，人によってばらつくけど，
なんとなく納得してしまう.

いや，それは許せない！
食べるのがどのくらいなら大丈夫なんだ！
エステに通った方がいいのかどうか？というあなた.
分割表を書いてみよう，最適値を見つけてみよう.
ひょっとしたら，メタボリック症候群解消の，世紀の大発見になるかも.

第5章
分散分析

5.1 分散分析とは

分散分析とは，測定データ全体の分散を，いくつかの要因効果に対応する分散と，その残りの誤差分散に分けて検定を行う手法である．第4章で述べた検定や推定の方法は，一つの母集団または二つの母集団に関する計量値と計数値の検定や推定であるが，分散分析は三つ以上の母集団について考えてみるものである．

例えば，アルファ父さんの勤めている会社では，製品の不良が工程内で多発した．その原因を分析すると，その製品中の電気回路部品の特性値である電気抵抗値が低下していることがわかった．電気抵抗値は，製造工程中でのカーボンの添加量と成型温度によって変化することが考えられる．カーボンの添加量は現状を含めて［15 g, 30 g(現状)，35 g］の3種類が考えられる．また成型温度は現状と温度を高くした2種類の設定が考えられる．この場合，電気抵抗値を大きくするためには，どの添加量とどの成型温度に設定すればよいかについて考えることになった．

このときに明らかにしたいことには次のようなことが挙げられる．

① 添加量や成型温度が変わることにより，電気抵抗値に影響があるかどうか．

② 電気抵抗値を大きくするには，添加量によって適切な成型温度が変わるかどうか．

③ 添加量や成型温度が変わることによって電気抵抗値に影響があることが確認されたなら，電気抵抗値をできるだけ大きくするためにはどのように設定すべきか．

④ 電気抵抗値が最も大きくなる設定において，電気抵抗値の値がいくらになるかを推定したい．

⑤ 現状の電気抵抗値と大きくしたときの電気抵抗値の差がいくらあるかを推定したい．

実験に取り上げた特性を因子という．ここでは，カーボンの添加量Aと成型温度Bの二つが因子である．実験をするときには因子をある状態に設定する．これを水準という．因子Aの添加量は3水準，因子Bの成型温度は2水準に設定している．因子の水準の違いによる効果のうち，他の因子に影響されない部分，すなわち因子単独の効果を主効果という．複数の因子を取り上げた実験では，これらの因子が互いに作用しあうことがある．これを交互作用という．主効果と交互作用および誤差の総称として要因という表現がある．要因効果とは主効果や交互作用の効果のことを指している.

この実験の分散分析による解析では,電気回路部品の特性値である電気抵抗値のばらつきを,添加量の水準を変えたときに生じるばらつき,成型温度の水準を変えたときに生じるばらつき,添加量と成型温度の組合せを変えたときに生じるばらつき,そして誤差によるばらつきに分解することによって,それぞれの要因における水準間に違いがあるかどうかを調べるのである.例えば,要因Aの効果を調べるときには,仮説を次のように立てる.

帰無仮説 H_0「要因Aの水準の違いによって特性値に違いはない」

対立仮説 H_1「要因Aの水準の違いによって特性値に違いがある」

帰無仮説が棄却されない場合には,「要因Aの水準間には特性値に有意な違いがあるとはいえない」と判断し,帰無仮説が棄却された場合には,「要因Aの水準によって特性値に違いがある」と判断する.図5.1は検定・推定の概念から,帰無仮説と対立仮説を図に表したものである.

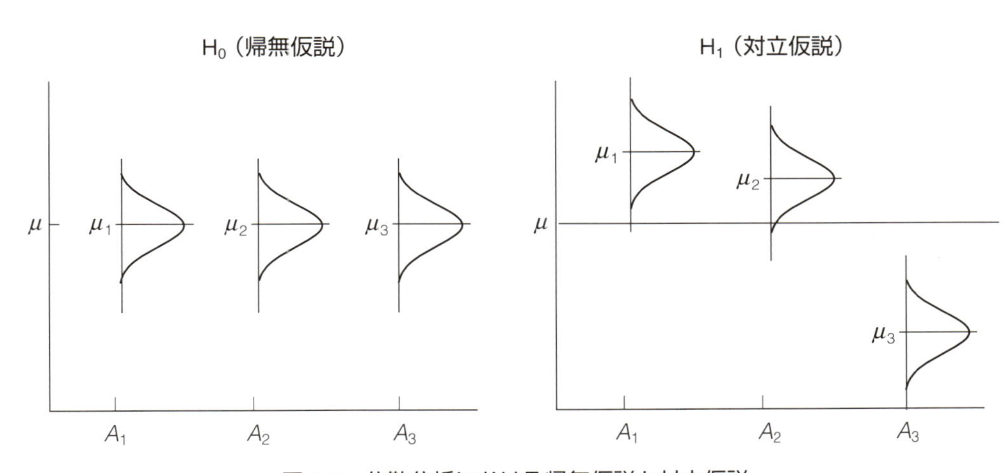

図 5.1 分散分析における帰無仮説と対立仮説

分散分析を行うためには,まず原因系に関する技術的な知識と結果を表すデータ,すなわち,特性値と要因について対応づけることが必要である.そのためには実験のやり方を十分検討し,しっかりとした計画を立てた上でデータを取る必要がある.過去のデータを利用して解析を行うこともできなくはないが,これらのデータは一般にその履歴が不明確で,どのような状況の下で得られたものであるかということがわからないことが多く,また,分散分析を適用するための前提条件を満足しないこともある.分散分析を行うためには,実験計画法に従って計画し,実験を行ってデータを得ることが大切である.

分散分析にはいくつかの種類がある.一つの因子だけを取り上げた実験を一元配置法という.因子の各水準において繰り返し実験を行い,因子の主効果があるかどうか,その水準が最適であるかを判断する.

二つの因子を取り上げて実験するのが二元配置法である.アルファ父さんの会社での実験は二元配置となる.二つの因子の主効果の他に因子間の組合せの効果である交互作用があるかどうかを考える.また,二つの因子をどのように設定するのがよいかも判断する.

交互作用を検出するには,同じ組合せを2回以上繰り返して実験しなければならない.繰り返しによって誤差と交互作用を分解することができるためである．これを繰り返しのある二元配置法といい，一般的な実験計画である．一方，何らかの事前情報によって交互作用が存在するとは技術的には考えられないときには，主効果のみを検出できればよいので，実験回数を押さえたいときには繰返しのない二元配置法を用いることもある．

5.2 一元配置法の解析手順と Excel による解析

5.2.1 ●一元配置法の解析手順

ミュー爺さんの友達の経営する工場では，電源回路に使用するトランジスタの信頼性向上を図ることになり，現行メーカー以外に 4 社からサンプルを取り寄せて耐電圧試験を行った．その結果，得られた耐電圧値のデータを表 5.1 に示す．ただし，特性は大きいほうが望ましいものとする．そこで，分散分析を行い，要因効果の有無を検討してみることにした．

表 5.1　耐電圧値のデータ表

耐電圧値	繰り返し			
A_1	60.1	59.8	59.7	59.6
A_2	60.1	60.1	60.2	60.3
A_3	60.3	60.3	60.5	60.2
A_4	60.3	60.3	60.7	60.3
A_5	59.9	59.8	60.1	59.8

この実験を整理してみると，次のようになる．

1. **特性値**は耐電圧値である．
2. メーカーの違いによって特性値に影響があるかどうかを検討しており，このメーカーが**因子**である．
3. メーカーは全部で 5 社ある．このそれぞれが**水準**である．各水準を $A_1, A_2, \cdots, A_5$ のように因子記号に添え字を付けて表現する．ここでは 5 社あるので，**水準数**は 5 である．
4. 各水準でデータが四つあるが，これは同じ条件（水準）での実験が 4 回行われていることを表している．これを**繰り返し**があるといい，その回数を**繰り返し数**という．ここでは，繰り返し数は 4 である．
5. 一つの因子を取り上げた**一元配置実験**である．

(1)　データのグラフ化

解析を行うにあたって，まず，データをグラフ化する．データをグラフ化することによって，視覚的に水準間の違いがあるかどうかの目安をつけることができる．

図 5.2 は，耐電圧値を水準ごとにグラフ化したものであり，このグラフから水準間（メーカー間）に違いがあるように思われることがわかる．

(2)　仮説の設定

図 5.2 から，メーカーにより耐電圧値に違いがあり，A_4 が最も大きいようにみえるが，果たしてそれは「統計的に意味のある差なのだろうか」を考える．この場合は，まず「メーカー間に差がない」という仮説を立てて検定してみる．

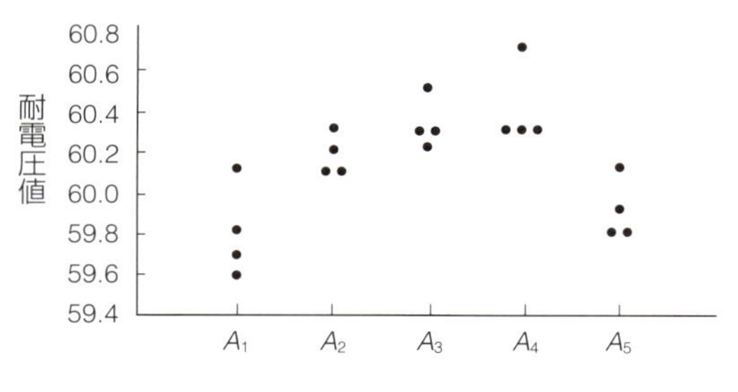

図 5.2　データのグラフ化

＜仮説を立てる＞

帰無仮説　$H_0 : A_1=A_2=A_3=A_4=A_5$　(5.1)

対立仮説　$H_1 : A_1$～A_5 のいずれか一つ以上異なる　(5.2)

＜検定の結果＞

① 帰無仮説 H_0 が棄却されない場合
「A の水準間には有意な違いがあるとはいえない」

② 帰無仮説 H_0 が棄却された場合
「A の水準間に違いがある」

②の場合には，最適水準の決定を行う．

(3) 統計量の計算

次のように統計量を計算する．

表 5.2　計算補助表

耐電圧値	x				合計	(合計)^2
A_1	60.1	59.8	59.7	59.6	239.2	57216.64
A_2	60.1	60.1	60.2	60.3	240.7	57936.49
A_3	60.3	60.3	60.5	60.2	241.3	58225.69
A_4	60.3	60.3	60.7	60.3	241.6	58370.56
A_5	59.9	59.8	60.1	59.8	239.6	57408.16
合計					1202.4	289157.5

耐電圧値	x^2				合計
A_1	3612.01	3576.04	3564.09	3552.16	14304.3
A_2	3612.01	3612.01	3624.04	3636.09	14484.15
A_3	3636.09	3636.09	3660.25	3624.04	14556.47
A_4	3636.09	3636.09	3684.49	3636.09	14592.76
A_5	3588.01	3576.04	3612.01	3576.04	14352.1
合計					72289.78

水準数　$a=5$　(5.3)

繰り返し数　$r=4$　(5.4)

修正項　$CT=\dfrac{\left(\sum_{i=1}^{a}\sum_{j=1}^{r}x_{ij}\right)^2}{ar}=\dfrac{1202.4^2}{5\times4}=72288.288$　(5.5)

総平方和　$S_T=\sum_{i=1}^{a}\sum_{j=1}^{r}x_{ij}{}^2-CT=\sum\sum$(個々のデータの 2 乗)　(5.6)

$=72289.78-72288.288=1.492$

A の平方和

$$S_A=\sum_{i=1}^{a}\frac{T_{i\cdot}{}^2}{r}-CT=\sum\frac{(A_i\text{ 水準でのデータの和})^2}{A_i\text{ 水準でのデータ数}}-CT$$

$$=\frac{57216.64}{4}+\frac{57936.49}{4}+\frac{58225.69}{4}+\frac{58370.56}{4}+\frac{57408.16}{4}-72288.288$$

$=1.097$　(5.7)

誤差平方和　$S_E=S_T-S_A=1.492-1.097=0.395$　(5.8)

総自由度　$\phi_T=ar-1=5\times4-1=19$　(5.9)

A の自由度　$\phi_A=a-1=5-1=4$　(5.10)

誤差自由度　$\phi_E=\phi_T-\phi_A=19-4=15$　(5.11)

A の分散　$V_A=\dfrac{S_A}{\phi_A}=\dfrac{1.097}{4}=0.27425$　(5.12)

誤差の分散　$V_E=\dfrac{S_E}{\phi_E}=\dfrac{0.395}{15}=0.02633$　(5.13)

分散比　$F_0=\dfrac{V_A}{V_E}=\dfrac{0.27425}{0.02633}=10.41$　(5.14)

(4)　分散分析表の作成

前述の統計量の計算結果を表 5.3 に示す分散分析表にまとめる．

表 5.3　分散分析表

要因	平方和 S	自由度 ϕ	分散 V	分散比 F_0
A	$S_A=1.097$	$\phi_A=4$	$V_A=S_A/\phi_A=0.27425$	$F_0=V_A/V_E=10.41$
E	$S_E=0.395$	$\phi_E=15$	$V_E=S_E/\phi_E=0.02633$	
計	$S_T=1.492$	$\phi_T=19$		

棄却域 $F(\phi_A,\ \phi_E;\alpha)=F(4,\ 15;0.05)=3.0555$

F 値は，Excel 関数「FINV」からも求められるが，表 5.4 に $\alpha=0.05$（5%）と表 5.5 に $\alpha=0.01$（1%）の F 分布表を示す．

(5)　結果の判定

分散分析の判定は，表 5.3 の分散分析表において，

① 各平方和を自由度で割り，分散を求める．

② 誤差の分散と因子 A の分散を比較する．

その際，F 分布表より，「因子 A の効果は誤差と考えるべきか，そうではなく水準を変化させることによって得られる影響であるか」を検定する．

③　この検定の結果は，

1)　$F_0 \geq F(\phi_A, \phi_E; \alpha)$（$\alpha$ は普通，0.05 または 0.01）なら有意と判定し，A の効果があるとみなす．

※　有意水準 1%で有意であれば，「高度に有意である」

※　有意水準 5%で有意なら，「有意である」と表現することもある．

2)　$F_0 < F(\phi_A, \phi_E; \alpha)$ なら，「有意水準 α で有意でなく，A の効果があるとはいえない」となる．

表 5.3 の結果は，

$$F_0 = 10.41 > F(4, 15; 0.05) = 3.0555$$

となり，有意水準 5%で有意である．したがって，「この耐電圧値はメーカーによって違いがある」といえることになる．

表 5.4 F分布表（α=0.05）

自由度 ϕ_1 自由度 ϕ_2 と片側確率 P から F を求める表
（Excel 関数「F.INV.RT」より計算された値）

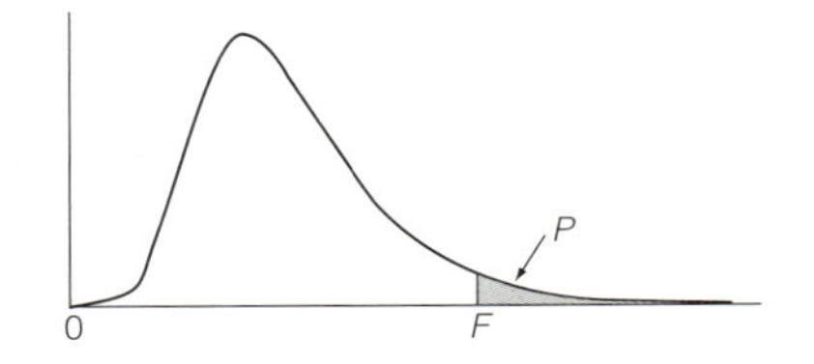

ϕ_2 \ ϕ_1	1	2	3	4	5	6	7	8	9	10	12	15	20	24	30	40	60	120	∞
1	161	199	216	225	230	234	237	239	241	242	244	246	248	249	250	251	252	253	254
2	18.5	19.0	19.2	19.2	19.3	19.3	19.4	19.4	19.4	19.4	19.4	19.4	19.4	19.5	19.5	19.5	19.5	19.5	19.5
3	10.1	9.55	9.28	9.12	9.01	8.94	8.89	8.85	8.81	8.79	8.74	8.70	8.66	8.64	8.62	8.59	8.57	8.55	8.53
4	7.71	6.94	6.59	6.39	6.26	6.16	6.09	6.04	6.00	5.96	5.91	5.86	5.80	5.77	5.75	5.72	5.69	5.66	5.63
5	6.61	5.79	5.41	5.19	5.05	4.95	4.88	4.82	4.77	4.74	4.68	4.62	4.56	4.53	4.50	4.46	4.43	4.40	4.37
6	5.99	5.14	4.76	4.53	4.39	4.28	4.21	4.15	4.10	4.06	4.00	3.94	3.87	3.84	3.81	3.77	3.74	3.70	3.67
7	5.59	4.74	4.35	4.12	3.97	3.87	3.79	3.73	3.68	3.64	3.57	3.51	3.44	3.41	3.38	3.34	3.30	3.27	3.23
8	5.32	4.46	4.07	3.84	3.69	3.58	3.50	3.44	3.39	3.35	3.28	3.22	3.15	3.12	3.08	3.04	3.01	2.97	2.93
9	5.12	4.26	3.86	3.63	3.48	3.37	3.29	3.23	3.18	3.14	3.07	3.01	2.94	2.90	2.86	2.83	2.79	2.75	2.71
10	4.96	4.10	3.71	3.48	3.33	3.22	3.14	3.07	3.02	2.98	2.91	2.85	2.77	2.74	2.70	2.66	2.62	2.58	2.54
11	4.84	3.98	3.59	3.36	3.20	3.09	3.01	2.95	2.90	2.85	2.79	2.72	2.65	2.61	2.57	2.53	2.49	2.45	2.40
12	4.75	3.89	3.49	3.26	3.11	3.00	2.91	2.85	2.80	2.75	2.69	2.62	2.54	2.51	2.47	2.43	2.38	2.34	2.30
13	4.67	3.81	3.41	3.18	3.03	2.92	2.83	2.77	2.71	2.67	2.60	2.53	2.46	2.42	2.38	2.34	2.30	2.25	2.21
14	4.60	3.74	3.34	3.11	2.96	2.85	2.76	2.70	2.65	2.60	2.53	2.46	2.39	2.35	2.31	2.27	2.22	2.18	2.13
15	4.54	3.68	3.29	3.06	2.90	2.79	2.71	2.64	2.59	2.54	2.48	2.40	2.33	2.29	2.25	2.20	2.16	2.11	2.07
16	4.49	3.63	3.24	3.01	2.85	2.74	2.66	2.59	2.54	2.49	2.42	2.35	2.28	2.24	2.19	2.15	2.11	2.06	2.01
17	4.45	3.59	3.20	2.96	2.81	2.70	2.61	2.55	2.49	2.45	2.38	2.31	2.23	2.19	2.15	2.10	2.06	2.01	1.96
18	4.41	3.55	3.16	2.93	2.77	2.66	2.58	2.51	2.46	2.41	2.34	2.27	2.19	2.15	2.11	2.06	2.02	1.97	1.92
19	4.38	3.52	3.13	2.90	2.74	2.63	2.54	2.48	2.42	2.38	2.31	2.23	2.16	2.11	2.07	2.03	1.98	1.93	1.88
20	4.35	3.49	3.10	2.87	2.71	2.60	2.51	2.45	2.39	2.35	2.28	2.20	2.12	2.08	2.04	1.99	1.95	1.90	1.84
21	4.32	3.47	3.07	2.84	2.68	2.57	2.49	2.42	2.37	2.32	2.25	2.18	2.10	2.05	2.01	1.96	1.92	1.87	1.81
22	4.30	3.44	3.05	2.82	2.66	2.55	2.46	2.40	2.34	2.30	2.23	2.15	2.07	2.03	1.98	1.94	1.89	1.84	1.78
23	4.28	3.42	3.03	2.80	2.64	2.53	2.44	2.37	2.32	2.27	2.20	2.13	2.05	2.01	1.96	1.91	1.86	1.81	1.76
24	4.26	3.40	3.01	2.78	2.62	2.51	2.42	2.36	2.30	2.25	2.18	2.11	2.03	1.98	1.94	1.89	1.84	1.79	1.73
25	4.24	3.39	2.99	2.76	2.60	2.49	2.40	2.34	2.28	2.24	2.16	2.09	2.01	1.96	1.92	1.87	1.82	1.77	1.71
26	4.23	3.37	2.98	2.74	2.59	2.47	2.39	2.32	2.27	2.22	2.15	2.07	1.99	1.95	1.90	1.85	1.80	1.75	1.69
27	4.21	3.35	2.96	2.73	2.57	2.46	2.37	2.31	2.25	2.20	2.13	2.06	1.97	1.93	1.88	1.84	1.79	1.73	1.67
28	4.20	3.34	2.95	2.71	2.56	2.45	2.36	2.29	2.24	2.19	2.12	2.04	1.96	1.91	1.87	1.82	1.77	1.71	1.65
29	4.18	3.33	2.93	2.70	2.55	2.43	2.35	2.28	2.22	2.18	2.10	2.03	1.94	1.90	1.85	1.81	1.75	1.70	1.64
30	4.17	3.32	2.92	2.69	2.53	2.42	2.33	2.27	2.21	2.16	2.09	2.01	1.93	1.89	1.84	1.79	1.74	1.68	1.62
40	4.08	3.23	2.84	2.61	2.45	2.34	2.25	2.18	2.12	2.08	2.00	1.92	1.84	1.79	1.74	1.69	1.64	1.58	1.51
60	4.00	3.15	2.76	2.53	2.37	2.25	2.17	2.10	2.04	1.99	1.92	1.84	1.75	1.70	1.65	1.59	1.53	1.47	1.39
120	3.92	3.07	2.68	2.45	2.29	2.18	2.09	2.02	1.96	1.91	1.83	1.75	1.66	1.61	1.55	1.50	1.43	1.35	1.25
∞	3.84	3.00	2.60	2.37	2.21	2.10	2.01	1.94	1.88	1.83	1.75	1.67	1.57	1.52	1.46	1.39	1.32	1.22	1.00

表5.5 F分布表（α=0.01）

自由度 ϕ_1 自由度 ϕ_2 と片側確率 P から F を求める表
（Excel 関数「F.INV.RT」より計算された値）

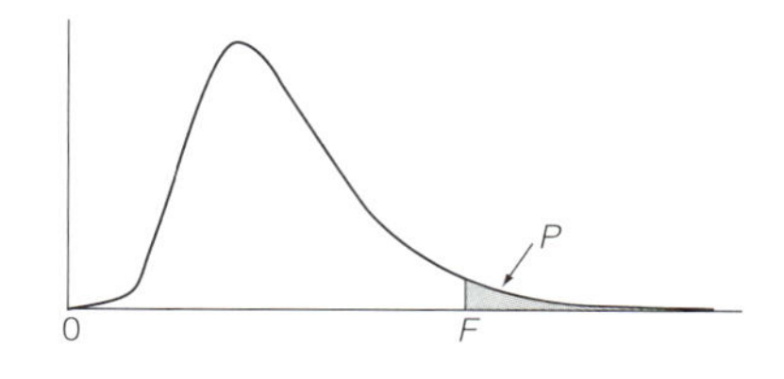

ϕ_2 \ ϕ_1	1	2	3	4	5	6	7	8	9	10	12	15	20	24	30	40	60	120	∞
1	4052	4999	5403	5625	5764	5859	5928	5981	6022	6056	6106	6157	6209	6235	6261	6287	6313	6339	6366
2	98.5	99.0	99.2	99.2	99.3	99.3	99.4	99.4	99.4	99.4	99.4	99.4	99.4	99.5	99.5	99.5	99.5	99.5	99.5
3	34.1	30.8	29.5	28.7	28.2	27.9	27.7	27.5	27.3	27.2	27.1	26.9	26.7	26.6	26.5	26.4	26.3	26.2	26.1
4	21.2	18.0	16.7	16.0	15.5	15.2	15.0	14.8	14.7	14.5	14.4	14.2	14.0	13.9	13.8	13.7	13.7	13.6	13.5
5	16.3	13.3	12.1	11.4	11.0	10.7	10.5	10.3	10.2	10.1	9.89	9.72	9.55	9.47	9.38	9.29	9.20	9.11	9.02
6	13.7	10.9	9.78	9.15	8.75	8.47	8.26	8.10	7.98	7.87	7.72	7.56	7.40	7.31	7.23	7.14	7.06	6.97	6.88
7	12.2	9.55	8.45	7.85	7.46	7.19	6.99	6.84	6.72	6.62	6.47	6.31	6.16	6.07	5.99	5.91	5.82	5.74	5.65
8	11.3	8.65	7.59	7.01	6.63	6.37	6.18	6.03	5.91	5.81	5.67	5.52	5.36	5.28	5.20	5.12	5.03	4.95	4.86
9	10.6	8.02	6.99	6.42	6.06	5.80	5.61	5.47	5.35	5.26	5.11	4.96	4.81	4.73	4.65	4.57	4.48	4.40	4.31
10	10.0	7.56	6.55	5.99	5.64	5.39	5.20	5.06	4.94	4.85	4.71	4.56	4.41	4.33	4.25	4.17	4.08	4.00	3.91
11	9.65	7.21	6.22	5.67	5.32	5.07	4.89	4.74	4.63	4.54	4.40	4.25	4.10	4.02	3.94	3.86	3.78	3.69	3.60
12	9.33	6.93	5.95	5.41	5.06	4.82	4.64	4.50	4.39	4.30	4.16	4.01	3.86	3.78	3.70	3.62	3.54	3.45	3.36
13	9.07	6.70	5.74	5.21	4.86	4.62	4.44	4.30	4.19	4.10	3.96	3.82	3.66	3.59	3.51	3.43	3.34	3.25	3.17
14	8.86	6.51	5.56	5.04	4.69	4.46	4.28	4.14	4.03	3.94	3.80	3.66	3.51	3.43	3.35	3.27	3.18	3.09	3.00
15	8.68	6.36	5.42	4.89	4.56	4.32	4.14	4.00	3.89	3.80	3.67	3.52	3.37	3.29	3.21	3.13	3.05	2.96	2.87
16	8.53	6.23	5.29	4.77	4.44	4.20	4.03	3.89	3.78	3.69	3.55	3.41	3.26	3.18	3.10	3.02	2.93	2.84	2.75
17	8.40	6.11	5.18	4.67	4.34	4.10	3.93	3.79	3.68	3.59	3.46	3.31	3.16	3.08	3.00	2.92	2.83	2.75	2.65
18	8.29	6.01	5.09	4.58	4.25	4.01	3.84	3.71	3.60	3.51	3.37	3.23	3.08	3.00	2.92	2.84	2.75	2.66	2.57
19	8.18	5.93	5.01	4.50	4.17	3.94	3.77	3.63	3.52	3.43	3.30	3.15	3.00	2.92	2.84	2.76	2.67	2.58	2.49
20	8.10	5.85	4.94	4.43	4.10	3.87	3.70	3.56	3.46	3.37	3.23	3.09	2.94	2.86	2.78	2.69	2.61	2.52	2.42
21	8.02	5.78	4.87	4.37	4.04	3.81	3.64	3.51	3.40	3.31	3.17	3.03	2.88	2.80	2.72	2.64	2.55	2.46	2.36
22	7.95	5.72	4.82	4.31	3.99	3.76	3.59	3.45	3.35	3.26	3.12	2.98	2.83	2.75	2.67	2.58	2.50	2.40	2.31
23	7.88	5.66	4.76	4.26	3.94	3.71	3.54	3.41	3.30	3.21	3.07	2.93	2.78	2.70	2.62	2.54	2.45	2.35	2.26
24	7.82	5.61	4.72	4.22	3.90	3.67	3.50	3.36	3.26	3.17	3.03	2.89	2.74	2.66	2.58	2.49	2.40	2.31	2.21
25	7.77	5.57	4.68	4.18	3.85	3.63	3.46	3.32	3.22	3.13	2.99	2.85	2.70	2.62	2.54	2.45	2.36	2.27	2.17
26	7.72	5.53	4.64	4.14	3.82	3.59	3.42	3.29	3.18	3.09	2.96	2.81	2.66	2.58	2.50	2.42	2.33	2.23	2.13
27	7.68	5.49	4.60	4.11	3.78	3.56	3.39	3.26	3.15	3.06	2.93	2.78	2.63	2.55	2.47	2.38	2.29	2.20	2.10
28	7.64	5.45	4.57	4.07	3.75	3.53	3.36	3.23	3.12	3.03	2.90	2.75	2.60	2.52	2.44	2.35	2.26	2.17	2.06
29	7.60	5.42	4.54	4.04	3.73	3.50	3.33	3.20	3.09	3.00	2.87	2.73	2.57	2.49	2.41	2.33	2.23	2.14	2.03
30	7.56	5.39	4.51	4.02	3.70	3.47	3.30	3.17	3.07	2.98	2.84	2.70	2.55	2.47	2.39	2.30	2.21	2.11	2.01
40	7.31	5.18	4.31	3.83	3.51	3.29	3.12	2.99	2.89	2.80	2.66	2.52	2.37	2.29	2.20	2.11	2.02	1.92	1.80
60	7.08	4.98	4.13	3.65	3.34	3.12	2.95	2.82	2.72	2.63	2.50	2.35	2.20	2.12	2.03	1.94	1.84	1.73	1.60
120	6.85	4.79	3.95	3.48	3.17	2.96	2.79	2.66	2.56	2.47	2.34	2.19	2.03	1.95	1.86	1.76	1.66	1.53	1.38
∞	6.64	4.61	3.78	3.32	3.02	2.80	2.64	2.51	2.41	2.32	2.18	2.04	1.88	1.79	1.70	1.59	1.47	1.32	1.00

(6)　最適水準の決定と母平均の推定

①　最適水準の決定

A の水準間に違いがあると判断されたなら，どの水準のときに最も大きくなるのかを考える．これが最適水準である．各水準におけるデータの平均を比較すればよい．表 5.2 の計算補助表を見ると，A_4 水準のときに合計が最大となるので，A_4 水準が最適水準となる．

②　最適水準における母平均の推定

A_i 水準が最適水準であるとしたとき，A_i における値はどのくらいであるかを推測するには，3.3.4 項の「母分散がわからないときの母平均の検定と推定」で述べた推定の手順を用いる．

母平均の点推定値は，その水準における標本平均によって求める．A_4 水準における母平均の点推定は，次のようになる．n_4 は A_4 水準のデータ数である

$$\hat{\mu}_4 = \bar{x}_4 = \frac{\sum x_{4j}}{n_4} = \frac{241.6}{4} = 60.40 \tag{5.15}$$

母平均の点推定値の分散の推定値は，$V(\bar{x}_4) = V_E/n_4$ であるから，信頼率（$100-\alpha$）%における母平均の信頼区間は，次のように求められる．

$$\text{信頼上限}\ \mu_U = \bar{x}_4 + t(\phi_e, 0.05)\sqrt{\frac{V_e}{n_4}} \tag{5.16}$$

$$\text{信頼下限}\ \mu_L = \bar{x}_4 - t(\phi_e, 0.05)\sqrt{\frac{V_e}{n_4}} \tag{5.17}$$

したがって，信頼率 95 %における母平均の信頼区間は，

$$\text{信頼上限}\ \mu_U = \bar{x}_4 + t(\phi_e, 0.05)\sqrt{\frac{V_e}{n_4}} = 60.40 + t(15, 0.05)\sqrt{\frac{0.02633}{4}}$$
$$= 60.40 + 0.17 = 60.57 \tag{5.18}$$

$$\text{信頼下限}\ \mu_U = \bar{x}_4 - t(\phi_e, 0.05)\sqrt{\frac{V_e}{n_4}} = 60.40 - t(15, 0.05)\sqrt{\frac{0.02633}{4}}$$
$$= 60.40 - 0.17 = 60.23 \tag{5.19}$$

となる．

5

5.2.2 ● Excel「分析ツール」による一元配置法の解析手順

【例題 5.1】

イプシロンちゃんがおやつにアーモンドチョコレートをもらった．「この前より小さい！」とベータ母さんに言うと，「違うお菓子屋さんのチョコだからね」と．そこで，イプシロンちゃんはどこのお菓子屋さんのチョコが一番大きいか調べるために，スーパーに行って四つのメーカーのアーモンドチョコレートを買ってもらった．それぞれから 4 個ずつ取り出して重さを測り，その結果を書いたのが表 5.6 である．

表 5.6　アーモンドチョコレートの重さのデータ

（単位：g）

水　準	繰り返し			
A_1（A 社）	7.5	7.6	7.9	7.6
A_2（B 社）	7.8	8.0	7.8	7.9
A_3（C 社）	7.7	7.6	7.6	7.5
A_4（D 社）	7.6	7.8	7.7	7.7

この結果から，4 社のメーカー間にチョコレートの重さの違いがあるかどうか，一元配置法の分散分析を行ってみることにした．

手順 1　データ表の作成とデータのグラフ化

Excel シートにデータ表（C5:G9）を作成する．

次に，「挿入」タブの「折れ線」でグラフを作成する（図 5.3）．

1）データ範囲の指定

データ範囲を指定する．「C6:G9」

2）グラフの作成

「挿入」タブの「グラフ」の中の「折れ線」をクリックする．「折れ線」の画面から「点と折れ線」のアイコンをクリックする．折れ線グラフが表示される．

3）データの選択

グラフをマウスで指し，クリックし，右クリックする．「データの選択(E)」をクリックする．

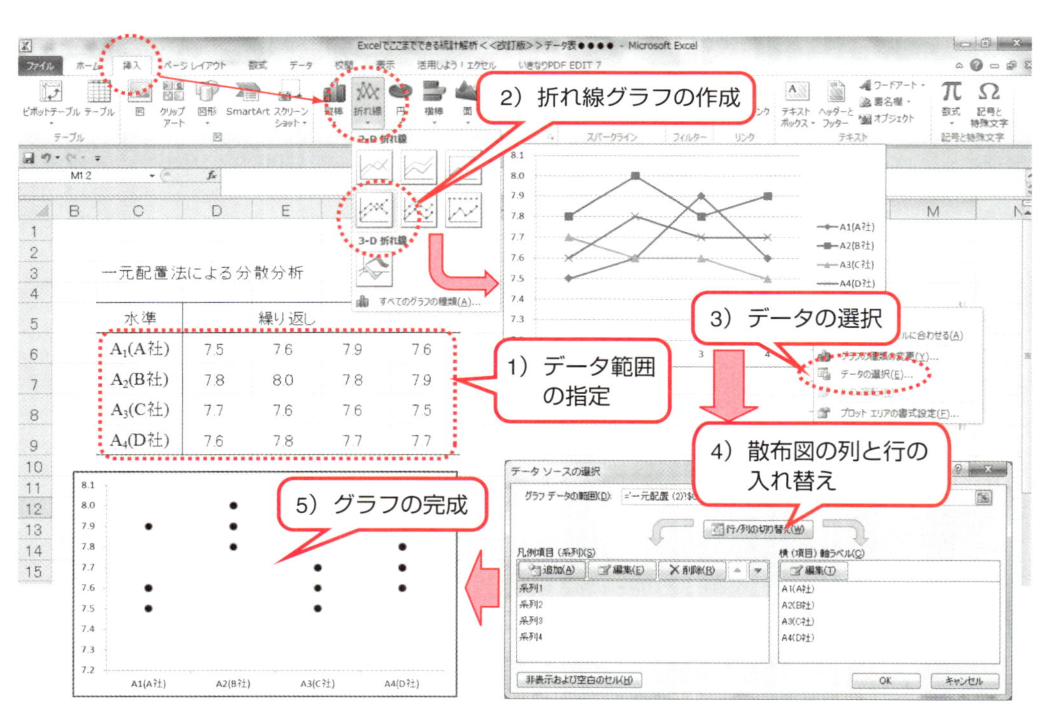

図 5.3　一元配置分散分析のデータ表とグラフの作成

4）折れ線の列と行の入れ替え

「データソースの選択」画面で，「行/列の切り替え（W）」をクリックする．

「OK」をクリックする．これで，横軸に水準，縦軸に特性値のグラフが表示される．

5）折れ線の線を消す

グラフをマウスで指しクリックし，右クリックする．「データ系列の書式設定（F）」をクリックする．

「データ系列の書式設定（F）」画面の「線の色」をクリックし，「線なし（N）」をクリックする．以上の操作をデータ系列の数だけ行う．

手順 2　「分析ツール」の起動（図 5.4）

「データ」タブの「分析」の中の「データ分析」をクリックする．「データ分析」の画面が表示されたら，「分析ツール（A）」の中の「分散分析：一元配置」を選択し，「OK」をクリックする．

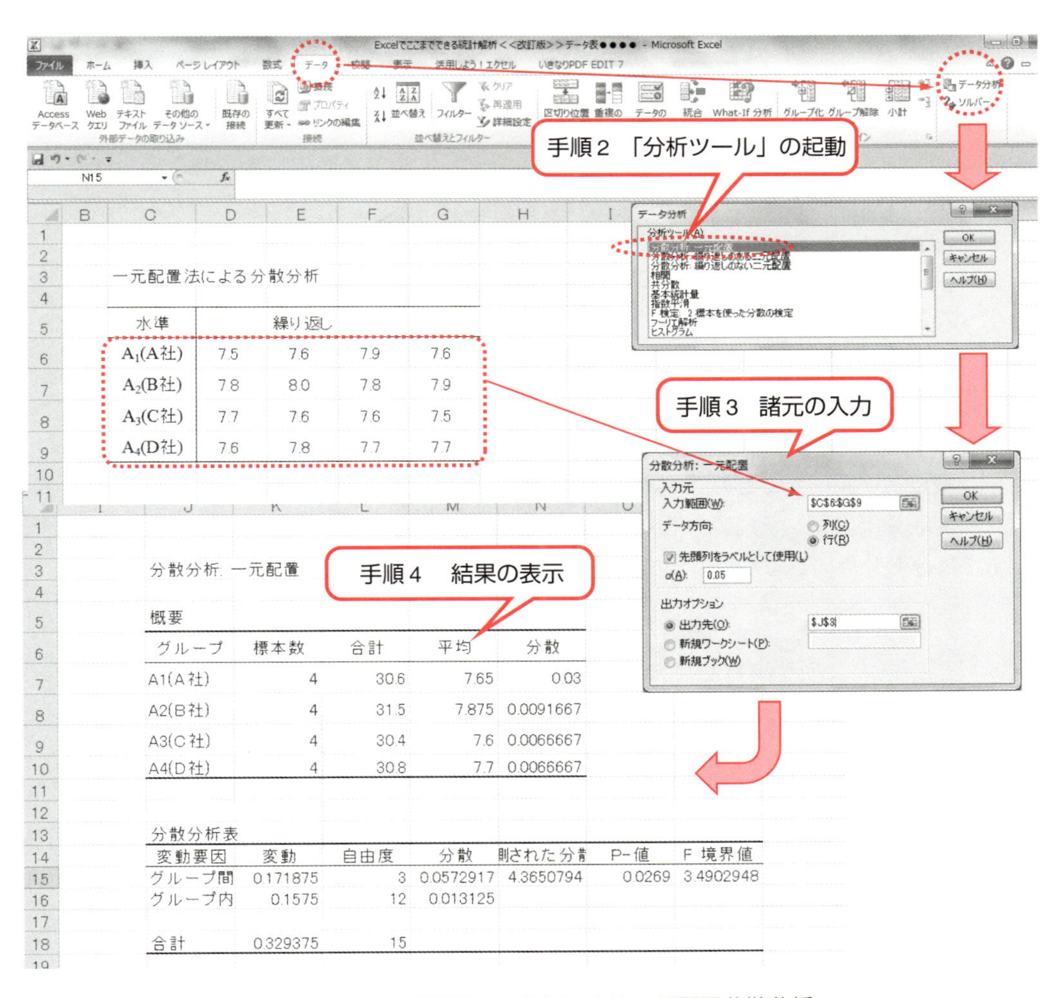

図 5.4　Excel「分析ツール」による一元配置分散分析

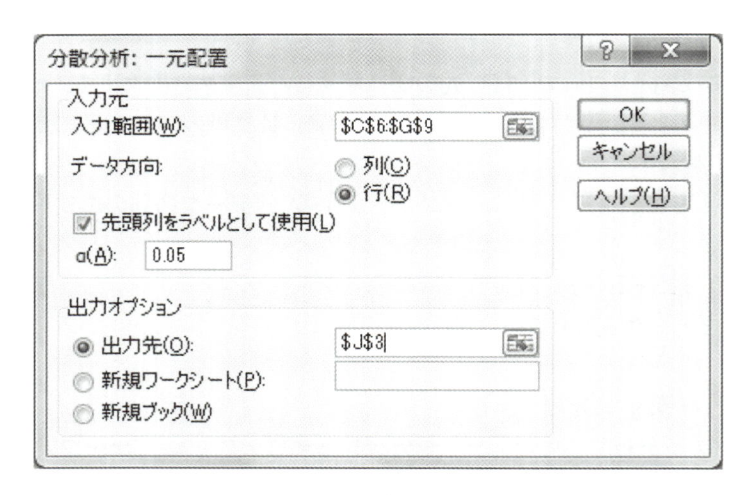

図 5.5　一元配置分散分析の入力画面

手順 3　諸元の入力

「分散分析：一元配置」画面上で，必要なデータと諸元を入力する．

1）　入力範囲(W)：分析するデータと項目を入力する．「C6:G9」

2）　データ方向：データの方向を選択する．この例では，行(R) となる．

3）　先頭列をラベルとして使用(L)：項目名をデータ指定範囲内に入力した場合は，「✓」チェックマークを入れる．

4）　α(A)：検定する有意水準を入力する．初期値 0.05（5%）

5）　出力先(O)：出力先の左上のセルを入力する．

6）　「OK」を入力する．

手順 4　結果の表示

図 5.4 の下図に結果が表示される．

概要：グループごとの「標本数」「合計」「平均」「分散」を表示

分散分析表：一元配置分散分析の結果を表示

表 5.7 に分散分析の表を示す．この結果から読み取れることは，次のようなものである．

表 5.7　一元配置分散分析の結果

	I	J	K	L	M	N	O	P
12								
13		分散分析表						
14		変動要因	変動	自由度	分散	則された分散	P-値	F 境界値
15		グループ間	0.171875	3	0.0572917	4.3650794	0.0269	3.4902948
16		グループ内	0.1575	12	0.013125			
17								
18		合計	0.329375	15				
19								

1）　変動要因：「要因」のこと

グループ間：因子の効果を表す．ここでは，「アーモンドチョコレートの重さ」

となる．

グループ内：誤差を表す．

2)　変動：「平方和」のこと

グループ間：因子 A の平方和（=0.171875）

グループ内：誤差の平方和（=0.1575）

合計：総平方和（=0.329375）

3)　自由度：

グループ間：因子 A の自由度（=3）

グループ内：誤差の自由度（=12）

4)　分散：

グループ間：因子 A の分散（=0.0572917）

グループ内：誤差の分散（=0.013125）

5)　観測された分散比：値（=4.3650794）

6)　P 値：統計量から外側の確率（=0.0269），2.69%である．

7)　F 境界値：棄却域の境界値（=3.4902948）

以上の結果から，5)「観測された分散比」と 7)「F 境界値」を比較すると，

「5) 観測された分散比」=4.3650794>「7) F 境界値」=3.4902948

となり，有意水準 5%で有意となる．したがって，チョコレートの大きさはメーカーによって異なるといえる．

5

手順 5　最適水準における母平均の推定

分析ツールでは推定結果は表示されない．セルに計算式を入力して求める．

最適水準は，図 5.6 に示す「分散分析：一元配置」の結果の概要から，セル「M8」の A_2 の B 社であることがわかる．

最適水準の点推定は，

点推定値 K22「=M8」

となり，信頼率 95 %の区間推定は，

信頼上限 K24「=K22+T.INV.2T(0.05,L16)*SQRT(M16/K8)」

信頼下限 K25「=K22-T.INV.2T(0.05,L16)*SQRT(M16/K8)」

となる．

B 社のチョコレートが一番大きくて，7.75 g から 8.00 g の大きさであることがわかったので，イプシロンちゃんは，これからは B 社のチョコレートを買って来てくれるようにベータ母さんにお願いした．また，今日は実験のために四つのチョコレートを買ってもらえたイプシロンちゃんは，とても満足の一日であった．

	I	J	K	L	M	N	O	P	Q
1									
2									
3		分散分析: 一元配置							
4									
5		概要							
6		グループ	標本数	合計	平均	分散			
7		A1（A社）	4	30.6	7.65	0.03			
8		A2（B社）	4	31.5	7.875	0.0091667			
9		A3（C社）	4	30.4	7.6	0.0066667			
10		A4（D社）	4	30.8	7.7	0.0066667			
11									
12									
13		分散分析表							
14		変動要因	変動	自由度	分散	測された分散	P-値	F 境界値	
15		グループ間	0.171875	3	0.0572917	4.3650794	0.0269	3.4902948	
16		グループ内	0.1575	12	0.013125				
17									
18		合計	0.329375	15					
19									
20									
21		点推定							
22		点推定値	7.875		=M8				
23		区間推定							
24		信頼上限	7.9998072		=K22+T.INV.2T(0.05,L16)*SQRT(M16/K8)				
25		信頼下限	7.7501928		=K22-T.INV.2T(0.05,L16)*SQRT(M16/K8)				
26									

最適水準 A_2

図 5.6　Excel による最適水準時の母平均の推定

5.3 繰り返しのある二元配置法の解析手順と Excel による解析

5.3.1 ●繰り返しのある二元配置法の解析手順

二つの因子を取り上げて，要因効果を調べるのが二元配置法である．二つの因子間に交互作用があるかどうかも調べるためには，各水準組合せにおいて複数回の実験を繰り返す必要がある．このとき繰り返しのある二元配置法で実験を行う．

アルファ父さんの勤めている会社では，製品の不良が工程内で多発した．その原因を分析すると，その製品中の電気回路部品の特性値である電気抵抗値が低下していることがわかった．電気抵抗値は，製造工程中でのカーボンの添加量と成型温度によって変化することが考えられる．カーボンの添加量は現状を含めて［15 g, 30 g(現状)，35 g］の 3 種類が考えられる．また成型温度は現状と温度を高くした 2 種類の設定が考えられる．この場合，電気抵抗値を大きくするためには，どの添加量とどの成型温度に設定すればよいかについて考えることになった．カーボン添加量と成型温度の各水準組合せにおいて 2 回実験して電気抵抗値を計測した結果を表 5.8 に示す．

表 5.8　データ

	B_1 現状温度		B_2 高温	
	1 回目	2 回目	1 回目	2 回目
A_1 15 g	84	86	58	62
A_2 30 g	70	75	80	79
A_3 35 g	50	45	75	79

(1) データのグラフ化

データからグラフを作成する．その結果，因子 A と因子 B の主効果と交互作用 $A \times B$ がありそうなことがわかった．

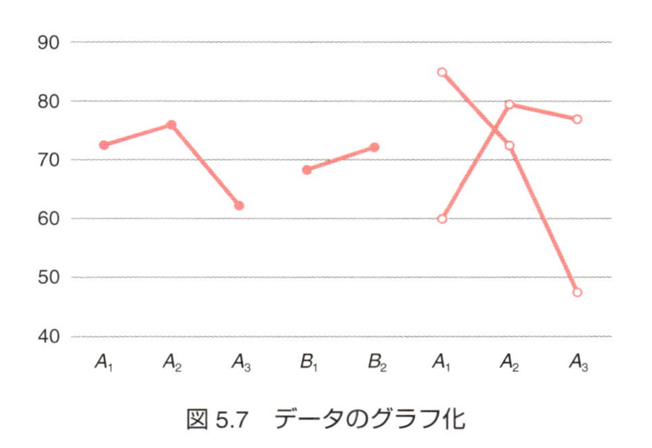

図 5.7　データのグラフ化

(2) データ補助表の作成

平方和を計算するために計算補助表を作成する．

表 5.9 計算補助表

	B_1 現状温度		B_2 高温		合計	2乗和
	1回目	2回目	1回目	2回目		
A_1 15 g	84	86	58	62	290	21660
A_2 30 g	70	75	80	79	304	23166
A_3 35 g	50	45	75	79	249	16391
合計	410		433		843	
2乗和	29502		31715			61217

表 5.10 AB 二元表

	B_1 現状温度	B_2 高温
A_1 15 g	170	120
A_2 30 g	145	159
A_3 35 g	95	154

(3) 平方和と自由度の計算

$$\text{修正項 } CT = \frac{(\text{個々のデータの合計})^2}{\text{総データ数}} = \frac{843^2}{12} = 59220.75 \tag{5.20}$$

$$\text{総平方和 } S_T = (\text{個々のデータの2乗和})^2 - CT = 61217 - 59220.75 = 1996.25 \tag{5.21}$$

$$\text{因子}A\text{の平方和 } S_A = \sum_{i=1}^{l} \frac{(A_i\text{水準のデータの合計})^2}{A_i\text{水準のデータ数}} - CT$$

$$= \frac{290^2}{4} + \frac{304^2}{4} + \frac{249^2}{4} - 59220.75 = 408.50 \tag{5.22}$$

$$\text{因子}B\text{の 平方和 } S_B = \sum_{j=1}^{m} \frac{(B_j\text{水準のデータの合計})^2}{B_j\text{水準のデータ数}} - CT$$

$$= \frac{410^2}{6} + \frac{433^2}{6} - 59220.75 = 44.08 \tag{5.23}$$

$$\text{因子}AB\text{合計の平方和 } S_{AB} = \sum_{i=1}^{l}\sum_{j=1}^{m} \frac{(A_iB_j\text{水準のデータの合計})^2}{A_iB_j\text{水準のデータ数}} - CT$$

$$= \frac{170^2}{2} + \frac{120^2}{2} + \frac{145^2}{2} + \frac{159^2}{2} + \frac{95^2}{2} + \frac{154^2}{2} - 59220.75$$

$$= 1952.7 \tag{5.24}$$

$$\text{交互作用}A\times B\text{の平方和 } S_{A\times B} = S_T - S_A - S_B = 1952.75 - 408.50 - 44.08$$

$$= 1500.17 \tag{5.25}$$

$$\text{誤差の平方和 } S_E = S_T - (S_A + S_B + S_{A\times B}) = 1996.25 - (408.50 + 44.08 + 1500.17)$$

$$= 43.50 \tag{5.26}$$

$$\text{総自由度 } \phi_T = N - 1 = lmr - 1 = 3\times2\times2 - 1 = 11 \tag{5.27}$$

$$\text{要因}A\text{の自由度 } \phi_A = l - 1 = 3 - 1 = 2 \tag{5.28}$$

要因 B の自由度 $\phi_B=m-1=2-1=1$　(5.29)

交互作用 $A\times B$ の自由度 $\phi_{A\times B}=\phi_A\times\phi_B=2\times1=2$　(5.30)

誤差自由度 $\phi_E=\phi_T-(\phi_A+\phi_B+\phi_{A\times B})=11-(2+1+2)=6$　(5.31)

(4)　分散分析表の作成

繰返しのある二元配置法では，主効果 A，主効果 B，交互作用 $A\times B$ の三つの要因効果があるかどうかを同時に検定する．分散分析表は，平方和や自由度の結果をまとめて作成し，それぞれの，F_0 値によって，統計的に有意かどうかを判定する．

表 5.11　繰り返しのある二元配置の分散分析表

要因	平方和	自由度	不偏分散	F_0 値	F 境界値
A	S_A	ϕ_A	$V_A=S_A/\phi_A$	V_A/V_E	$F(\phi_A,\phi_E;\alpha)$
B	S_B	ϕ_B	$V_B=S_B/\phi_B$	V_B/V_E	$F(\phi_B,\phi_E;\alpha)$
$A\times B$	$S_{A\times B}$	$\phi_{A\times B}$	$V_{A\times B}=S_{A\times B}/\phi_{A\times B}$	$V_{A\times B}/V_E$	$F(\phi_{A\times B},\phi_E;\alpha)$
E	S_E	ϕ_E	$V_E=S_E/\phi_E$		
T	S_T	ϕ_T			

ここで，(3) で求めた値をまとめて以下の分散分析表を得る．

表 5.12　繰り返しのある二元配置の分散分析表

要因	平方和	自由度	不偏分散	F_0 値	F 境界値
A	408.50	2	204.25	28.17	5.14
B	44.08	1	44.08	6.08	5.99
$A\times B$	1500.17	2	750.08	103.46	5.14
E	43.50	6	7.25		
T	1996.25	11			

この結果，主効果 A，主効果 B，交互作用 $A\times B$ ともに要因効果が有意である．

(5)　最適水準の決定と母平均の推定

①　最適水準の決定

因子間に交互作用があるときは，因子の組合せをみて，どの水準組合せのときに特性値が最大になるかを見つける．表 5.10 の AB 二元表から，最大となる組合せは，A_1B_1 水準となる．

それぞれの因子でみると，A_2 水準と B_2 水準のときに最大となっている．しかし，水準組合せで見ると，A_1B_1 水準のときに最も特性値が高くなる．交互作用が有意のときには，因子ごとに見た最適水準と因子組合せで見た最適水準は，必ずしも一致しない．交互作用があるときには，水準組合せで見なければならない．

②　最適水準における母平均の推定

母平均の点推定値は，最適水準の因子組合せから求める．

$$\hat{\mu}(A_1B_1)=\bar{x}_{11}=\frac{170}{2}=85.0 \qquad (5.32)$$

5

母平均の区間推定を求めるには，母平均の推定値の分散を求める必要がある．$\hat{\mu}(A_1B_1)$の分散の推定値は，$V_E/2$ だから，水準 A_1B_1 における母平均の信頼率 95 %の信頼区間の上下限値は次のようになる．

$$\text{信頼上限}\ \mu(A_1B_1)_U = \bar{x}_{11} + t(\phi_e, \alpha)\sqrt{\frac{V_E}{r}} = 85.0 + t(6, 0.05)\sqrt{\frac{7.25}{2}} = 85.0 + 4.7 = 89.7 \quad (5.33)$$

$$\text{信頼下限}\ \mu(A_1B_1)_L = \bar{x}_{11} - t(\phi_e, \alpha)\sqrt{\frac{V_E}{r}} = 85.0 - t(6, 0.05)\sqrt{\frac{7.25}{2}} = 85.0 - 4.7 = 80.3 \quad (5.34)$$

5.3.2 ● Excel「分析ツール」による繰り返しのある二元配置法の解析手順

【例題 5.2】

かいせきファミリーでカラオケに行った．アルファ父さん，ベータ母さん，シグマ君，イプシロンちゃんの 4 人で，得点を競うことになった．ミュー爺さんが二元配置法を用いて判定するそうである．歌の種類によって得点の出方に違いがありそうだということで，ポピュラーソングと演歌からそれぞれが 2 曲選んで歌うことになった．4 人の歌の種類別の自動採点の結果を表 5.13 にまとめてみた．さて，結果はどうだろうか．

表 5.13 採点結果

		参加者			
	水準	B_1（α）	B_2（β）	B_3（σ）	B_4（ε）
歌の種類	A_1	75	95	75	85
	ポピュラー	80	87	85	85
	A_2	90	77	65	80
	演歌	85	80	70	70

この結果から，歌の種類と歌う人によって採点結果が違うかどうか，二元配置法の分散分析を行ってみることとした．

ここでは，4 人が歌の種類ごとに 2 曲歌っていたので，交互作用の検討を行うこととした．

手順 1 データ表の作成とデータのグラフ化

Excel シートにデータ表（B5:G10）を作成する．

繰り返しのデータは，行方向に作成する．図 5.8 において，A_1B_1 のデータは，セル D7 とセル D8 に入力する．順次，A_iB_j のデータを行方向に入力する．

次に，「挿入」タブの「折れ線」でグラフを作成する（図 5.8）．

1） データ範囲の指定

データ範囲を指定する．「D6:G10」

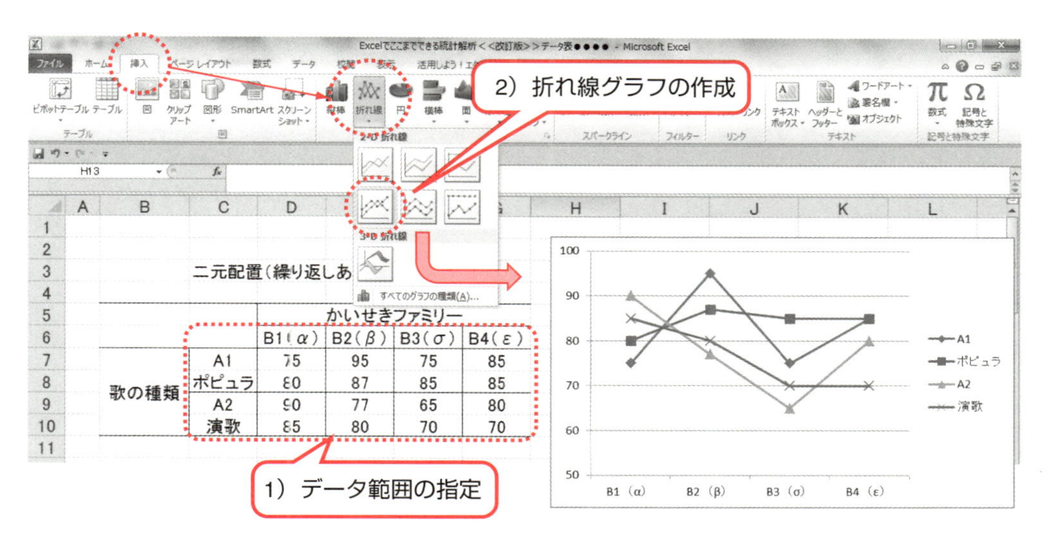

図 5.8　繰り返しのある二元配置分散分析のデータ表とグラフの作成

2）　折れ線グラフの作成
「挿入」タブの「グラフ」の中の「折れ線」をクリックする．「折れ線」の画面から「点と折れ線」のアイコンをクリックする．折れ線が表示される．

手順 2　「分析ツール」の起動

「データ」タブの「分析」の中の「データ分析」をクリックする．「データ分析」の画面が表示されたら，「分析ツール(A)」の中の「分散分析：繰り返しのある二元配置」を選択し，「OK」をクリックする（図 5.9）．

手順 3　諸元の入力

「分散分析：繰り返しのある二元配置」画面上で，必要なデータと諸元を入力する（図 5.10）．

1）　入力範囲(T)：分析するデータと項目を入力する．「C6:G10」
2）　1 標本あたりの行数(R)：繰り返しの回数を入力する．ここでは，「2」
3）　α(A)：検定する有意水準を入力する．初期値 0.05（5%）
4）　出力先(O)：出力先の左上のセルを入力する．
5）　「OK」を入力する．

手順 4　結果の表示

図 5.9 の下図に結果が表示される．

概要：グループごとの「標本数」「合計」「平均」「分散」を表示

分散分析表：繰り返しのある二元配置分散分析の結果を表示

表 5.14 に分散分析の結果を示す．この結果から読み取れることは，次のようなものである．

5

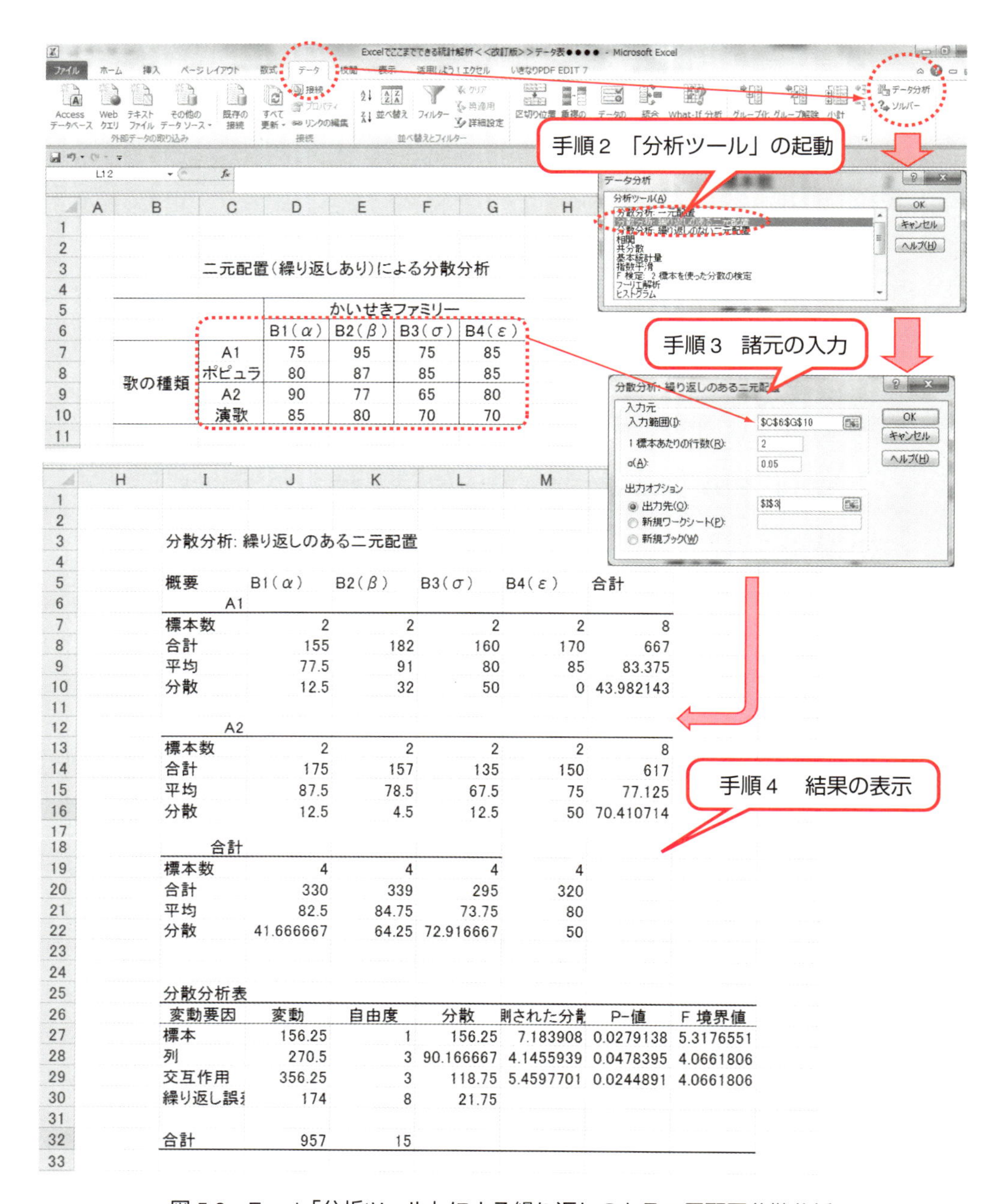

二元配置(繰り返しあり)による分散分析

		かいせきファミリー			
		B1(α)	B2(β)	B3(σ)	B4(ε)
歌の種類	A1	75	95	75	85
	ポピュラ	80	87	85	85
	A2	90	77	65	80
	演歌	85	80	70	70

分散分析: 繰り返しのある二元配置

概要	B1(α)	B2(β)	B3(σ)	B4(ε)	合計
A1					
標本数	2	2	2	2	8
合計	155	182	160	170	667
平均	77.5	91	80	85	83.375
分散	12.5	32	50	0	43.982143
A2					
標本数	2	2	2	2	8
合計	175	157	135	150	617
平均	87.5	78.5	67.5	75	77.125
分散	12.5	4.5	12.5	50	70.410714
合計					
標本数	4	4	4	4	
合計	330	339	295	320	
平均	82.5	84.75	73.75	80	
分散	41.666667	64.25	72.916667	50	

分散分析表

変動要因	変動	自由度	分散	則された分散	P-値	F 境界値
標本	156.25	1	156.25	7.183908	0.0279138	5.3176551
列	270.5	3	90.166667	4.1455939	0.0478395	4.0661806
交互作用	356.25	3	118.75	5.4597701	0.0244891	4.0661806
繰り返し誤差	174	8	21.75			
合計	957	15				

図 5.9　Excel「分析ツール」による繰り返しのある二元配置分散分析

分散分析: 繰り返しのある二元配置

入力元
入力範囲(I):　$C$6:$G$10
1 標本あたりの行数(R):　2
α(A):　0.05

出力オプション
◉ 出力先(O):　$I$3
○ 新規ワークシート(P):
○ 新規ブック(W)

OK
キャンセル
ヘルプ(H)

図 5.10　繰り返しのある二元配置分散分析の入力画面

表 5.14　繰り返しのある二元配置分散分析の結果

	H	I	J	K	L	M	N	O	P
24									
25		分散分析表							
26		変動要因	変動	自由度	分散	則された分散	P-値	F 境界値	
27		標本	156.25	1	156.25	7.183908	0.0279138	5.3176551	
28		列	270.5	3	90.166667	4.1455939	0.0478395	4.0661806	
29		交互作用	356.25	3	118.75	5.4597701	0.0244891	4.0661806	
30		繰り返し誤差	174	8	21.75				
31									
32		合計	957	15					
33									

1）　変動要因：「要因」のこと

標本：因子 A の効果を表す．ここでは，「歌の種類」となる．

列：因子 B の効果を表す．ここでは，「参加者」となる．

交互作用：交互作用 $A \times B$ の効果を表す．

繰り返し誤差：誤差を表す．

2）　変動：「平方和」のこと

標本：因子 A の平方和（=156.25）

列：因子 B の平方和（=270.5）

交互作用：交互作用 $A \times B$ の平方和（=356.25）

繰り返し誤差：誤差の平方和（=174）

合計：総平方和（=957）

3）　自由度

標本：因子 A の自由度（=1）

列：因子 B の自由度（=3）

交互作用：交互作用 $A \times B$ の自由度（=3）

繰り返し誤差：誤差の自由度（=8）

4）　分散

標本：因子 A の分散（=156.25）

列：因子 B の分散（=90.16667）

交互作用：交互作用 $A \times B$ の分散（=118.75）

繰り返し誤差：誤差の分散（=21.75）

5） 観測された分散比

標本：因子 A の分散比（=7.183908）

列：因子 B の分散比（=4.1455939）

交互作用：交互作用 $A \times B$ の分散比（=5.4597701）

6） P 値

標本：因子 A の統計量から外側の確率（=0.0279138），2.79138%である．

列：因子 B の統計量から外側の確率（=0.0478395），4.78395%である．

交互作用：交互作用 $A \times B$ の統計量から外側の確率（=0.0244891），2.44891%である．

7） F 境界値

標本：因子 A の棄却域の境界値（=5.3176551）

列：因子 B の棄却域の境界値（=4.0661806）

交互作用：交互作用 $A \times B$ の棄却域の境界値（=4.00661806）

以上の結果から，「5）観測された分散比」と「7）F 境界値」を比較すると，

標本（因子 A）：

「5）観測された分散比」=7.183908>「7）F 境界値」=5.3176551

列（因子 B）：

「5）観測された分散比」=4.1455939>「7）F 境界値」=4.0661806

交互作用（因子 B）：

「5）観測された分散比」=5.4597701>「7）F 境界値」=4.0661806

となり，有意水準5%で主効果 A，B および交互作用 $A \times B$ が有意となった．したがって，採点結果は歌の種類と参加者によって異なるといえる．かいせきファミリーではポピュラーソングのほうが得意のようである．ベータ母さんのポピュラーが最も高得点であった．歌手デビューも夢ではない？

手順5　最適水準における母平均の推定

交互作用があるので，最適水準は因子の組合せで決めなければならない．ベータ母さん（B_2）のポピュラー（A_1）の組合せが最も高いので，最適水準は A_1B_2 となる．

このとき母平均の推定値を求めよう．点推定値は A_1B_2 の水準組合せにおけるデータから求める．

$$\hat{\mu}(A_1B_2) = \widehat{\mu + a_1 + b_2 + (ab)_{12}} = \bar{x}_{12} = \frac{95 + 87}{2} = 91.0 \tag{5.35}$$

信頼率95 %における母平均の区間推定は，

$$\text{信頼上限}\ \mu_U = \hat{\mu}(A_1B_2) + t(\phi_e, \alpha)\sqrt{\frac{V_e}{r}} = 91.0 + t(8, 0.05)\sqrt{\frac{21.75}{2}} = 91.0 + 7.6$$

$$= 98.6 \tag{5.36}$$

$$信頼下限\ \mu_L = \hat{\mu}(A_1B_2) - t(\phi_e, \alpha)\sqrt{\frac{V_e}{r}} = 91.0 - t(8, 0.05)\sqrt{\frac{21.75}{2}} = 91.0 - 7.6$$

$$= 83.4 \tag{5.37}$$

である．ベータ母さんのポピュラーソングは 83.4 点から 98.6 点と推測される．

最適水準は，図 5.11 に示す「分散分析：繰り返しのある二元配置」の結果の概要からセル「K9」のベータ母さんがポピュラーを歌ったときであることがわかる．

最適水準の点推定は，

点推定値 J36「=K9」

となり，信頼率 95 %の区間推定は，

信頼上限 J38「=J36+T.INV.2T(0.05,K30)＊SQRT(L30/2)」

信頼下限 J39「=J36-T.INV.2T(0.05,K30)＊SQRT(L30/2)」

となる．

分散分析: 繰り返しのある二元配置

概要	B1（α）	B2（β）	B3（σ）	B4（ε）	合計
A1					
標本数	2	2	2	2	8
合計	155	182	160	170	667
平均	77.5	91	80	85	83.375
分散	12.5	32	50	0	43.982143
A2					
標本数	2	2	2	2	8
合計	175	157	135	150	617
平均	87.5	78.5	67.5	75	77.125
分散	12.5	4.5	12.5	50	70.410714
合計					
標本数	4	4	4	4	
合計	330	339	295	320	
平均	82.5	84.75	73.75	80	
分散	41.666667	64.25	72.916667	50	

最適水準 A_1B_2

分散分析表

変動要因	変動	自由度	分散	則された分散	P-値	F 境界値
標本	156.25	1	156.25	7.183908	0.0279138	5.3176551
列	270.5	3	90.166667	4.1455939	0.0478395	4.0661806
交互作用	356.25	3	118.75	5.4597701	0.0244891	4.0661806
繰り返し誤	174	8	21.75			
合計	957	15				

点推定		
点推定値	91	=K9
区間推定		
信頼上限	98.604571	=J36+T.INV.2T(0.05,K30)*SQRT(L30/2)
信頼下限	83.395429	=J36-T.INV.2T(0.05,K30)*SQRT(L30/2)

図 5.11　Excel による最適水準における母平均の推定

5.4 繰り返しのない二元配置法の解析手順とExcelによる解析

5.4.1 ●繰り返しのある二元配置法の解析手順

二つの因子間に技術的に交互作用が存在しないとわかっているときには，主効果のみを検出できればよいので，繰り返しのない二元配置法によって実験を行うことができる．このとき，実験回数が少なくて済む．

アルファ父さんの開発している金属加工製品では，熱処理工程が重要である．その中でも熱処理温度と表面処理方法が特性に大きく影響すると考えられていた．そこで，熱処理温度3種類（A_1, A_2, A_3）と表面処理方法2種類（B_1法，B_2法）について，特性のデータを取って比較することになった．これまでの経験から，熱処理温度と表面処理方法の間には技術的に交互作用はないと考えられるので，繰り返しのない二元配置法を行うこととした．特性値を大きくするためには，どの熱処理温度でどの表面処理方法を用いればよいかを調べるため，各水準組合せにおいて1回実験して特性値を計測した．その結果を表5.15に示す．特性値は小さいほどよいものとする．

表5.15　データ

		表面処理方法	
		B_1	B_2
熱処理温度	A_1	24	28
	A_2	30	36
	A_3	40	43

(1)　データのグラフ化

データからグラフを作成する．その結果，因子A（熱処理温度）と因子B（表面処理方法）によって違いがありそうなことがわかった．

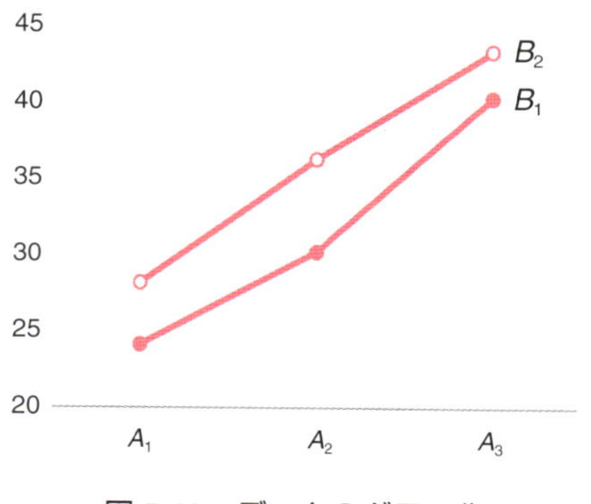

図5.12　データのグラフ化

(2) データ補助表の作成

平方和を計算するために計算補助表を作成する．

表 5.16 計算補助表

		表面処理方法		データ合計	データの2乗合計
		B_1	B_2		
熱処理温度	A_1	24	28	52	1360
	A_2	30	36	66	2196
	A_3	40	43	83	3449
データ合計		94	107	201	
データの2乗合計		3076	3929		7005

(3) 平方和と自由度の計算

$$\text{修正項 } CT = \frac{(\text{個々のデータの合計})^2}{\text{総データ数}} = \frac{201^2}{6} = 6733.50 \tag{5.38}$$

$$\text{総平方和 } S_T = (\text{個々のデータの2乗和})^2 - CT = 7005 - 6733.50 = 271.50 \tag{5.39}$$

$$\text{因子 } A \text{ の平方和 } S_A = \sum_{i=1}^{l} \frac{(A_i \text{水準のデータの合計})^2}{A_i \text{水準のデータ数}} - CT$$

$$= \frac{52^2}{2} + \frac{66^2}{2} + \frac{83^2}{2} - 6733.50 = 241.00 \tag{5.40}$$

$$\text{因子 } B \text{ の平方和 } S_B = \sum_{j=1}^{m} \frac{(B_j \text{水準のデータの合計})^2}{B_j \text{水準のデータ数}} - CT$$

$$= \frac{94^2}{3} + \frac{107^2}{3} - 6733.50 = 28.17 \tag{5.41}$$

$$\text{誤差の平方和 } S_E = S_T - (S_A + S_B) = 271.50 - (241.00 + 28.17) = 2.33 \tag{5.42}$$

$$\text{総自由度 } \phi_T = N - 1 = lm - 1 = 3 \times 2 - 1 = 5 \tag{5.43}$$

$$\text{要因 } A \text{ の自由度 } \phi_A = l - 1 = 3 - 1 = 2 \tag{5.44}$$

$$\text{要因 } B \text{ の自由度 } \phi_B = m - 1 = 2 - 1 = 1 \tag{5.45}$$

$$\text{誤差自由度 } \phi_E = \phi_T - (\phi_A + \phi_B) = 5 - (2 + 1) = 2 \tag{5.46}$$

(4) 分散分析表の作成

繰返しのない二元配置法では，主効果 A と主効果 B の二つの要因効果があるかどうかを同時に検定する．分散分析表は，平方和や自由度の結果をまとめて作成し，それぞれの，F_0 値

表 5.17 繰り返しのない二元配置の分散分析表

要因	平方和	自由度	不偏分散	F_0値	F境界値
A	S_A	ϕ_A	$V_A = S_A/\phi_A$	V_A/V_E	$F(\phi_A, \phi_E; \alpha)$
B	S_B	ϕ_B	$V_B = S_B/\phi_B$	V_B/V_E	$F(\phi_B, \phi_E; \alpha)$
E	S_E	ϕ_E	$V_E = S_E/\phi_E$		
T	S_T	ϕ_T			

5

によって，統計的に有意かどうかを判定する．

ここで，(3)で求めた値をまとめて以下の分散分析表を得る．

表 5.18 繰り返しのある二元配置の分散分析表

要因	平方和	自由度	不偏分散	F_0値	F境界値
A	241.00	2	120.50	103.0	19.0
B	28.17	1	28.17	24.07	18.5
E	2.33	2	1.17		
T	271.50	5			

この結果，主効果A，主効果Bともに要因効果が有意である．

(5) 最適水準の決定と母平均の推定

① 最適水準の決定

因子間に交互作用がないときは，それぞれの因子ごとに最小となる水準を決める．因子AではA_1水準，因子BではB_1水準のときに最小となっているので，最適水準はA_1B_1である．

② 最適水準における母平均の推定

母平均の点推定値は，A_1水準における平均とB_1水準における平均から次の式によって求める．A_1B_1水準の組合せにおける平均から求めるのではない．

$$\hat{\mu}(A_1B_2) = \mu + \widehat{a_1} + b_1 = \widehat{\mu + a_1} + \widehat{\mu + b_1} - \hat{\mu} = \bar{x}_{1\cdot} + \bar{x}_{\cdot 1} - \bar{\bar{x}} = \frac{52}{2} + \frac{94}{3} - \frac{201}{6}$$

$$=23.8 \tag{5.47}$$

母平均の区間推定を求めるには，母平均の推定値の分散を求める必要がある．$\hat{\mu}(A_1B_1)$の分散の推定値は，V_E/n_eである．ここで，n_eは有効反復数と呼ばれるもので，点推定値を求めた計算式の係数の和から求められる．

$$\frac{1}{n_e} = \frac{1}{2} + \frac{1}{3} - \frac{1}{6} = \frac{2}{3} \tag{5.48}$$

したがって，水準A_1B_1における母平均の信頼率$(100-\alpha)$%の信頼区間の上下限値は次のようになる．

$$\text{信頼上限}\ \mu(A_1B_1)_U = (\bar{x}_{1\cdot} + \bar{x}_{\cdot 1} - \bar{\bar{x}}) + t(\phi_E, \alpha)\sqrt{\frac{V_E}{n_e}} = 23.83 + t(2, 0.05)\sqrt{\frac{2}{3} \times 1.17}$$

$$=23.8+3.8=27.6 \tag{5.49}$$

$$\text{信頼下限}\ \mu(A_1B_1)_L = (\bar{x}_{1\cdot} + \bar{x}_{\cdot 1} - \bar{\bar{x}}) - t(\phi_E, \alpha)\sqrt{\frac{V_E}{n_e}} = 23.83 - t(2, 0.05)\sqrt{\frac{2}{3} \times 1.17}$$

$$=23.8-3.8=20.0 \tag{5.50}$$

5.4.2 ● Excel「分析ツール」による繰り返しのない二元配置法の解析手順

【例題 5.3】

ミュー爺さんが総選挙の投票に行った．でもそこには若者の姿があまり見られず，政治活動に熱心そうな人ばかりが目立っていた．投票に行く人は支持政党の有無や年代によって違いがあるのだろうか．新聞に出ていた世論調査の結果から，年代別や支持政党の有無別に，投票に行くと回答した人の割合のデータを調べ，表 5.19 にまとめてみた．

表 5.19 投票に行くと回答した人の割合のデータ

		支持政党	
	水準	B_1（あり）	B_2（なし）
年代	A_1（若年層）	55	38
	A_2（壮年層）	74	55
	A_3（中年層）	83	60
	A_4（老年層）	72	65

この結果から，年代別，支持政党の有無別で投票率に違いがあるかどうか，二元配置法の分散分析で調べてみることにした．

手順 1 データ表の作成とデータのグラフ化

Excel シートにデータ表（B5:E10）を作成する．

次に，「挿入」タブの「折れ線」でグラフを作成する（図 5.13）．

1） データ範囲の指定

データ範囲を指定する．「C6:E10」

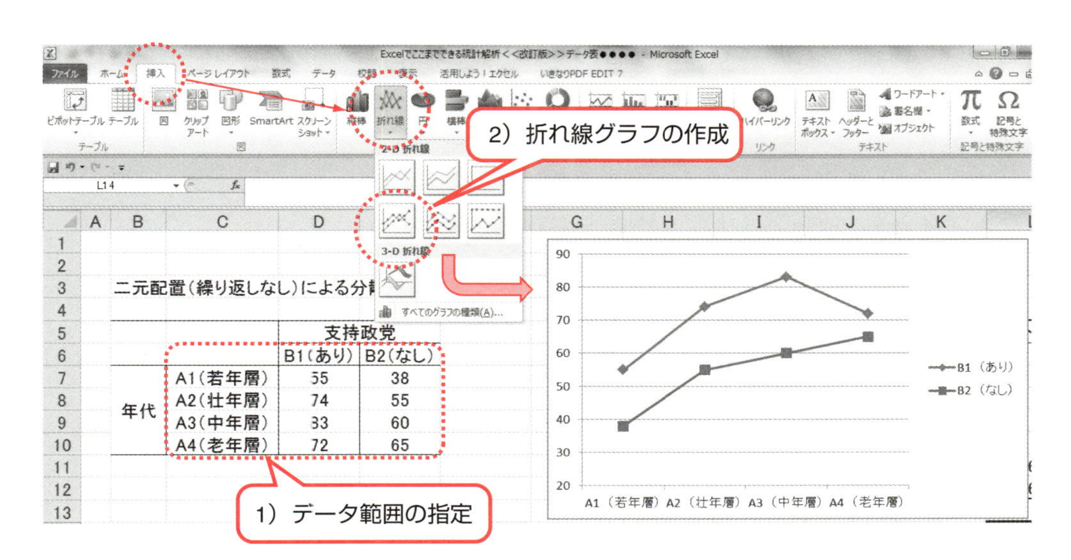

図 5.13 繰り返しのない二元配置分散分析のデータ表とグラフの作成

2)　折れ線の作成

「挿入」タブの「グラフ」の中の「折れ線」をクリックする．「折れ線」の画面から「点と折れ線」のアイコンをクリックする．折れ線グラフが表示される．

手順 2「分析ツール」の起動

「データ」タブの「分析」の中の「データ分析」をクリックする．「データ分析」の画面が表示されたら，「分析ツール(A)」の中の「分散分析：繰り返しのない二元配置」を選択し，「OK」をクリックする．

手順 3　諸元の入力

「分散分析：繰り返しのない二元配置」画面上で，必要なデータと諸元を入力する（図 5.15）．

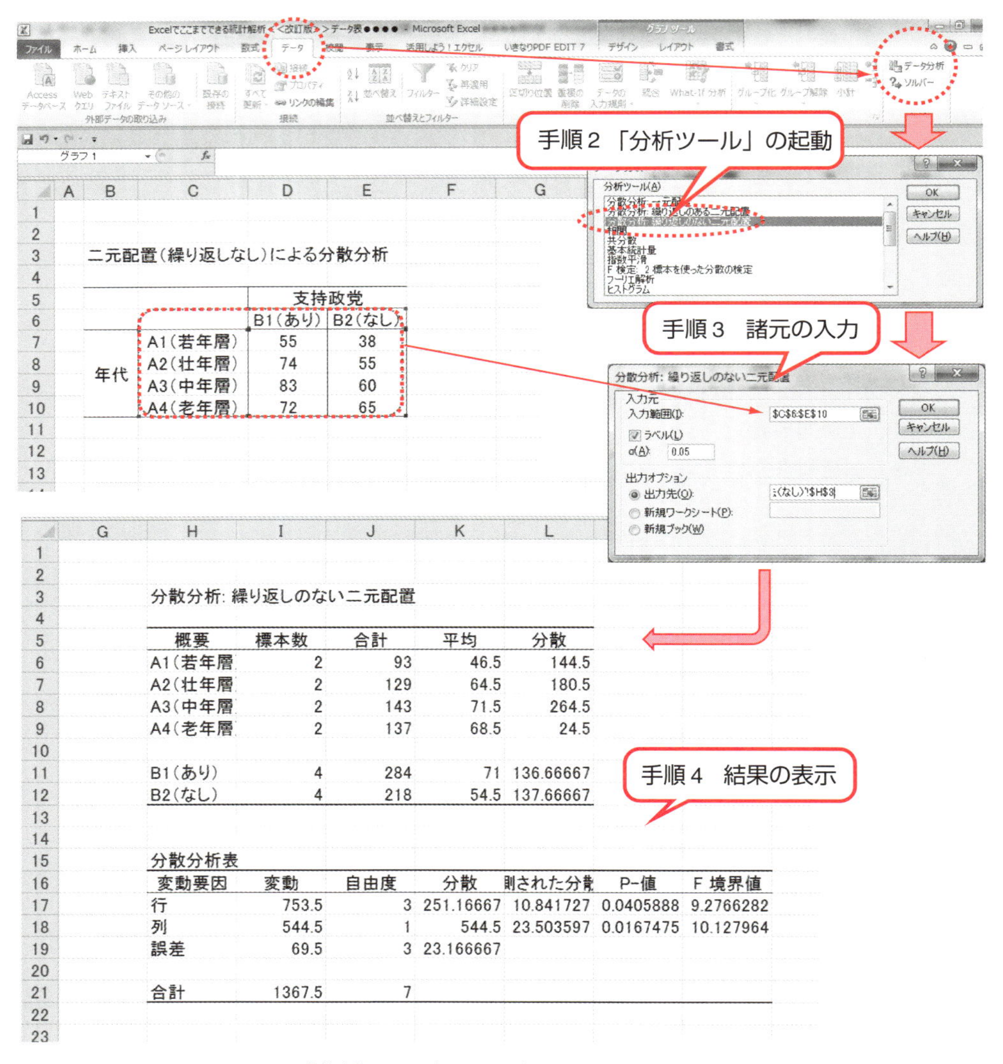

図 5.14　Excel「分析ツール」による繰り返しのない二元配置分散分析

1）入力範囲(T)：分析するデータと項目を入力する．「C6:E10」
2）ラベル(L)：項目名をデータ指定範囲内に入力した場合は，「✓」チェックマークを入れる．
3）α(A)：検定する有意水準を入力する．初期値 0.05（5%）
4）出力先(O)：出力先の左上のセルを入力する．
5）「OK」を入力する．

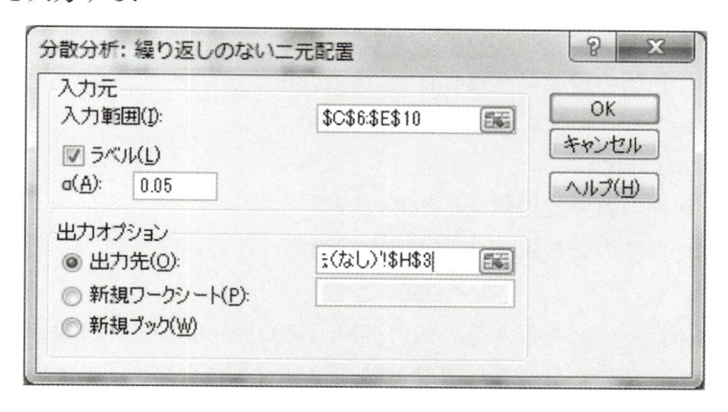

図 5.15　繰り返しのない二元配置分散分析の入力画面

手順 4　結果の表示

図 5.14 の下図に結果が表示される．

概要：グループごとの「標本数」「合計」「平均」「分散」を表示

分散分析表：繰り返しのない二元配置分散分析の結果を表示

表 5.20 に分散分析の結果を示す．この表から読み取れることは，次のようなものである．

1）変動要因：「要因」のこと

行：因子 A の効果を表す．ここでは，「年代」となる．

列：因子 B の効果を表す．ここでは，「支持政党」となる．

誤差：誤差を表す．

2）変動：「平方和」のこと

行：因子 A の平方和（=753.5）

列：因子 B の平方和（=544.5）

誤差：誤差の平方和（=69.5）

表 5.20　繰り返しのない二元配置分散分析の結果

	G	H	I	J	K	L	M	N	O
14									
15		分散分析表							
16		変動要因	変動	自由度	分散	則された分散	P-値	F 境界値	
17		行	753.5	3	251.16667	10.841727	0.0405888	9.2766282	
18		列	544.5	1	544.5	23.503597	0.0167475	10.127964	
19		誤差	69.5	3	23.166667				
20									
21		合計	1367.5	7					
22									

合計：総平方和（=1367.5）

3）　自由度

行：因子 A の自由度（=3）

列：因子 B の自由度（=1）

誤差：誤差の自由度（=3）

4）　分散

行：因子 A の分散（=251.16667）

列：因子 B の分散（=544.5）

誤差：誤差の分散（=23.166667）

5）　観測された分散比

行：因子 A の分散比値（=10.841727）

列：因子 B の分散比値（=23.503597）

6）　P 値

行：因子 A の統計量から外側の確率（=0.0405888），4.05888%である．

列：因子 B の統計量から外側の確率（=0.0167475），1.67475%である．

7）　F 境界値

行：因子 A の棄却域の境界値（=9.2766282）

列：因子 B の棄却域の境界値（=10.127964）

以上の結果から，「5）観測された分散比」と「7）F 境界値」を比較すると，

行（因子 A）：

「5）観測された分散比」=10.841727>「7）F 境界値」=9.2766282

列（因子 B）：

「5）観測された分散比」=23.503597>「7）F 境界値」=10.127964

となり，有意水準5%で主効果 A，B ともに有意となった．支持政党の有無および年代の違いによって投票に行くと回答した割合に違いがあるといえることがわかった．ミュー爺さんの直感は当たっていた．やはり若年層は投票に行く人は少なく，支持政党のある人のほうがより多く投票に行くようであった．

手順5　最適水準における母平均の推定

投票率が最も高いのはどういう人たちであろうか．交互作用は考えていないので，最適水準はそれぞれの因子ごとに決めなければならない．因子 A では A_3 の中年層が最も大きく，因子 B では B_1 支持政党ありのほうが大きい．したがって，最適水準は A_3B_1 となる．

このとき母平均の推定値を求めよう．点推定値は次のように求める．A_3B_1 の水準組合せにおけるデータから求めるのではない．

$$\hat{\mu}(A_3B_1) = \widehat{\mu + a_2 + b_1} = \widehat{\mu + a_2} + \widehat{\mu + b_1} - \hat{\mu} = \bar{x}_{3\cdot} + \bar{x}_{\cdot 1} - \bar{\bar{x}} = \frac{143}{2} + \frac{284}{4} - \frac{502}{8}$$

$$= 79.75 \tag{5.51}$$

信頼率95 %の信頼区間は次のようになる．

$$\text{信頼上限}\ \mu_U = \hat{\mu}(A_3B_1) + t(\phi_e, \alpha)\sqrt{\frac{V_e}{n_e}} = 79.75 + t(3, 0.05)\sqrt{\frac{5}{8} \times 23.16667}$$
$$= 79.75 + 12.11 = 91.86 \tag{5.52}$$

$$\text{信頼下限}\ \mu_L = \hat{\mu}(A_3B_1) - t(\phi_e, \alpha)\sqrt{\frac{V_e}{n_e}} = 79.75 - t(3, 0.05)\sqrt{\frac{5}{8} \times 23.16667}$$
$$= 79.75 - 12.11 = 67.64 \tag{5.53}$$

中年層で支持政党がある有権者で投票に行く人は 67.6 %から 91.9 %と推測される．

最適水準は，図 5.16 に示す「分散分析：繰り返しのない二元配置」の結果の概要から A_3 の中年層の B_1 の支持政党ありであることがわかる．

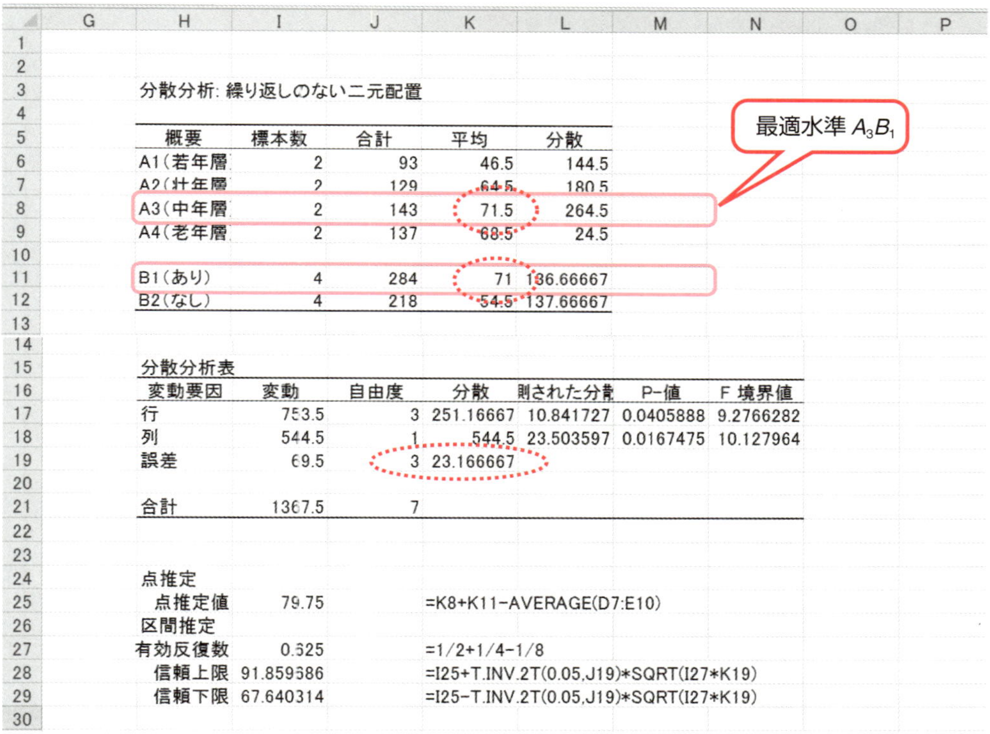

分散分析: 繰り返しのない二元配置

概要	標本数	合計	平均	分散
A1（若年層	2	93	46.5	144.5
A2（壮年層	2	129	64.5	180.5
A3（中年層	2	143	71.5	264.5
A4（老年層	2	137	68.5	24.5
B1（あり）	4	284	71	186.66667
B2（なし）	4	218	54.5	137.66667

最適水準 A_3B_1

分散分析表

変動要因	変動	自由度	分散	測された分散	P-値	F 境界値
行	753.5	3	251.16667	10.841727	0.0405888	9.2766282
列	544.5	1	544.5	23.503597	0.0167475	10.127964
誤差	69.5	3	23.166667			
合計	1367.5	7				

点推定		
点推定値	79.75	=K8+K11-AVERAGE(D7:E10)
区間推定		
有効反復数	0.625	=1/2+1/4-1/8
信頼上限	91.859686	=I25+T.INV.2T(0.05,J19)*SQRT(I27*K19)
信頼下限	67.640314	=I25-T.INV.2T(0.05,J19)*SQRT(I27*K19)

図 5.16　Excel による最適水準における母平均の推定

最適水準の点推定は，

点推定値 I25「=K8+K11-AVERAGE(D7:E10)」

となり，信頼率 95 %の区間推定は，

有効反復数 I27「=1/2+1/4-1/8」

信頼上限 I28「=I25+T.INV.2T(0.05,J19)＊SQRT(I27＊K19)」

信頼下限 I29「=I25-T.INV.2T(0.05,J19)＊SQRT(I27＊K19)」

となる．

ほっとひと息 Part 4『幸せを花に託して』

今日は親友の結婚式．
仲良し3人組でアレンジブーケを贈る約束をしている．
彼女からのオーダーは「私に似合うピンクのブーケ」
そういえば，彼女のイメージカラーって，ピンクだったっけ．
白のドレスにもきっと映える．
さあ，腕の見せ所．
この日のためにフラワーアレンジメント教室に通ったのだから．

まずお花．やっぱりバラははずせない．
ほかには，カーネーション，トルコキキョウ，ガーベラ……
次は本数．それぞれ数本ずつ？　そうじゃなくて，やっぱりバラをたくさん？
もちろん，メインを引き立てるカスミソウも欠かせない．
あー，迷う！

ひとつひとつの花のよさはわかっているつもり．
でも，今日の目的は「幸せいっぱいの彼女に似合うブーケ」
最適な組合せを見つけなくっちゃ．
これって，分散分析でわかるのかなあ？

第6章

実験計画法

6.1 実験計画法とは

6.1.1 実験の計画と解析

実験計画法とは，少ない実験回数で実験の効果をあげることができる統計的な手法のことである．どのように実験を計画すると効率的に進められるのか，そして，どのように解析すると効果的な分析を行うことができるのかを示してくれるものである．

問題となっている現象や結果を表しているものを特性といい，実験の際の測定や観測の対象となるものである．この特性の性質を調べたり，改善する方策を見つけたりするのが実験の目的となる．

特性について検討していくと，特性に影響を及ぼすと考えられる要因はたくさん挙げられるであろう．このとき，この特性に影響を与えている要因は何か，もし影響を与えているならその要因をどうすると特性がよくなるのか，そのときの特性値はいくらになると推測されるのかなどの特性と要因の間の関係を明らかにすることが求められる．そのためには，要因をいろいろと変化させて特性がどうなるかのデータを取って，その様子を解析することになる．しかし，要因を適当な値に設定してデータを取っても，上で示したことが明らかになるとは限らない．ムダな実験をしたり，必要な実験をしていなかったりすることがないように，計画的にデータを取ることによって，精度良く効率的に結果を導くことが可能となる．実験計画法は，実験の計画と解析の方法を与えてくれる統計的手法である．

6.1.2 実験するときの原則

実験を計画するときに，実験の場を適切に管理しなければならない．適当な条件の下でデータを取ったのでは，それらの大きさを計算したり，比較したりしても，意味はない．このときに必要な考え方を示したのが，以下に示すフィッシャーの3原則である．

反復の原則とは，同一の条件の下で実験を繰り返すことである．観測誤差の大きさを評価するとともに，繰り返しを多く取れば推定精度を向上させることができる．

無作為化の原則とは，実験の順序をランダムにすることである．反復を多く取ると実験回数が増えるために，すべての実験の条件をそろえることが難しくなり，測定に応じて系統的に表れる系統誤差が生じる．この系統誤差を偶然誤差として処理するために実験順序のランダマイズを行う．

局所管理の原則とは，実験の条件が均一になるようにブロック分けすることである．反復を多く取ったときに生じる系統誤差がなくなるようにするため，実験装置とか実験者，実験日などといった系統誤差が生じる可能性のある因子によってブロックに分ける．

6.1.3 実験計画法の種類

第 5 章で紹介した一元配置法や二元配置法の分散分析も，実験計画法の手法である．一つの因子を取り上げて，各水準で繰り返し実験を行うのが一元配置法であった．ここでは反復の原理を使っている．二つの因子を取り上げて，各水準組合せで実験を行うのが二元配置法であった．このとき反復の原理に従って繰り返しを行えば，交互作用を検出することができた．さらに，三つ以上の因子を取り上げて，各水準組合せで実験を行うこともでき，これを多元配置法という．しかし，水準組合せの総数がとても多くなってしまうことから，せいぜい三つまでの因子を取り扱うことが多い．いずれの場合でも，無作為化の原則に従って，すべての実験の順序はランダムに決めなければならない．

たくさんの実験回数になると，完全なランダマイズや実験の場の均一化を実現するのは容易ではない．このとき，系統誤差が生じる可能性のある因子によってブロックに分けて，それぞれのブロック内に取り上げた因子の条件を全部入れる方法が乱塊法である．これは局所管理を積極的に取り入れた方法である．また，完全なランダマイズをするには実験ごとにすべての因子の条件を変更しなければならず，非効率的である．このとき，実験を何段階かに分けて，段階ごとにランダマイズして効率化を図る方法が分割法である．以上の方法は，取り上げた因子のすべての水準組合せについて実験をすることから，要因配置実験である．乱塊法や分割法は，要因配置実験を効率化するための方法である．

多くの因子を取り上げるとき，すべての水準組合せで実験すると，非常にたくさんの実験を行わなければならない．このとき，一部の水準組合せで実験するだけでも，調べたい要因を検出できるように工夫したのが直交配列表実験である．これは部分配置実験である．取り上げた因子をすべて二つの水準としたときには 2 水準系直交配列表実験を，すべて三つの水準としたときには 3 水準系直交配列表実験を行う．また，乱塊法や分割法を直交配列表実験で行うこともできる．2 水準因子と 3 水準因子が混じっているときには多水準法や擬水準法によって実験を計画することもできる．

この章では，実験計画法の手法の中でも基本的なものを取り上げることとし，要因配置実験における乱塊法と部分配置実験における 2 水準系直交配列表実験の計画と解析の方法についてのみ述べる．この他の手法については，『Excel でここまでできる実験計画法』（日本規格協会）に詳しく説明している．

6.2 乱　塊　法

6.2.1 乱塊法による実験の計画

乱塊法は，実験装置とか実験者といった系統誤差が生じる可能性のある要因によってブロックに分け，それぞれのブロック内に比較したい条件を全部入れる方法であり，局所管理の考え方を積極的に取り入れた方法である．ブロックに分けられるときに使われるものをブロック因子という．以下に，乱塊法による実験の例をいくつか挙げる．

ミュー爺さんは家庭菜園をもっている．ホームセンターに行くといろいろな肥料が売られている．高価な有機肥料もあれば，安い化学肥料もある．そこで，どの肥料がいいかを確かめるために，3 種類の肥料を使ってミニトマトを栽培し，収穫量に違いがあるかどうかを調べた．菜園を三つの区画に区切って，それぞれで使用する肥料を割り当てて栽培しようとした．しかし，区切った菜園は，陽当りのいい区画，日陰になりやすい区間，水はけの悪い区画に分かれてしまうので，収穫量に違いがあったとしても，それが肥料の違いによるものなのか，区画の条件の違いによるものなのかがわからない．そこで，三つに区切った区画をさらに三つにわけて，それぞれの区画で 3 種類の肥料を使うことにした．各区間では陽当たりや水はけは同じ条件とみなせるので，肥料の効果を比較することが可能になる．このときは，菜園の区画がブロック因子となる．

シグマ君は学校では化学クラブに入っている．ある化学反応において，物質の濃度が反応速度に影響するかどうかの実験をしている．濃度を 4 通り（A_1, A_2, A_3, A_4）に設定して，反応速度を計測する．1 回の実験では誤差を評価できないから，3 回ずつ実験することにした．全部で 12 回の実験をしなければならないのだが，放課後の時間では 1 日に 6 回しか実験できない．2 日かけると 12 回の実験をすることができる．1 日目には A_1 と A_2 の条件で，2 日目には A_3 と A_4 の条件で実験を行った．しかし，もし 1 日目と 2 日目で実験室の温度や湿度などが異なっていて，それが反応速度に影響があったとしたら，濃度による違いないのか実験室の条件の違いなのかがわからない．そこで，3 日間かけて，それぞれの日では 4 通りの条件で 1 回ずつ実験をすることにした．各日の実験室の条件は同じとみなせるので，濃度の違いを比較することが可能になる．このときは，実験日がブロック因子となる．

6.2.2 ●乱塊法の解析手順

シグマ君は化学クラブで，物質の濃度と反応速度についての実験を行った．濃度を 4 通り（A_1, A_2, A_3, A_4）に設定して，それぞれ 3 回の実験を行い，反応速度を計測した．1 日に 4 通りの条件で 1 回ずつ実験し，3 日間かけてデータを取った（表 6.1）．

表 6.1　反応速度のデータ表

	1 日目 (R_1)	2 日目 (R_1)	3 日目 (R_1)
A_1	12.5	13.9	12.3
A_2	13.6	14.5	13.2
A_3	12.9	13.6	12.8
A_4	13.1	13.3	12.4

この例題を整理してみると，次のようになる．

① 特性値は反応速度である．

② 濃度の違いによる反応温度の検討を行っており，濃度が因子である．

③ ブロック因子を実験日とした乱塊法実験である．

(1)　データのグラフ化

解析を行うにあたって，まず，データをグラフ化する．各濃度における反応速度を実験日ごとにプロットする．図 6.1 のグラフから濃度による違いと実験日による違いがありそうである．濃度による違いは実験日に対応しているようであり，実験日がブロック因子となっていることも見てとれる．

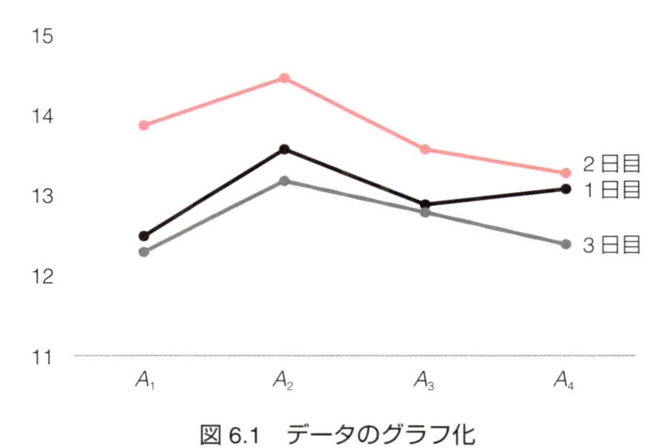

図 6.1　データのグラフ化

(2)　データの構造式

濃度 A による違い（a_i）があるか，実験日 R による違い（ρ_k）があるかを考える．このときのデータの構造式は，

$$x_{ik}=\mu+a_i+\rho_k+\varepsilon_{ik},\quad \sum_i a_i=0,\quad \rho_k\sim N(0,\sigma_R{}^2) \tag{6.1}$$

である．濃度 A の水準は指定できるので母数因子である．一方，実験日 R は再現性がないので変量因子であり，分散 $\sigma_R{}^2$ をもつ変量として扱う．

(3)　統計量の計算

繰り返しのない二元配置実験と同じ方法で統計量を計算する．まず，表 6.2 の計算補助表を作成する．

表 6.2　計算補助表

	1 日目(R_1)	2 日目(R_1)	3 日目(R_1)	合計
A_1	12.5	13.9	12.3	38.7
A_2	13.6	14.5	13.2	41.3
A_3	12.9	13.6	12.8	39.3
A_4	13.1	13.3	12.4	38.8
合計	52.1	55.3	50.7	158.1

$$\text{修正項目 } CT=\frac{T^2}{N}=\frac{158.1^2}{12}=2082.9675 \tag{6.2}$$

総平方和 $S_T=$（個々のデータの 2 乗和）$-CT$

$=(12.5^2+13.9^2+12.3^2+13.6^2+14.5^2+13.2^2+12.9^2+13.6^2$

$$+12.8^2+13.1^2+13.3^2+12.4^2)-2082.9675=4.7025 \tag{6.3}$$

$$A \text{ の平方和 } S_A = \sum \frac{(A_i \text{ 水準でのデータ和})^2}{A_i \text{ 水準でのデータ数}} - CT$$

$$= \frac{38.7^2+41.3^2+39.3^2+38.8^2}{3} - 2082.9675 = 1.4692 \tag{6.4}$$

$$R \text{ の平方和 } S_R = \sum \frac{(R_k \text{ 水準でのデータ和})^2}{R_k \text{ 水準でのデータ数}} - CT$$

$$= \frac{52.1^2+55.3^2+50.7^2}{4} - 2082.9675 = 2.7800 \tag{6.5}$$

$$\text{誤差平方和 } S_E = S_T - S_A - S_R = 4.7025-1.4692-2.7800 = 0.4533 \tag{6.6}$$

$$\text{総自由度 } \phi_T = N-1 = 12-1 = 11 \tag{6.7}$$

$$A \text{ の自由度 } \phi_A = a-1 = 4-1 = 3 \tag{6.8}$$

$$R \text{ の自由度 } \phi_R = r-1 = 3-1 = 2 \tag{6.9}$$

$$\text{誤差自由度 } \phi_E = \phi_T - \phi_A - \phi_R = 11-3-2 = 6 \tag{6.10}$$

(4)　分散分析表の作成

表 6.3　分散分析表

要因	平方和 S	自由度 ϕ	分散 V	分散比 F_0	分散の期待値 $E(V)$
A	1.4692	3	0.4897	6.48	$\sigma^2+3\sigma_A^2$
R	2.7800	2	1.3900	18.4	$\sigma^2+4\sigma_R^2$
E	0.4533	6	0.0756		σ^2
計	4.7025	11			

$F(3,6;\,0.05)=4.76$,　$F(2,6;\,0.05)=5.14$
$F(3,6;\,0.01)=9.78$,　$F(2,6;\,0.01)=10.9$

表 6.3 の分散分析表から判定の結果，要因 A は有意であり，要因 R は高度に有意である．つまり，濃度によって反応速度に違いがあるといえる．さらに，実験日によって反応速度に違いがあることもわかった．

(5)　最適水準の設定

反応速度が最大になるのは，A_2 水準のときである．実験日は第 2 日目のときに最大となるが，第 2 日目の状態を再現できるわけではないから，R の水準は設定しない．実験日の違いによる変動を表す分散 σ_R^2 は，分散の期待値の式から次のように推定する．

$$\hat{\sigma}_R^2 = \frac{E(V_R)-E(V_E)}{4} = \frac{1.3900-0.0756}{4} = 0.3286 \tag{6.11}$$

A_2 水準における母平均の点推定値は，

$$\hat{\mu}(A_2) = \bar{x}_2 = \frac{41.3}{3} = 13.77 \tag{6.12}$$

である．区間推定は，

$$\bar{x}_2 \pm t(\phi^*, 0.05)\sqrt{\hat{V}(\bar{x}_2)} \tag{6.13}$$

で求められる．$\hat{V}(\bar{x}_2)$ は $\bar{x}_2$ の分散の推定値で，$\hat{V}(\bar{x}_2) = \dfrac{V_R}{N} + \dfrac{V_E}{n_e}$ となる．また，有効反復数 n_e は，

$$\frac{1}{n_e} = \frac{\text{点推定に用いた要因の自由度の和}}{\text{総データ数}} = \frac{\phi_A}{N} \tag{6.14}$$

となる．また，サタースウェイトの等価自由度 ϕ^* は，

$$\phi^* = \frac{\left(\dfrac{V_R}{N} + \dfrac{V_E}{n_e}\right)^2}{\dfrac{\left(\dfrac{V_R}{N}\right)^2}{\phi_R} + \dfrac{\left(\dfrac{V_E}{n_e}\right)^2}{\phi_E}} \tag{6.15}$$

である．これによって計算すると，

$$\frac{1}{n_e} = \frac{\phi_A}{N} = \frac{3}{12} = \frac{1}{4} \tag{6.16}$$

$$\hat{V}(\bar{x}_i) = \frac{V_R}{N} + \frac{V_E}{n_e} = \frac{1.3900}{12} + \frac{0.0756}{4} = 0.1158 + 0.0189 = 0.1347 \tag{6.17}$$

$$\phi^* = \frac{\left(\dfrac{V_R}{N} + \dfrac{V_E}{n_e}\right)^2}{\dfrac{\left(\dfrac{V_R}{N}\right)^2}{\phi_R} + \dfrac{\left(\dfrac{V_E}{n_e}\right)^2}{\phi_E}} = \frac{0.1347^2}{\dfrac{0.1158^2}{2} + \dfrac{0.0189^2}{6}} = 2.68 \tag{6.18}$$

$$\begin{aligned} t(2.68, 0.05) &= 0.32 \times t(2, 0.05) + 0.68 \times t(3, 0.05) = 0.32 \times 4.303 + 0.68 \times 3.182 \\ &= 3.541 \end{aligned} \tag{6.19}$$

したがって，信頼区間は，

$$13.77 \pm 3.541\sqrt{0.1347} = 13.77 \pm 1.30 = 12.47,\ 15.07 \tag{6.20}$$

となる．日による変動が大きいので，A_2 水準における信頼区間の幅も大きくなってしまう．

(6)　水準間の差の推定

A_1 水準と A_2 水準の差を推定してみよう．A_1 水準の平均は $\hat{\mu}(A_1) = \bar{x}_1 = \dfrac{38.7}{3} = 12.90$ である．

したがって，水準間の差の点推定値は，

$$\widehat{\mu(A_2) - \mu(A_1)} = \bar{x}_2 - \bar{x}_1 = 13.77 - 12.90 = 0.87 \tag{6.21}$$

である．区間推定は，

$$(\bar{x}_2 - \bar{x}_1) \pm t(\phi_e, 0.05)\sqrt{\hat{V}(\bar{x}_2 - \bar{x}_1)} \tag{6.22}$$

で求められる．乱塊法では，水準間の差をとるとブロック因子の効果は消えるので，

6

$$\hat{V}(\overline{x}_2-\overline{x}_1)=2\times\frac{\hat{\sigma}^2}{3}=\frac{2}{3}V_E \tag{6.23}$$

となる．したがって，区間推定は，

$$\begin{aligned}0.87\pm t(6,0.05)\sqrt{\frac{2}{3}\times 0.0756}&=0.87\pm 2.447\sqrt{0.05037}\\&=0.87\pm 0.55=0.32,\ 1.42\end{aligned} \tag{6.24}$$

である．区間幅は0.55であり，母平均の信頼区間幅よりかなり小さくなっている．これは日による変動が含まれていないためである．

シグマ君の友達は，乱塊法のことを知らなかったので，因子Aの違いを調べるときに繰り返し3回の一元配置実験として解析した．そのときの分散分析表は表6.4のようになった．

表6.4　一元配置の分散分析表

要因	平方和 S	自由度 ϕ	分散 V	分散比 F_0
A	1.4692	3	0.4897	1.212
E	3.2333	8	0.4042	
計	4.7025	11		

$F(3,8;\ 0.05)=4.07,\quad F(3,8;\ 0.01)=7.59$

検定の結果，要因Aは有意にはならず，濃度の違いは反応速度に影響しないという結論になってしまった．誤差分散が$V_E=0.4042$となっており，乱塊法で求めた誤差分散$V_E=0.0756$より，かなり大きくなっていたため，要因Aの効果が検出できなかったのである．日による変動も誤差として扱ってしまったからである．

6.2.3 ● Excelによる乱塊法の解析手順

手順1　分析ツール「二元配置法（繰り返しなし）」を用いて分散分析表を作成する（図6.2）．

例題5.2と同じ要領で分散分析表を得る．

手順2　最適水準における母平均を推定する（図6.3）

手順3　最適水準とA_1水準の母平均の差を推定する（図6.4）

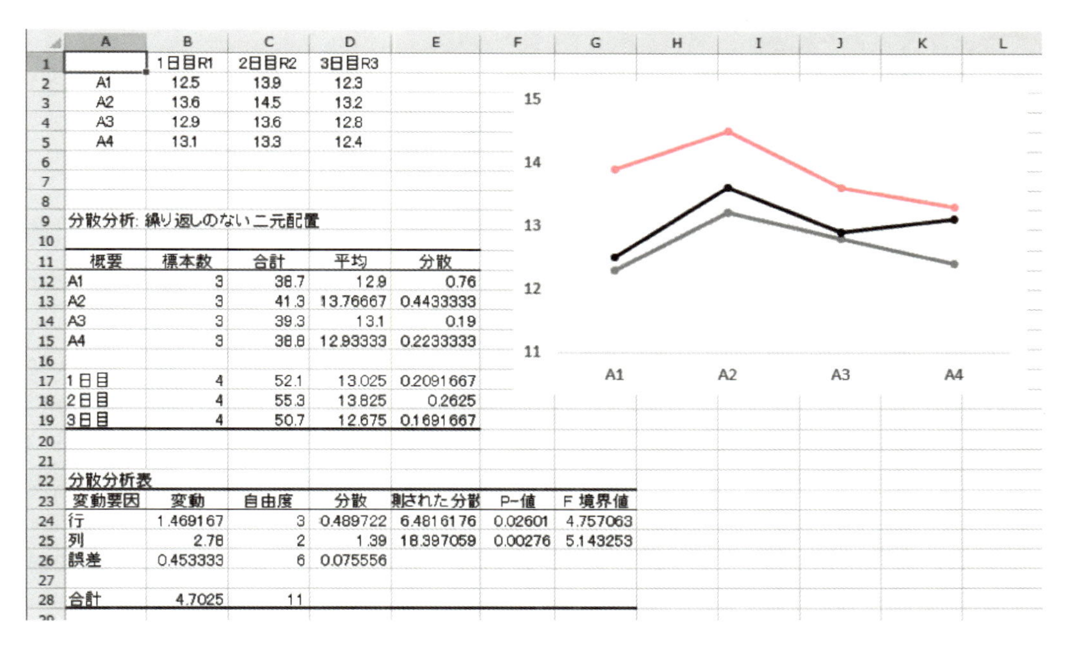

	1日目R1	2日目R2	3日目R3
A1	12.5	13.9	12.3
A2	13.6	14.5	13.2
A3	12.9	13.6	12.8
A4	13.1	13.3	12.4

分散分析: 繰り返しのない二元配置

概要	標本数	合計	平均	分散
A1	3	38.7	12.9	0.76
A2	3	41.3	13.76667	0.4433333
A3	3	39.3	13.1	0.19
A4	3	38.8	12.93333	0.2233333
1日目	4	52.1	13.025	0.2091667
2日目	4	55.3	13.825	0.2625
3日目	4	50.7	12.675	0.1691667

分散分析表

変動要因	変動	自由度	分散	観測された分散比	P-値	F 境界値
行	1.469167	3	0.489722	6.481618	0.02601	4.757063
列	2.78	2	1.39	18.397059	0.00276	5.143253
誤差	0.453333	6	0.075556			
合計	4.7025	11				

図 6.2　Excel 分析ツールによる分散分析表の作成

行	B	C	E
31	最適水準	A2	
33	点推定		
34	点推定値	13.76667	=D13
36	σ_R^2	0.328611	=(D25-D26)/4
37	1/ne	0.25	=C24/12
38	V	0.134722	=D25/12+D26*C37
39	等価自由度	2.681691	=C38^2/((D25/12)^2/C25+(D26*C37)^2/C26)
40	t境界値	3.539018	=(3-C39)*T.INV.2T(0.05,2)+(C39-2)*T.INV.2T(0.05,3)
42	信頼区間幅	1.29898	=C40*SQRT(C38)
43	信頼下限	12.46769	=C34-C42
44	信頼上限	15.06565	=C34+C42

図 6.3　Excel による最適水準における母平均の推定

行	B	C	E
47	差の推定		
49	点推定		
50	点推定値	0.866667	=D13-D12
52	区間推定		
53	V	0.05037	=2*D26/3
54	区間幅	0.549169	=T.INV.2T(0.05,C26)*SQRT(C53)
55	信頼下限	0.317498	=C50-C54
56	信頼上限	1.415836	=C50+C54

図 6.4　Excel による最適水準と A_1 水準の母平均の差を推定

6.3 直交配列表実験

6.3.1 ●直交配列表実験とは

一元配置や二元配置のような要因配置実験では，効果がありそうな因子を取り上げてそれらの効果の大きさを調べることが主な目的である．これに対して，効果があるかどうかわからないようなときには，多くの因子を取り上げてそれらの効果の有無を調べるために実験を行う．

たくさんの因子を取り上げて，全部の水準組合せで実験するには，実験回数はとても多くなる．例えば四つの因子（A, B, C, D）を取り上げたときには，各因子を2水準に取ったときでも16通りの組合せがあり，繰り返しを2回すると，32回の実験が必要となる．各因子を3水準に取ったなら，実験回数は162回となり，とても実験できるような回数ではない．要因配置実験で実験回数が膨大になるのは，すべての要因効果を見つけようとしているからある．交互作用の中でも技術的にみて効果がありそうなものだけを取り上げることで，実験回数を削減することができるようになる．

物事を比較するときには，条件をそろえておかなければならない．反応温度，反応時間，添加剤の種類が収率に及ぼす影響を調べようとするとき，反応温度が高いときのほうが低いときよりも収率が高かったとしても，反応温度や添加剤の種類がそろっていなければ，それが反応温度による影響かどうかは定かではない．すべての水準組合せで実験するのではなく，少ない実験回数によって，検出したい要因効果を知るためには，偏った条件設定ではなく，バランスの取れた水準組合せを選ばなければならない．このときに利用されるのが直交配列表である．

6.3.2 ●実験の種類と因子の割り付け

二つの水準に設定した因子による実験では，2水準系直交配列表が使われる．例えば表6.5は，8通りの水準組合せを示すものである．この表には七つの列があり，ここに検出したい要因が割り付けられる．例えば，反応温度（A）を（A_1：70°C，A_2：90°C），反応時間（B）を（B_1：30分，B_2：60分），添加剤の種類（C）を（C_1：現行品，C_1：開発品）として，それぞれに二つの水準を設定し，反応温度を第[1]列，反応時間を第[2]列，添加剤の種類を第[5]列に割り付けたとする．このとき，実験番号3では，$A_1B_2C_1$ 水準で実験することを表しており，70°C60分で現行品を用いて合成することを表している．

ここで8回の実験を眺めてみると，A_1 水準では4回，A_2 水準でも4回の実験をすることになっている．さらにその4回の内訳をみると，ともに B_1 水準と B_2 水準が2回ずつ，C_1 水準と C_2 水準も2回ずつ含まれている．つまり A_1 水準と A_2 水準の実験結果を比較するとき，B と C の設定は同じなので，A による効果の違いだけが現れていることがわかる．任意の二つの列に対して，(1,1), (1,2), (2,1), (2,2) の組合せが同数回現れている．この表（表6.5）は，$L_8(2^7)$ 直交配列表と呼ばれる．

要因はどの列に割り付けてもよいのだが，二つの要因の間には交互作用が存在する．交互作用が現れる列に他の要因を割り付けてしまうと，これらが交絡して区別できなくなるので，検

表 6.5　$L_8(2^7)$ 直交配列表

要因	[1]	[2]	[3]	[4]	[5]	[6]	[7]
1	1	1	1	1	1	1	1
2	1	1	1	2	2	2	2
3	1	2	2	1	1	2	2
4	1	2	2	2	2	1	1
5	2	1	2	1	2	1	2
6	2	1	2	2	1	2	1
7	2	2	1	1	2	2	1
8	2	2	1	2	1	1	2
成分	a		a		a		a
		b	b			b	b
				c	c	c	c

出したい交互作用の現れる列には要因を割り付けてはならない．例えば，A を第[1]列，B を第[2]列に割り付けたとき，第[3]列をみると，A_1B_1 と A_2B_2 の組合せでは水準 1，A_1B_2 と A_2B_1 の組合せでは水準 2 となっており，このことは A と B の交互作用が第[3]列に現れていることを示している．もし，C を第[3]列に割り付けたら，第[3]列に現れる要因効果が有意となっても，この効果が因子 C の主効果なのか，交互作用 $A \times B$ の効果なのかを区別することができない．もし交互作用 $A \times B$ を取り上げるのであれば，因子 C は第[3]列に割り付けてはいけない．

交互作用の現れる列は，直交配列表の成分表示を使って見つけることができる．成分 p の列と成分 q の列の交互作用は成分 pq の列に現れる．例えば，第[1]列：a と第[5]列：ac の交互作用は，

$$a \times ac = a^2c = c \quad \rightarrow \quad \text{第[4]列}$$

のようにして，第[4]列に現れることができる．ここで，$a^2 = b^2 = c^2 = 1$ である．

主効果と交互作用の関係を図で表したものが線点図で，いくつかのパターンの線点図があらかじめ用意されている．これは，主効果を点で，交互作用を線で表したもので，実験で取り上げる要因の表す線点図と同じ構造を，用意された線点図に見つけることができれば，それに従って要因を割り付けることができる．

例えば，四つの 2 水準因子（A, B, C, D）を取り上げて，それらの主効果と二つの交互作用（$A \times B$，$A \times C$）を調べるための実験を計画する．これらの六つの要因の関係を，図 6.5 にあるように，必要な線点図として表す．これと同じ構造を用意された線点図の中から見つけると，因子 A を第[1]列，因子 B を第[2]列，因子 C を第[7]列，因子 D を第[4]列に割り付けることができ，交互作用 $A \times B$ は第[3]列に，交互作用 $A \times C$ は第[6]列に現れることがわかる．このとき，何も割り付けられなかった第[5]列に誤差が現れる．

主効果を割り付けた後で，交互作用の現れる列を求め，これらが他の要因と交絡していなければ，要因の割り付けができたことになる．交絡していれば，主効果を他の列に移すなどして交絡しない割り付けを見つけなければならない．交絡しない割り付けが見つけられないときには，大きなサイズの直交配列表を用いる．これより大きいサイズの直交配列表には，$L_{16}(2^{15})$ や，$L_{32}(2^{31})$ などがある．また，水準を三つずつ設定したときに使われる 3 水準系直交配列表

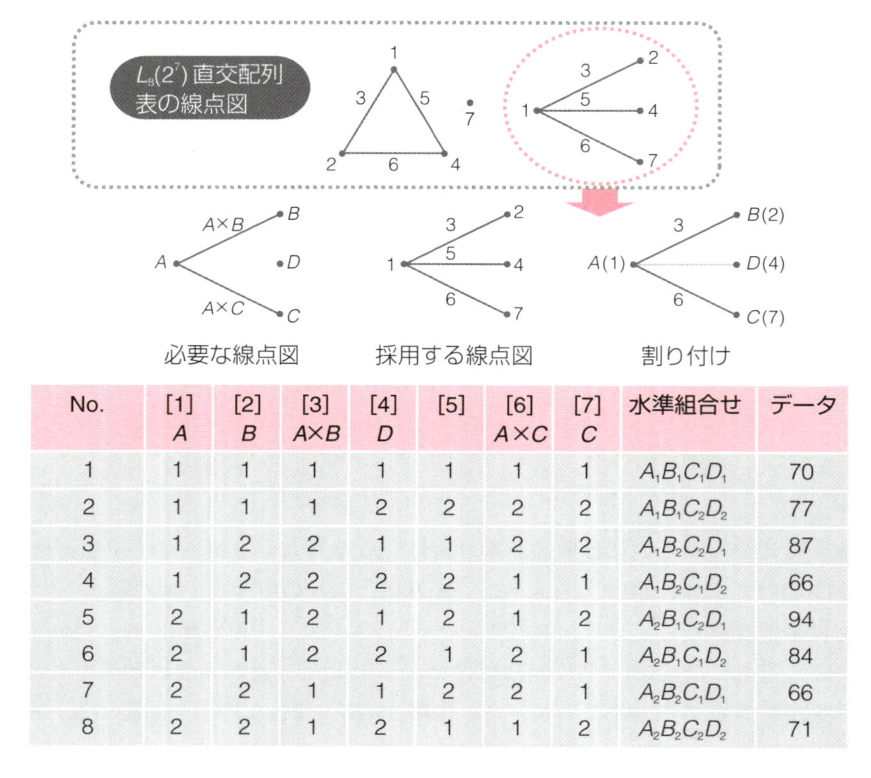

No.	[1] A	[2] B	[3] A×B	[4] D	[5]	[6] A×C	[7] C	水準組合せ	データ
1	1	1	1	1	1	1	1	$A_1B_1C_1D_1$	70
2	1	1	1	2	2	2	2	$A_1B_1C_2D_2$	77
3	1	2	2	1	1	2	2	$A_1B_2C_2D_1$	87
4	1	2	2	2	2	1	1	$A_1B_2C_1D_2$	66
5	2	1	2	1	2	1	2	$A_2B_1C_2D_1$	94
6	2	1	2	2	1	2	1	$A_2B_1C_1D_2$	84
7	2	2	1	1	2	2	1	$A_2B_2C_1D_1$	66
8	2	2	1	2	1	1	2	$A_2B_2C_2D_2$	71

図6.5 主効果と交互作用の割り付け

には，$L_9(3^4)$ や，$L_{27}(3^{13})$ がある．

6.3.3 ●直交配列表実験の解析手順

ベータ母さんは紅茶が大好きだ．おいしい紅茶を入れようと，水にこだわったり，お湯の温度を気にしたりしている．どのようにして紅茶を入れるとおいしくなるのかを実験してみることにした．紅茶の入れ方として取り上げた因子は，お湯の温度（A_1：70°C，A_2：100°C），蒸し時間（B_1：2分，B_2：3分），水の種類（C_1：浄水，C_2：ミネラルウオーター），ティーポット（D_1：ガラス製，D_2：鉄製）の四つである．お湯の温度は蒸し時間や水の種類と関係ありそうなので，交互作用として $A×B$ と $A×C$ を取り上げることにした．

水準組合せの総数は16通りになり，交互作用を知るために反復を入れると，少なくとも32通りで紅茶を入れなければならない．このとき2水準系直交配列表を使って計画すると，8回の実験でも十分である．そこで，次のようにお湯の温度Aを第[1]列，蒸し時間Bを第[2]列，水の種類Cを第[5]列，ポットの種類Dを第[7]列に割り付けた．交互作用 $A×B$ は第[3]列に，$A×C$ は第[4]列に現れる．

かいせきファミリーの5人に8通りの方法で入れた紅茶を飲んでもらって，10点満点で評価をしてもらい，その合計をデータとした（表6.6）．

表 6.6　要因の割り付けとデータ

列番	[1]	[2]	[3]	[4]	[5]	[6]	[7]	得点
割り付け	A	B	$A\times B$	$A\times C$	C		D	
1	1	1	1	1	1	1	1	34
2	1	1	1	2	2	2	2	29
3	1	2	2	1	1	2	2	22
4	1	2	2	2	2	1	1	33
5	2	1	2	1	2	1	2	30
6	2	1	2	2	1	2	1	33
7	2	2	1	1	2	2	1	43
8	2	2	1	2	1	1	2	38
第 1 水準の合計	118	126	144	129	127	135	143	
第 2 水準の合計	144	136	118	133	135	127	119	
平方和	84.5	12.5	84.5	2.0	8.0	8.0	72.0	

(1)　データのグラフ化

解析を行うにあたって，データをグラフ化して，各要因効果の有無を考察する．図 6.6 は，各要因の水準ごとに平均得点をグラフ化したものである．主効果 A, D と交互作用 $A\times B$ の効果がありそうである．主効果 B, C と交互作用 $A\times C$ の効果は判然としない．

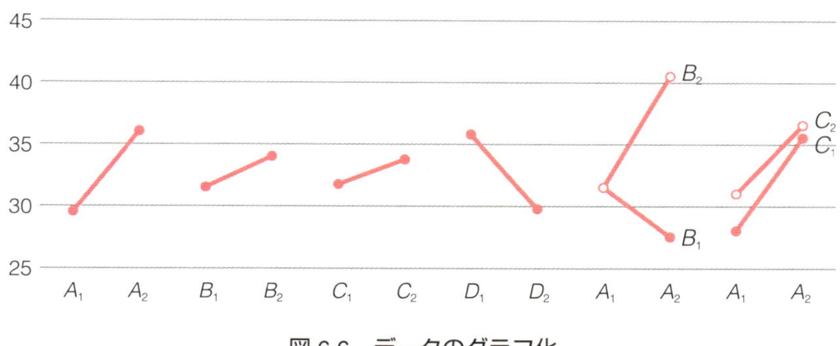

図 6.6　データのグラフ化

(2)　データの構造式

主効果 A, B, C, D と交互作用 $A\times B$, $A\times C$ の要因効果を調べてみる．このときのデータの構造式は次のようになる．

$$x = \mu + a + b + c + d + (ab) + (ac) + \varepsilon \tag{6.25}$$

(3)　統計量の計算

各列の平方和は，

$$S_{[k]} = \frac{(T_{1[k]} - T_{2[k]})^2}{N} = \frac{(\text{第 1 水準の合計} - \text{第 2 水準の合計})^2}{\text{総データ数}} \tag{6.26}$$

で計算される．例えば，第[1]列の平方和は，

$$S_{[1]} = \frac{(T_{1[1]} - T_{2[1]})^2}{N} = \frac{(118-144)^2}{8} = 84.5 \tag{6.27}$$

である．表 6.6 にあるように，列ごとに各水準の合計を求めてから，平方和を計算する．各列の自由度は 1 である．要因の平方和は割り付けられた列の平方和となる．

(4)　分散分析表の作成

統計量の計算結果を表 6.7 に示す分散分析表にまとめる．

表 6.7　分散分析表

要因	平方和 A	自由度 ϕ	平均平方 V	分散比 F_0	P 値
A	84.5	1	84.5	10.56	19.0%
B	12.5	1	12.5	1.56	43.0%
C	8.0	1	8.0	1.00	50%
D	72.0	1	72.0	9.00	20.5%
$A \times B$	84.5	1	84.5	10.56	19.0%
$A \times C$	2.0	1	2.0	0.25	70.5%
誤差	8.0	1	8.0		
計	271.5	7			

P 値とは，検定統計量である分散比 F_0 が有意となる確率のことである．分散分析の結果，有意となった要因はなかったが，主効果 C と交互作用 $A \times C$ は F_0 値も小さいので誤差にプーリングする．プーリング後の分散分析表を作成する（表 6.8）．

表 6.8　プーリング後の分散分析表

要因	平方和 A	自由度 ϕ	平均平方 V	分散比 F_0	P 値
A	84.5	1	84.5	14.08	3.3%
B	12.5	1	12.5	2.08	24.5%
D	72.0	1	72.0	12.00	4.1%
$A \times B$	84.5	1	84.5	14.08	3.3%
誤差	18.0	3	6.0		
計	271.5	7			

主効果 A, D と交互作用 $A \times B$ が有意となった．主効果 B は有意ではないが，交互作用 $A \times B$ が有意なので，無視しない．

(5)　最適水準の決定

得点が最大となる因子 A, B, D の水準を求める．因子 A と B には交互作用があるので，組合せの中で最大のものを選ぶ．因子 D は単独で最大となる水準を選べばよい．その結果，因子 A と B は，A_2B_2 の組合せ，因子 D は D_1 のときに最大となることがわかる．したがって，最適水準は $A_2B_2D_1$ となる．ガラス製のポットを使って 100℃のお湯で 3 分間蒸すときの紅茶が最もおいしいことになる．

(6)　最適水準における母平均の推定

母平均の点推定値は，A_2B_2 のときの推定値，$\hat{\mu}(A_2B_2)$ と，D_1 のときの推定値，$\hat{\mu}(D_1)$ を用いて，

$$\hat{\mu}(A_2B_2D_1) = \widehat{\mu + a_2 + b_2 + (ab)_{22}} + \widehat{\mu + d_1} - \hat{\mu} = \frac{81}{2} + \frac{143}{4} - \frac{262}{8} = 43.5 \tag{6.28}$$

有効反復数は $\dfrac{1}{n_e} = \dfrac{1}{2} + \dfrac{1}{4} - \dfrac{1}{8} = \dfrac{5}{8}$ であるから，95 %信頼区間は次のようになる．

$$\text{信頼上限}\quad \mu_U = \hat{\mu}(A_2B_2D_1) + t(\phi_e, \alpha)\sqrt{\frac{V_e}{n_e}} = 43.5 + t(3, 0.05)\sqrt{\frac{5}{8} \times 6.00}$$

$$= 43.5 + 6.1 = 49.6 \tag{6.29}$$

$$\text{信頼下限}\quad \mu_L = \hat{\mu}(A_2B_2D_1) - t(\phi_e, \alpha)\sqrt{\frac{V_e}{n_e}} = 43.5 - t(3, 0.05)\sqrt{\frac{5}{8} \times 6.00}$$

$$= 43.5 - 6.1 = 37.4 \tag{6.30}$$

ガラス製のポットを使って 100°C のお湯で 3 分間蒸すときの紅茶の得点は，37.4 点から 49.6 点と推測される．

6.3.4 ● Excel による直交配列表実験の解析手順

手順 1　直交配列表を入力する

Excel シートに直交配列表の水準番号 1 と 2 を直接入力する（図 6.7）．

	A	B	C	D	E	F	G	H
1								
2		[1]	[2]	[3]	[4]	[5]	[6]	[7]
3	No							
4	1	1	1	1	1	1	1	1
5	2	1	1	1	2	2	2	2
6	3	1	2	2	1	1	2	2
7	4	1	2	2	2	2	1	1
8	5	2	1	2	1	2	1	2
9	6	2	1	2	2	1	2	1
10	7	2	2	1	1	2	2	1
11	8	2	2	1	2	1	1	2
12								

図 6.7　Excel による直交配列表の水準番号入力

手順 2　割り付けとデータを入力して，統計量を計算する（図 6.8）

割り付けた要因を第 3 行に入力し，データを I 列に入力する．列ごとに第 1 水準の合計と第 2 水準の合計を計算して，平方和を求める．

[I12] データの合計 =SUM(I4:I11)

[B12] 第[1]列の第 1 水準の合計 =$I$12*2-SUMPRODUCT(B4:B11,$I$4,$I$11)

[B13] 第[1]列の第 2 水準の合計 =SUMPRODUCT(B4:B11,$I$4,$I$11)-$I$12

[B14] 第[1]列の平方和 =(B12-B13)^2/8

	A	B	C	D	E	F	G	H	I
1									
2		[1]	[2]	[3]	[4]	[5]	[6]	[7]	
3	No	A	B	AxB	AxC	C		D	データ
4	1	1	1	1	1	1	1	1	(Ctrl)
5	2	1	1	1	2	2	2	2	29
6	3	1	2	2	1	1	2	2	22
7	4	1	2	2	2	2	1	1	33
8	5	2	1	2	1	2	1	2	30
9	6	2	1	2	2	1	2	1	33
10	7	2	2	1	1	2	2	1	43
11	8	2	2	1	2	1	1	2	38
12	第1水準の合計	118	126	144	129	127	135	143	262
13	第2水準の合計	144	136	118	133	135	127	119	
14	平方和	84.5	12.5	84.5	2	8	8	72	

図 6.8　Excel による平方和の計算

B 12:B14 を C12:H14 にコピーする．

手順 3　グラフ化する

各水準の平均値をグラフ化するので，図 6.9 のようにそれぞれの平均値を計算しておく．

	A	B	C	D	E	F	G	H	I
18									
19	A1	29.5							
20	A2	36							
21	B1		31.5						
22	B2		34						
23	C1			31.75					
24	C2			33.75					
25	D1				35.75				
26	D2				29.75				
27	A1					31.5	27.5		
28	A2					31.5	40.5		
29	A1							28	31
30	A2							35.5	36.5

図 6.9　グラフ化のためのデータ表作成

［B19］　A_1 の平均 =B12/4　　［B20］　A_2 の平均 =B13/4
［C21］　B_1 の平均 =C12/4　　［C22］　B_2 の平均 =C13/4
［D23］　C_1 の平均 =F12/4　　［D24］　C_2 の平均 =F13/4
［E25］　D_1 の平均 =H12/4　　［E26］　D_2 の平均 =H13/4
［F27］　A_1B_1 の平均 =(I4+I5)/2　　［F28］　A_2B_1 の平均 =(I8+I9)/2
［G27］　A_1B_2 の平均 =(I6+I7)/2　　［G28］　A_2B_2 の平均 =(I10+I11)/2
［H29］　A_1C_1 の平均 =(I4+I6)/2　　［H30］　A_2C_1 の平均 =(I9+I11)/2
［I29］　A_1C_2 の平均 =(I5+I7)/2　　［I30］　A_2C_2 の平均 =(I8+I10)/2

A19:I30 をドラッグしてから，「挿入」―「2D 折れ線」―「マーカー付き折れ線」を選択する．凡例やグラフタイトルを削除して，縦軸の目盛を最小値 25，最大値 45 とする．「データ系列の書式設定」において，「線（単色）」「マーカー塗りつぶし（単色）」「マーカー線（単色）」

として，グラフの形式を整える．

以上の結果を図 6.10 に示す．

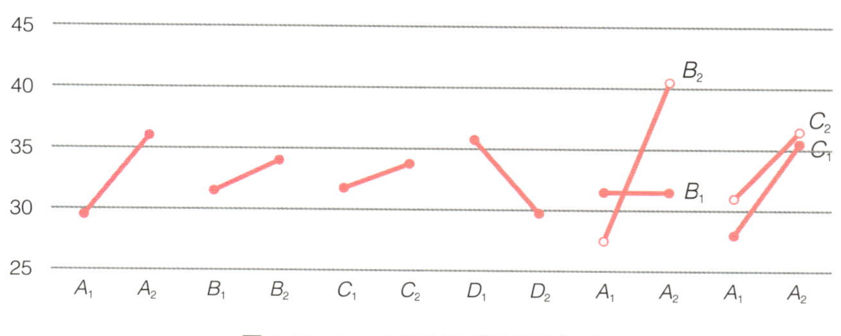

図 6.10　Excel によるグラフの作成

手順 4　分散分析表を作成する（図 6.11）

K 列の要因に取り上げた主効果と交互作用を並べ，計算した平方和 S と自由度 ϕ を表にまとめる．分散 V，F_0 値，P 値，F 境界値を計算して，分散分析表を完成させる．

	J	K	L	M	N	O	P	Q
1		分散分析表						
2								
3		要因	平方和	自由度	分散	F0値	P値	F境界値
4		A	84.5	1	84.50	10.56	19.0%	161.45
5		B	12.5	1	12.50	1.56	43.0%	161.45
6		C	8.0	1	8.00	1.00	50.0%	161.45
7		D	72.0	1	72.00	9.00	20.5%	161.45
8		AxB	84.5	1	84.50	10.56	19.0%	161.45
9		AxC	2.0	1	2.00	0.25	70.5%	161.45
10		e	8.0	1	8.00			
11		T	271.5	7				
12								

図 6.11　Excel による分散分析表の作成

［L4］A の平方和 =B14　　［L5］B の平方和 =C14

［L6］C の平方和 =F14　　［L7］D の平方和 =H14

［L8］$A \times B$ の平方和 =D14　　［L9］$A \times C$ の平方和 =E14

［L10］誤差平方和 =G14　　［L11］総平方和 =SUM(L4:L10)

［M4］から［M10］自由度 =1　　［M11］総自由度 =SUM(M4:M10)

［N4］A の分散 =L4/M4　［N4］を［N5:N10］にコピーする．

［O4］A の F_0 値 =N4/$N$10　［O4］を［O5:O9］にコピーする．

［P4］A の P 値 =F.DIST.RT(O4,M4,$M$10)　［P4］を［P5:P9］にコピーする．

［Q4］A の F 境界値 =F.INV.RT(0.05,M4,$M$10)　［Q4］を［Q5:Q9］にコピーする．

主効果 C と交互作用 $A \times C$ をプーリングして分散分析表を作り直す（図 6.12）．

［L17］A の平方和 =L4　　［L18］B の平方和 =L5

6

	J	K	L	M	N	O	P	Q
13								
14		プーリング後の分散分析表						
15								
16		要因	平方和	自由度	分散	F0値	P値	F境界値
17		A	84.5	1	84.5	14.08	3.3%	10.13
18		B	12.5	1	12.5	2.08	24.5%	10.13
19		D	72.0	1	72.0	12.00	4.1%	10.13
20		AxB	84.5	1	84.5	14.08	3.3%	10.13
21		e	18.0	3	6.0			
22		T	271.5	7				
23								

図 6.12 Excel によるプーリング後の分散分析表の作成

［L19］D の平方和 =L7　［L20］$A \times B$ の平方和 =L8

［L21］誤差平方和 =L6+L9+L10　［L22］総平方和 =SUM(L17:L21)

［M17］から［M20］自由度 =1　［M21］誤差自由度 =M6+M9+M10

［M21］総自由度 =SUM(M4:M10)

［N17］A の分散 =L17/M17　［N17］を［N18:N21］にコピーする．

［O17］A の F_0 値 =N17/$N$21　［O17］を［O18:O20］にコピーする．

［P17］A の P 値 =F.DIST.RT(O17,M17,$M$21)　［P17］を［P18:P20］にコピーする．

［Q17］A の F 境界値 =F.INV.RT(0.05,M17,$M$21)　［Q17］を［Q18:Q20］にコピーする．

手順 5　最適水準における母平均を推定する（図 6.13）

	J	K	L	M	N	O	P	Q
24								
25		最適水準	A2B2D1					
26								
27		点推定						
28		点推定値	43.5		=G28+E25-I12/8			
29		区間推定						
30		有効反復数	0.625		=1/2+1/4-1/8			
31		信頼上限	49.66278		=L28+T.INV.2T(0.05,M21)*SQRT(L30*N21)			
32		信頼下限	37.33722		=L28-T.INV.2T(0.05,M21)*SQRT(L30*N21)			
33								

図 6.13 Excel による最適水準における母平均の推定

ほっとひと息　Part 5『魔法のしくみ　直交配列表』

たくさんの因子を取り上げた要因配置実験では実験回数がかなり多くなる．要因配置実験では，各因子の主効果だけでなく，すべての交互作用についても調べる．しかし，実際にはすべての交互作用があるとは考えられないし，通常は三つ以上の因子による交互作用は考えないことが多いものである．そこで，すべての水準組合せの中から一部の水準組合せだけを実験し，取り上げた主効果と交互作用についてはきちんと効果が検出できるように実験を計画するのが部分配置実験である．

このとき，どのような水準組合せで実験をするかを決めることが重要となるが，直交配列表を用いて実験を計画するのが直交配列表実験である．直交配列表実験では，取り上げた要因の効果は検出しつつも，要因配置実験に比べて実験回数は大幅に減らすことができ，より効率的な実験を計画することができる．

A, B, C の三つの因子にそれぞれ三つの水準を設定して実験するとき，全部で 27 通りの組合せがある．図の 27 個の立方体はそれぞれの水準組合せを表している．すべての組合せについて実験するのが要因配置実験で，9 個の立方体（下図のグレー部）だけを実施するのが部分配置実験である．どの方向から見ても，9 個の正方形には色が付くようになっている．

例えば，図の矢印方向で見たときには，A の効果と B の効果をすべて拾って実験をしたということに対応している．

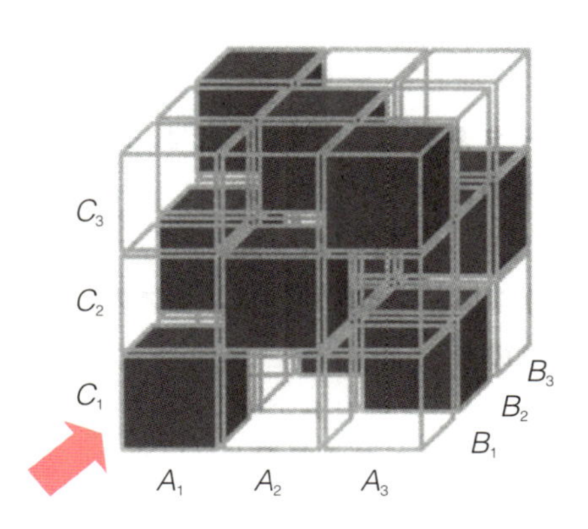

部分配置実験のイメージ図

第7章

相関と回帰

7.1 二つの変数の関係をみる相関と回帰

イプシロンちゃんの通っている学校では，児童の成績について検討することになった．一般に，国語の成績の良い児童は算数の成績も良いとか，家庭での学習時間が多い児童は成績が良いと思われているが，実際にそういえるかどうか調べてみることにした．二つの変数を取り上げるにあたって，学習時間と成績を一対のデータとして考える場合と，国語と算数の成績を一対のデータとして考える場合は同じように解析してよいだろうか．

二つの変数の関係をグラフにしたものが散布図であるが，まず取り上げる二つの変数の種類について考えてみよう．変数には特性と要因の二つの種類がある．要因とは原因となるべき変数であり，説明変数ともいう．特性とは結果となるべき変数であり，目的変数ともいう．特性に影響を及ぼすと考えられるのが要因である．学習時間と成績の関係では，成績に影響を及ぼしているのが学習時間であるとすれば，学習時間が要因，成績が特性となる．ほかにも，ある合成品の製造工程における反応温度と製品収率の関係では，製品の収率に反応温度が影響を及ぼすと考えられるので，反応温度が要因，収率が特性となる．また加工機械における加工速度と寸法精度の関係においては，加工速度が要因，寸法精度が特性となる．一方，二つの特性の間の関係を調べることもある．国語と算数の成績の関係は特性同士の関係である．ほかにも，ある合成品の製造工程において生じる不純物量と製品収率の関係はそれに当たる．

特性間の関連性をみるのが相関分析である．二つの変数は2次元の正規分布に従っていると仮定して（図7.1），その関連性の強さを相関係数によって表している．

一方，要因と特性の関連性を見るのが回帰分析である．このとき説明変数は指定できるものと考え，目的変数のみが正規分布に従っていると仮定して（図7.2），説明変数の各値における目的変数の値の定量的な関係を直線関係として求めるものである．相関分析も回帰分析も散布図を描くという点では同じであるが，一方の変数を指定できると考えられるかどうかが異なっている．

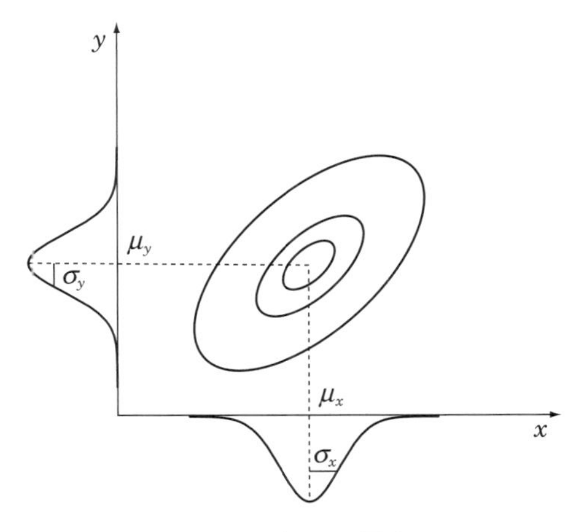

図 7.1　相関の概念

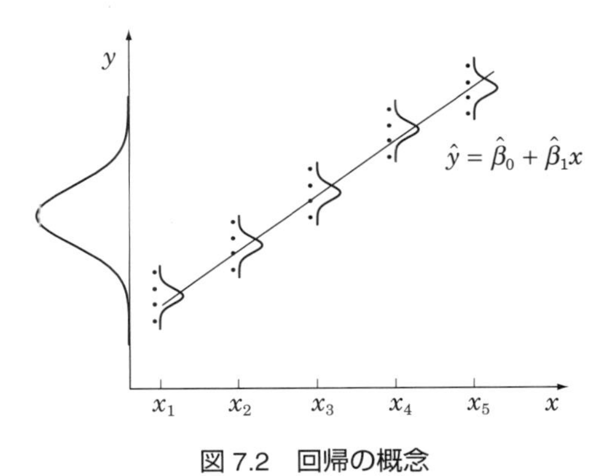

図 7.2　回帰の概念

7.2 二つの変数の関係を視覚的にみる散布図

散布図とは，二つの対になったデータの関係をみるためのグラフであり，二つの変数を横軸と縦軸にとってデータの交点をプロットしたものである．二つの変数が要因と特性の組合せの場合には，横軸に要因を，縦軸に特性をとる．特性同士の組合せの場合にはどちらを横軸にとってもよい．

シグマ君は高校で野球部に入っており，安打数と打点との関係を調べるように監督から依頼された．そこで，2006年度のプロ野球で規定打席に到達した打者58人について，安打数xと打点yのデータを散布図にした．その結果，図7.3に示すように，安打数が多くなると打点も多くなる傾向がありそうで，リーグ別に層別してみると，安打数と打点の関係には大きな違いはみられないが，セ・リーグの方が安打数，打点ともに多いようであった．

散布図から読み取るべき情報には，点のばらつきの大きさがどの程度か，点の並び方が直線的であるかどうか，異質なデータが含まれていないかなどがあげられる．これらを把握するためにも，2変数の打点の範囲がほぼ同じになるように描かなければならない．

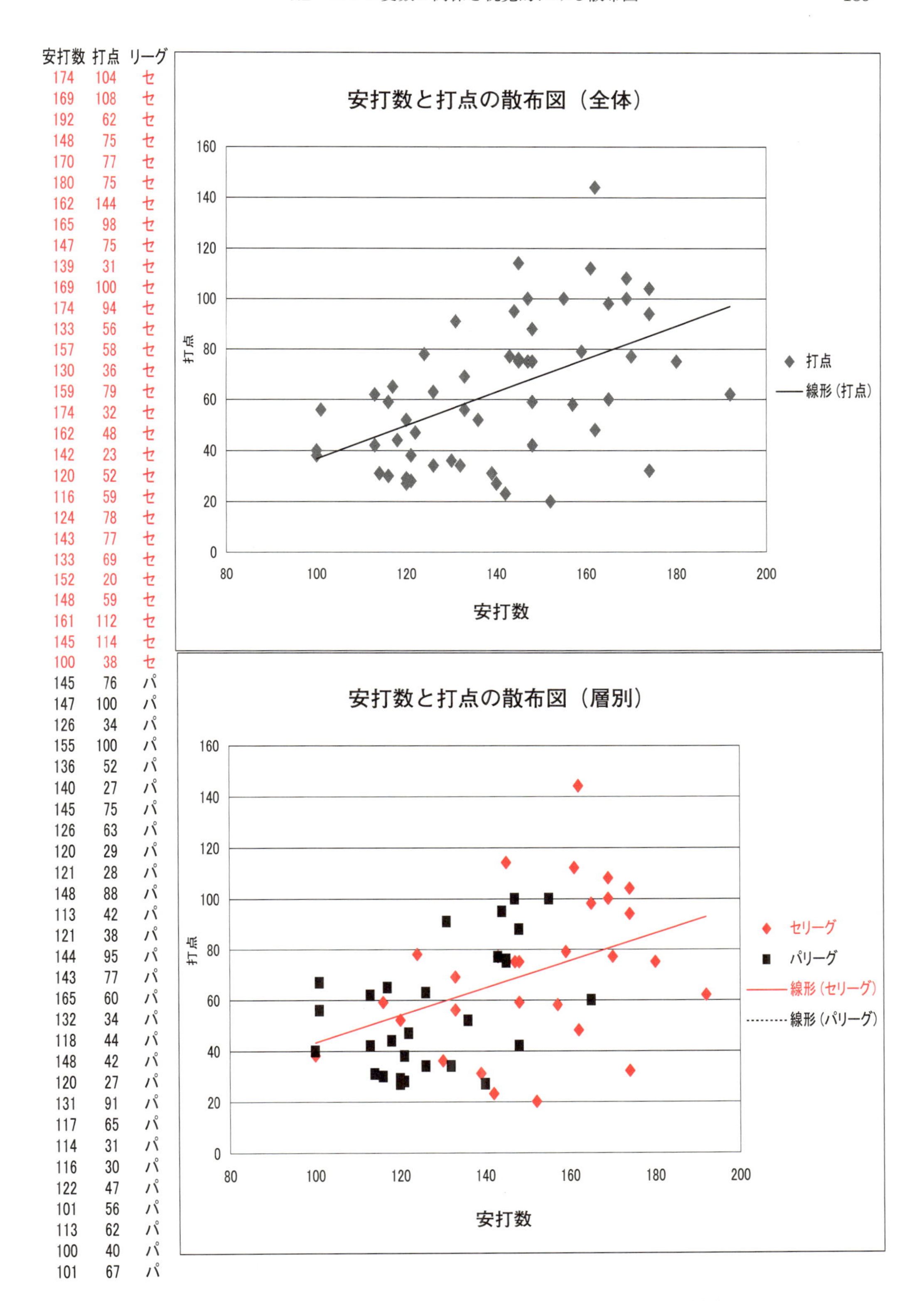

安打数	打点	リーグ
174	104	セ
169	108	セ
192	62	セ
148	75	セ
170	77	セ
180	75	セ
162	144	セ
165	98	セ
147	75	セ
139	31	セ
169	100	セ
174	94	セ
133	56	セ
157	58	セ
130	36	セ
159	79	セ
174	32	セ
162	48	セ
142	23	セ
120	52	セ
116	59	セ
124	78	セ
143	77	セ
133	69	セ
152	20	セ
148	59	セ
161	112	セ
145	114	セ
100	38	セ
145	76	パ
147	100	パ
126	34	パ
155	100	パ
136	52	パ
140	27	パ
145	75	パ
126	63	パ
120	29	パ
121	28	パ
148	88	パ
113	42	パ
121	38	パ
144	95	パ
143	77	パ
165	60	パ
132	34	パ
118	44	パ
148	42	パ
120	27	パ
131	91	パ
117	65	パ
114	31	パ
116	30	パ
122	47	パ
101	56	パ
113	62	パ
100	40	パ
101	67	パ

図 7.3　2006 年度プロ野球打者 58 人の安打数 x と打点 y の散布図

7.2.1 ●散布図の作成手順

前述（7.1 節）のイプシロンちゃんの通っている学校の児童 30 人について，国語と算数の成績に関係があるかどうかを調べることとした．表 7.1 は児童 30 人の「国語」と「算数」の成績のデータである．

表 7.1　30 人の国語と算数のデータ表

児童 No.	国語	算数	児童 No.	国語	算数
1	58	91	16	68	70
2	57	87	17	71	69
3	56	90	18	74	67
4	64	89	19	70	68
5	56	89	20	67	69
6	55	94	21	69	72
7	75	62	22	73	66
8	81	59	23	68	71
9	76	59	24	67	70
10	81	56	25	66	78
11	77	62	26	69	77
12	83	61	27	72	75
13	84	84	28	65	67
14	85	83	29	50	65
15	87	83	30	58	59

散布図の作成手順は，以下のとおりである．

手順 1　データを集める

相関関係を調べるため 30 組以上のデータを集めることが望ましい．
表 7.1 に 30 組のデータ表がある．

手順 2　データ x, y のそれぞれの最大値と最小値を求める

国語の成績　最大値＝87 点　最小値＝50 点
算数の成績　最大値＝94 点　最小値＝56 点

手順 3　横軸と縦軸を記入する

最大値と最小値の差（範囲）がそれぞれほぼ等しい長さになるように目盛りを記入する．

手順 4　データを打点する

データの交わる点に「・」を記入する．打点が重なるときには「⊙」を記入する．

図 7.4 の散布図から，国語の成績と算数の成績に関係があるようには思われない．

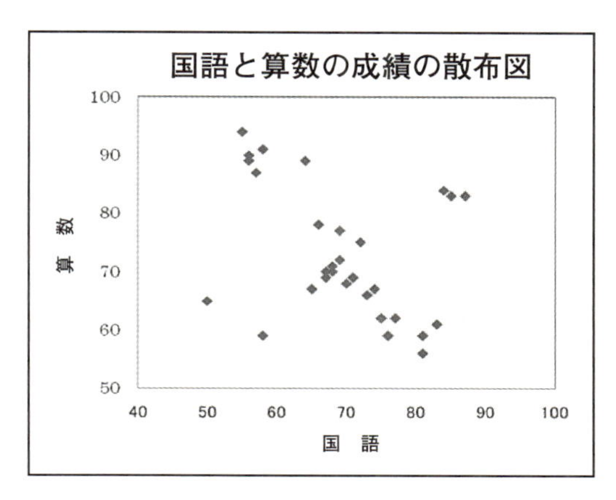

図 7.4　国語と算数の成績の散布図

7.2.2 ● Excel グラフ機能による散布図の作成手順

Excel で散布図を作成するには，**「挿入」**タブの**「グラフ」**の中にある**「散布図」**で原形を作成し，見やすくなるようにグラフの修正を行う．手順は次のとおりである．

手順 1　データ表の作成と指定（図 7.5）

散布図を作成するデータを（x, y）の組で一覧表に作成する．ここでは，20 人の身長と体重のデータから散布図を作成してみる．

散布図を作成するデータを指定する．図 7.5 では C2:D22 を指定する．

7

手順 2　散布図の作成

「挿入」タブの**「グラフ」**の中にある**「散布図」**をクリックする．**「散布図」**画面の左上の**「点の散布図」**アイコンをクリックする．

その結果，図 7.5 に示す散布図の原形が表示される．

手順 3　縦（y）軸目盛の修正

次の手順で縦軸の目盛を修正する（図 7.6）．

1）縦（y）軸の目盛上にカーソルを合わせ，ダブルクリックし縦軸を指定する．
　右クリックすると**「軸の書式設定」**画面が表示される．

2）**「軸の書式設定」**をクリックする．

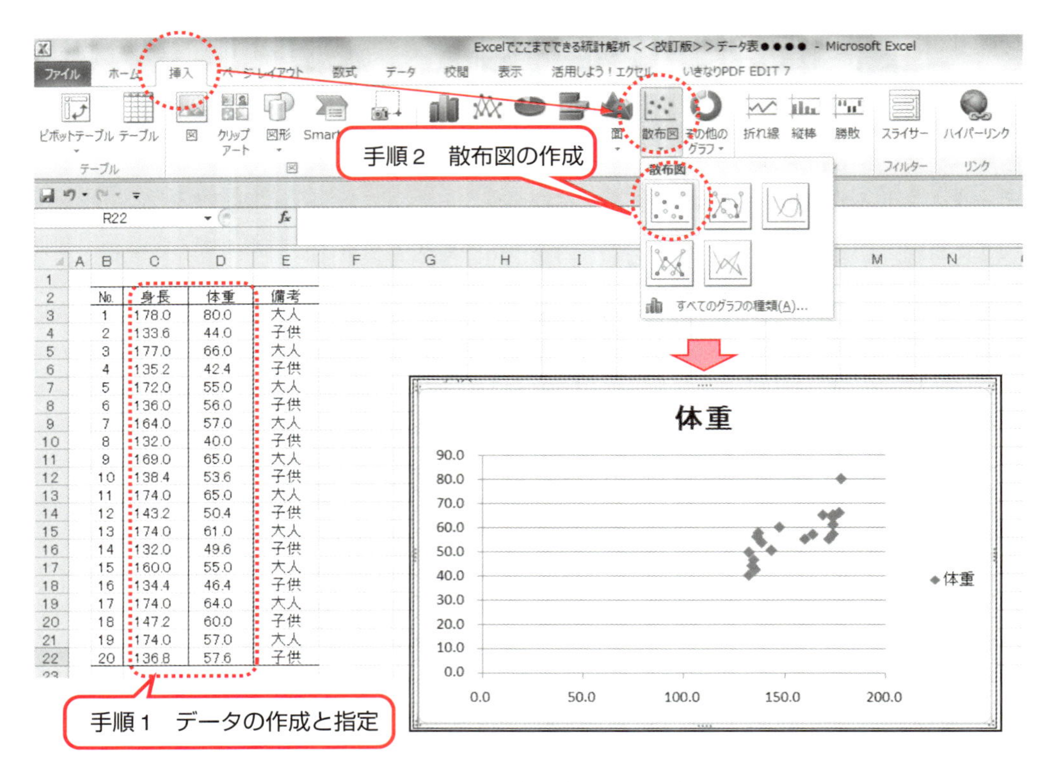

図 7.5　データ表と散布図の原形作成

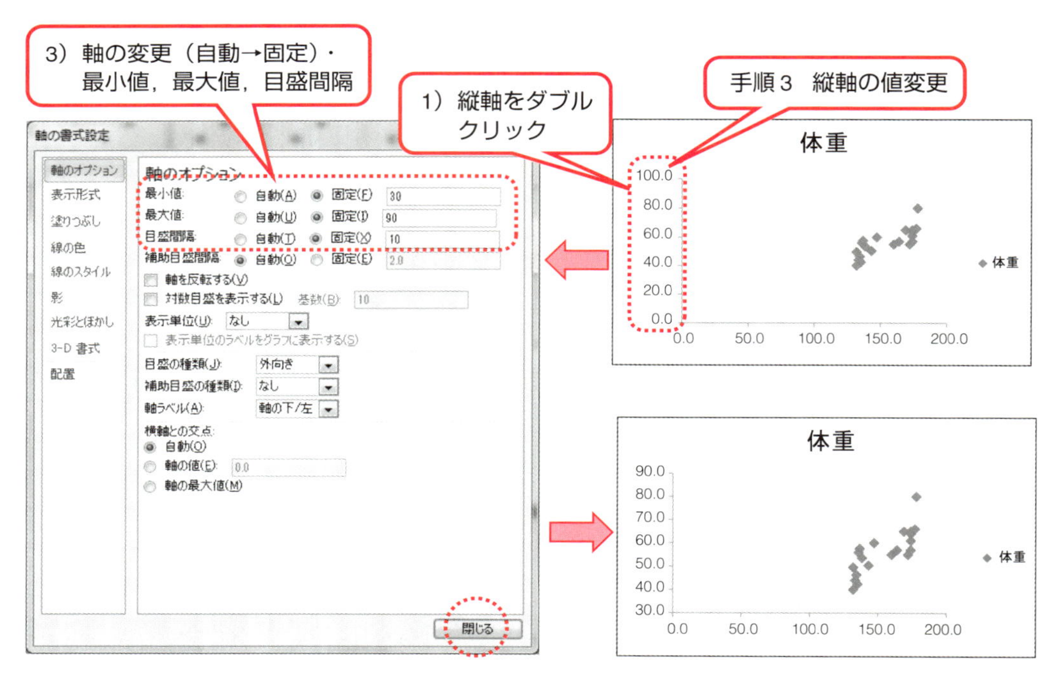

図 7.6　縦（y）軸の修正

3）「軸の書式設定」の「軸のオプション」画面上で，最小値，最大値，目盛間隔を「自動」から「固定」にチェックマークを変更し，値を入力する．

この例では，最小値　「固定(F)」30

最大値　「固定(I)」90

目盛間隔「固定(X)」10

「閉じる」をクリックする．

手順 4　横（x）軸目盛の修正

次の手順で横軸の目盛を修正する（図 7.7）．

1）横（x）軸の目盛上にカーソルを合わせ，ダブルクリックし横軸を指定する．右クリックすると「軸の書式設定」画面が表示される．

2）「軸の書式設定」をクリックする．

3）「軸の書式設定」の「軸のオプション」画面上で，最小値，最大値，目盛間隔を「自動」から「固定」にチェックマークを変更し，値を入力する．

この例では，最小値　「固定(F)」100

最大値　「固定(I)」200

目盛間隔「固定(X)」50

「閉じる」をクリックする．

4）補助線を削除する．

「補助線」をクリックし，右クリックして「削除(D)」をクリックする．

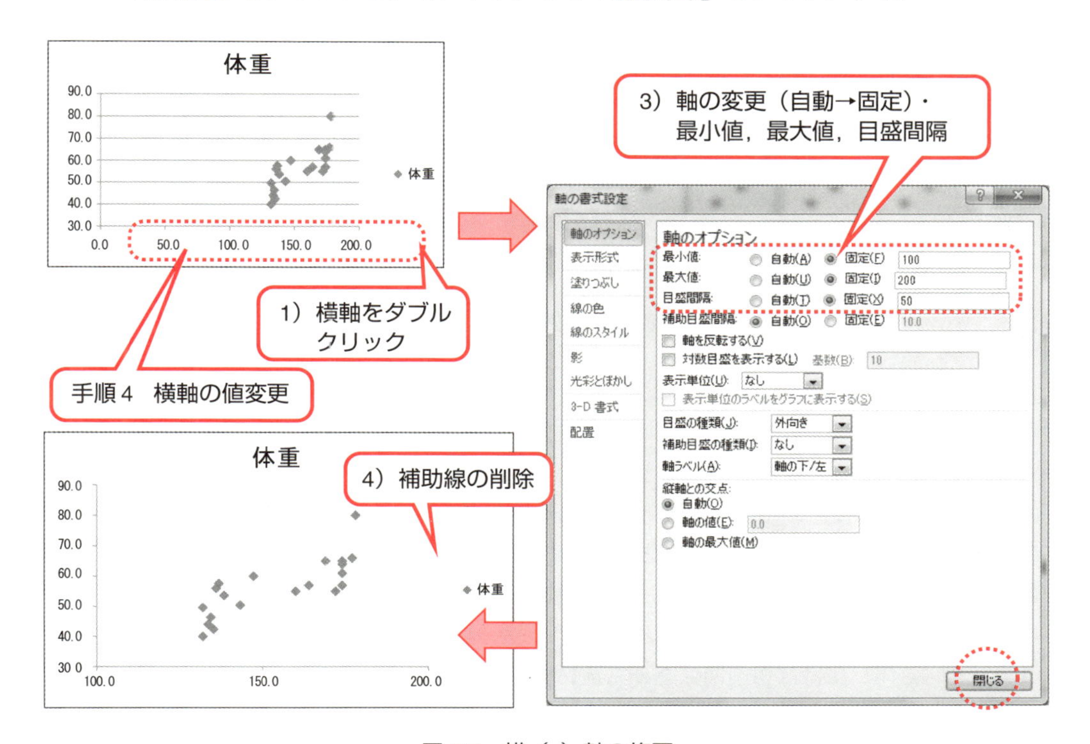

図 7.7　横（x）軸の修正

7.2.3 ●散布図からわかること

散布図の目的は，描かれた図から点の散らばり方をみることである．横軸の特性が変化すると，それに連れて縦軸の特性が変化する状態を「相関がある」，あるいは「相関がありそうである」という．また，横軸の特性が変化しても，それに連れて縦軸が変化していない状態を「相関がない」，あるいは「相関がなさそう」という．

例えば，ダイエット効果をあげるには，いろいろなことを実行する．「食事の kcal」「読書の時間」や「運動の時間」とダイエット効果を測定してみると，図 7.8(a) のような結果を得た．

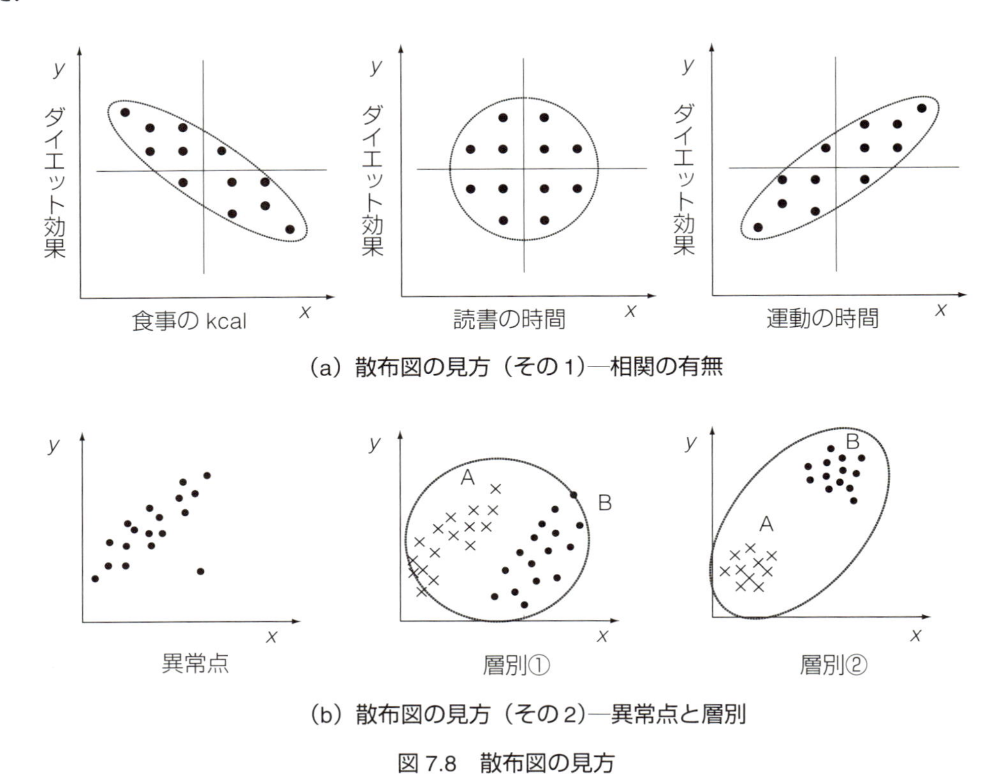

(a) 散布図の見方（その1）—相関の有無

(b) 散布図の見方（その2）—異常点と層別

図 7.8 散布図の見方

この結果から次のことがわかる．

① 「食事の kcal」が増えるとダイエット効果が落ちる．
これを，「負の相関がある」という．

② 「読書の時間」が増えてもダイエット効果が出るとは思われない．
これを，「相関がなさそう」という．

③ 「運動の時間」が増えるとダイエット効果が出てくる．
これを，「正の相関がある」という．

また，図 7.8(b) には，相関関係をみる前に検討すべきポイントを示している．

① **異常点**［図 7.8(b) の左図］
右上がりの傾向で正の相関がありそうだが，右下に他の多くの点から離れた点が1

点ある．明らかに異常値であることがわかればその値を除いて再検討する．異常値かどうかがわからないときは，その値を含めて解析する必要がある．

② **層別①**［図 7.8(b) の中図］

全体では相関関係は認められないが，層別すると両群ともに正の相関がある．

③ **層別②**［図 7.8(b) の右図］

全体では正の相関がみられるが，層別すると両群ともに相関が認められない．

以上のように散布図から二つの特性の関係を読み取ることができるが，取ったデータの集団が複数あると考えられる場合，層別を行って各々の散布図の作成を行ってから，相関関係を読み取る必要がある．

7.2.4 ● Excel グラフ機能による層別散布図の作成手順

7.2.2 項で作成された身長と体重の散布図は，シグマ君がアルファ父さんと休日に行ったイベント会場での親子の身長と体重を測定したデータであった．当然，大人と子供の身長と体重は異なるので，「大人」と「子供」に層別した散布図をつくることにした．層別するためには，まず，元のデータを層別因子で並べ替えるとよい．その手順は，次のとおりである（図 7.9）．

手順 1　データの並べ替え

散布図を描いたまま，次の手順でデータを「大人」と「子供」に層別された並べ替えを行う（図 7.9）．

1）並べ替えるデータの範囲を指定（B2:E22）する．

2）**「データ」**タブの**「並べ替え」**をクリックする．

3）**「並べ替え」**画面が表示されるので，**「最優先されるキー」**の中に，並べ替える項目を指定する．ここでは，**「備考」**欄の**「大人」**と**「子供」**に層別することから，**「備考」**を選択する．

4）**「並べ替え」**画面の**「OK」**をクリックすると並べ替えられたデータ表が表示される（図 7.9 の中央のデータ表）．

7

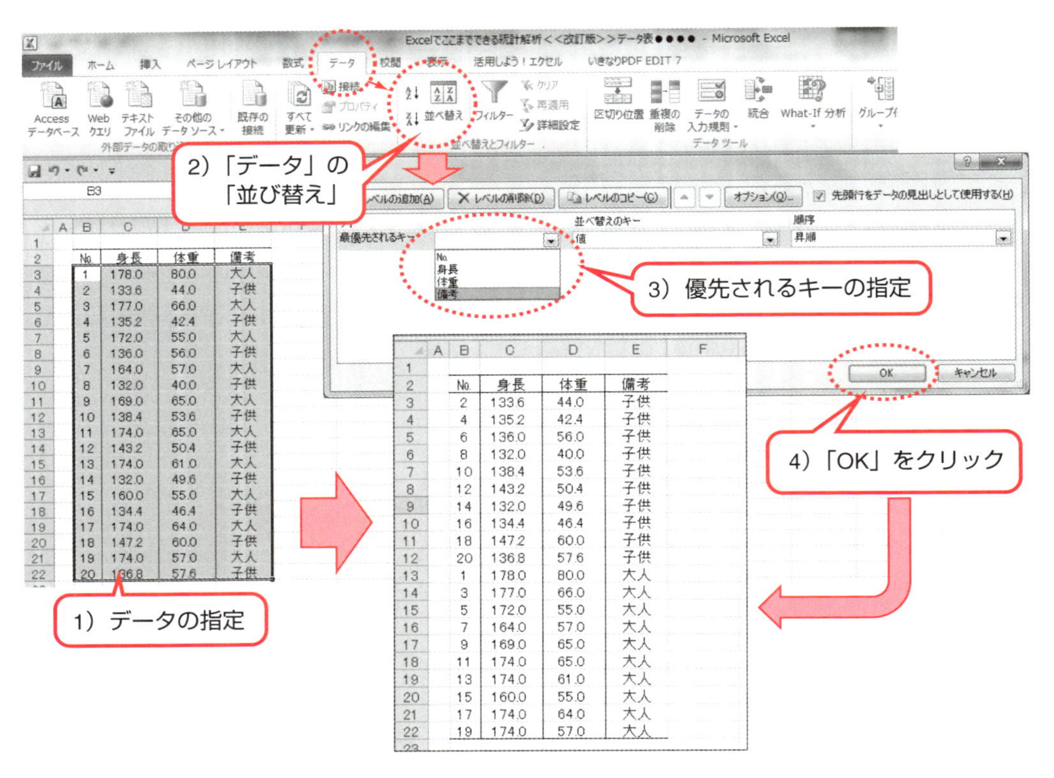

図 7.9 データの並べ替え

手順 2 層別散布図の作成（図 7.10）

5) 散布図の「点」をクリックし，点を指定する．その後，右クリックする．

6) 「データの選択(E)」をクリックする．

7) 「データソースの選択」画面の凡例項目を指定し，「編集(E)」をクリックする．

8) 「系列の編集」画面で諸元を入力する．

系列名(N) 層別するデータの名称を入力する．「大人」

系列 X の値(X) X 軸のデータを入力する．この例では，大人の身長データを指定する．(C13:C22)

系列 Y の値(Y) Y 軸のデータを入力する．この例では，大人の体重データを指定する．(D13:D22)

「OK」をクリックする．

9) 「データソースの選択」画面の凡例項目を指定し，「追加(A)」をクリックする．

10)「系列の編集」画面で諸元を入力する．

系列名(N) 層別するデータの名称を入力する．「子供」

系列 X の値(X) X 軸のデータを入力する．この例では，子供の身長データを指定する．(C3:C12)

系列 Y の値(Y) Y 軸のデータを入力する．この例では，子供の体重データを指定する．(D3:D12)

「OK」をクリックする.

「データソースの選択」画面の「OK」をクリックする.

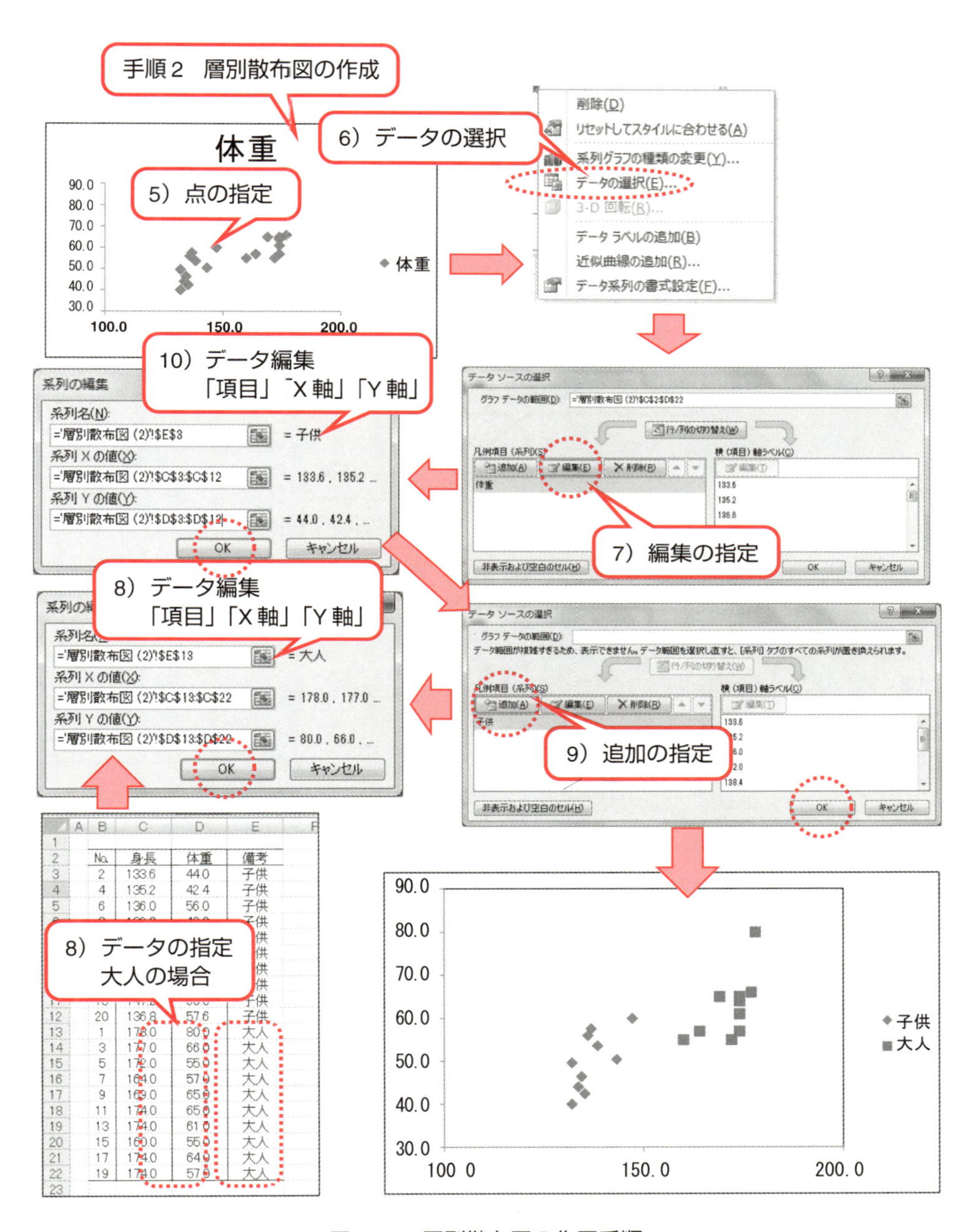

図 7.10　層別散布図の作図手順

7.2.5 ● Excel グラフ機能による散布図への近似直線の記入

散布図から，「近似直線」を引く手順を次に示す（図 7.11）．

手順 1　近似直線の記入

1) 散布図の「点」をクリックし，点を指定する．その後，右クリックする．
2) 「近似曲線の追加(R)」をクリックする．
3) 「近似曲線の書式設定」の「近似曲線のオプション」画面上で，「線形近似(L)」にチェックマークを入れる．
4) 「閉じる」をクリックする．

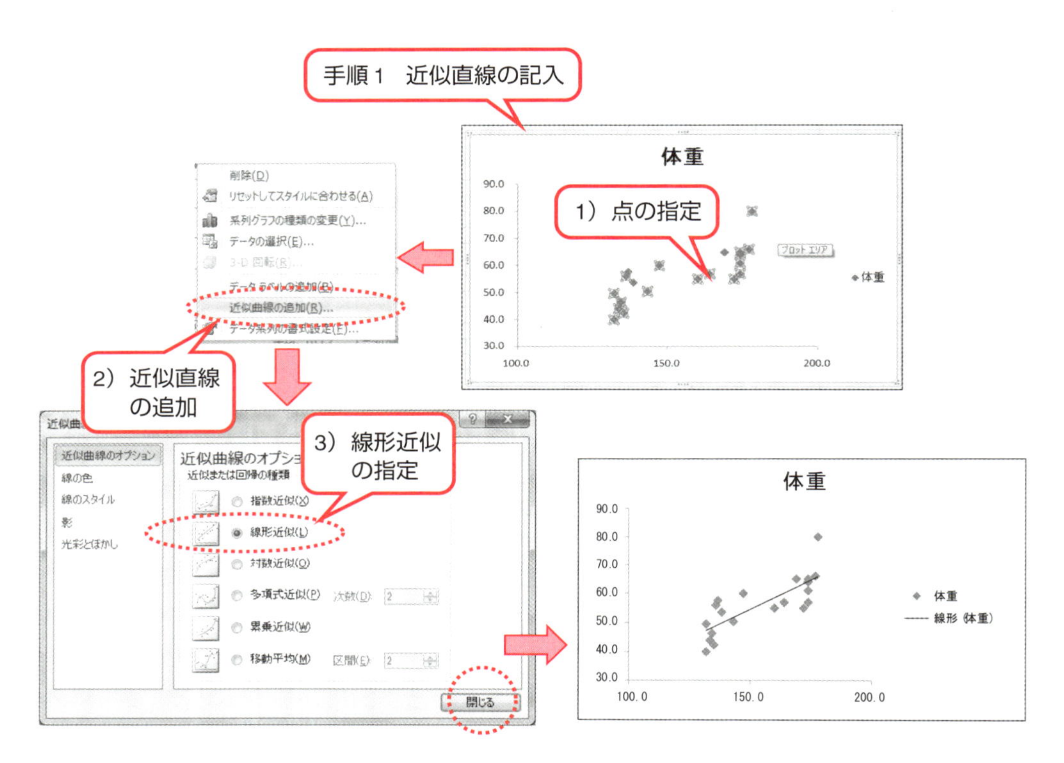

図 7.11　散布図の近似直線の記入

7.3 二つの変数の関係を表す相関係数

7.3.1 ●共分散と相関係数

二つの変数間の関連性をみる統計量に共分散と相関係数がある．

今，ここに生徒５人の「身長」「体重」「数学の成績」，および「理科の成績」データがある（表 7.2）．これらのデータから各項目間に関連性があるかどうかを検討してみることにした．

表 7.2　身長，体重と２教科の成績データ

生徒 No.	身長 (x) cm	体重 (y) kg	数学 (z) 点	理科 (w) 点
1	167	63	67	68
2	160	59	78	84
3	162	62	39	44
4	173	64	98	95
5	170	62	61	63

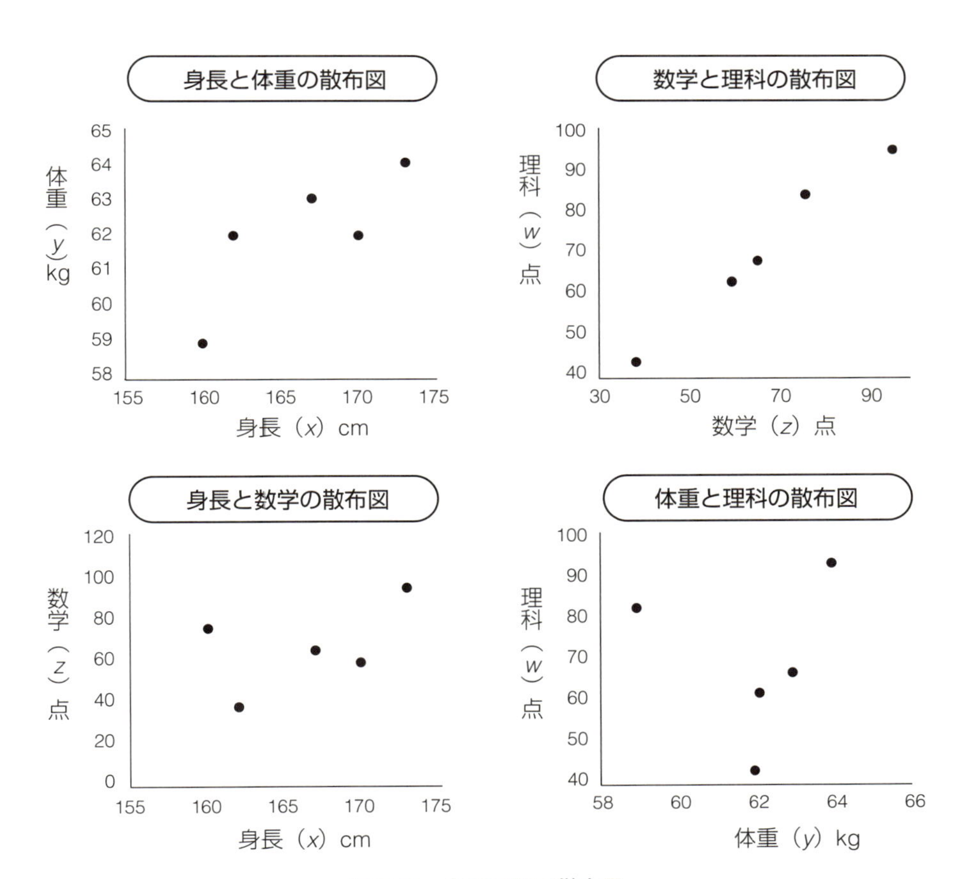

図 7.12　各項目間の散布図

まず，各項目間の散布図を描いてみる（図 7.12）．この散布図から次のことがわかる．

① 身長と体重は，正の相関がありそう．

② 数学と理科の成績は，正の相関がありそう．

③ 身長と数学の成績は，相関がなさそう．

④ 体重と理科の成績は，相関がなさそう．

2 変数間の関係を数値で表す統計量に**共分散**がある．2 変量 x, y の共分散 V_{xy} は，(7.1)式で表される．

$$V_{xy} = \frac{S_{xy}}{n-1} = \frac{(x_1-\bar{x})(y_1-\bar{y})+(x_2-\bar{x})(y_2-\bar{y})+\cdots+(x_n-\bar{x})(y_n-\bar{y})}{n-1} \tag{7.1}$$

ただし，S_{xy} は，変数 x, y の積和という．(7.1)式は，一般的には(7.2)式を使って計算する．

$$V_{xy} = \frac{\sum x_i \cdot y_i - \frac{(\sum x_i)(\sum y_i)}{n}}{n-1} \tag{7.2}$$

表 7.3　計算補助表

生徒 No.	x	y	z	w	x^2	y^2	z^2	w^2	xy	zw	xz	yw
1	167	63	67	68	27889	3969	4489	4624	10521	4556	11189	4284
2	160	59	78	84	25600	3481	6084	7056	9440	6552	12480	4956
3	162	62	39	44	26244	3844	1521	1936	10044	1716	6318	2728
4	173	64	98	95	29929	4096	9604	9025	11072	9310	16954	6080
5	170	62	61	63	28900	3844	3721	3969	10540	3843	10370	3906
合　計	832	310	343	354	138562	19234	25419	26610	51617	25977	57311	21954

(7.2)式より共分散を計算すると次のようになる．

身長(x)と体重(y)の共分散

$$V_{xy} = \frac{\sum x_i \cdot y_i - \frac{(\sum x_i)(\sum y_i)}{n}}{n-1} = \frac{51617 - \frac{832\times 310}{5}}{5-1} = 8.25 \tag{7.3}$$

数学(z)と理科(w)の共分散　　$V_{zw}=423.15$　　(7.4)

身長(x)と数学(z)の共分散　　$V_{xz}=58.95$　　(7.5)

体重(y)と理科(w)の共分散　　$V_{yw}=1.5$　　(7.6)

以上の結果から，共分散が大きい値から順に並べると，「数学と理科の成績」「身長と数学」「身長と体重」「体重と理科」の順になる．ここで「身長と体重」の関係よりも「身長と数学」の関係の共分散が大きくなることに疑問が出てくる．共分散は二つの変数の関係をみる指標であるが，データの単位に影響を受ける．例えば，上記の身長を 167 cm とするか 1.67 m とするかで，共分散の値が大きく異なり，V_{xy} は 8.25 と 0.0825 となる．

そのため，単位が異なる二つの変数間では，この問題を避けるために**相関係数**を使うのが一般的である．相関係数とは，共分散と二つの変数の各分散との比率で計算された指標である．相関係数の計算は(7.7)式で行う．

$$\text{相関係数}\quad r_{xy} = \frac{S_{xy}}{\sqrt{S_{xx}\cdot S_{yy}}} = \frac{V_{xy}}{\sqrt{V_{xx}\cdot V_{yy}}} \tag{7.7}$$

V_{xy} は 2 変数 x, y の共分散，V_{xx}, V_{yy} は各々変数 x, y の分散である．この相関係数 r_{xy} は，次

の性質を持っている．

$$-1 \leq r_{xy} \leq +1 \quad (7.8)$$

r_{xy} の値が 1 に近いほど正の相関が強く，−1 に近いほど負の相関が強いことを表している．

ちなみに，データが標準化（データを平均 0，標準偏差 1 に変換）されているときには，相関係数と共分散が一致している．

標準化されたデータから求めた値　$r_{xy}=V_{xy}$　(7.9)

表 7.2 のデータから相関係数を計算した結果が，表 7.4 である．

例えば，身長と体重の相関係数を計算してみると，

身長 (x) の平方和　$$S_{xx}=\sum x_i^2-\frac{\left(\sum x_i\right)^2}{n}=117.2 \quad (7.10)$$

体重 (y) の平方和　$$S_{yy}=\sum y_i^2-\frac{\left(\sum y_i\right)^2}{n}=14 \quad (7.11)$$

身長 (x) と体重 (y) の積和　$$S_{xy}=\sum x_i\cdot y_i-\frac{\left(\sum x_i\right)\left(\sum y_i\right)}{n}=33 \quad (7.12)$$

相関係数　$$r_{xy}=\frac{S_{xy}}{\sqrt{S_{xx}\cdot S_{yy}}}=\frac{33}{\sqrt{117.2\times 14}}=0.815 \quad (7.13)$$

となる．また，他の変数間の相関係数を一覧表にしたのが表 7.4 である．

表 7.4　5 人の生徒の相関係数

	身長 (x) cm	体重 (y) kg	数学 (z) 点	理科 (w) 点
身長 (x) cm	1			
体重 (y) kg	0.815	1		
数学 (z) 点	0.501	0.178	1	
理科 (w) 点	0.384	0.041	0.990	1

表 7.4 から，身長と体重，および数学と理科の成績が正の相関があるということがわかる．

7.3.2 ● Excel 関数機能と「分析ツール」による相関係数の計算

Excel によって相関係数を計算するには，関数「CORREL」を用いるか，「分析ツール」の「相関」を用いる．表 7.2 のデータでは，次のようになる．

(1)　関数 CORREL を用いて相関係数を計算する

計算は次の手順で行う（図 7.13 参照）．

手順 1　関数の起動

「数式」タブの「関数の挿入」をクリックし，「関数の挿入」画面を表示する．

手順 2　関数「CORREL」の選択

「関数の挿入」画面上で，「関数の分類(C)」より「統計」を選択する．次に，「関数名(N)」の中から「CORREL」をクリックする．「OK」をクリックする．

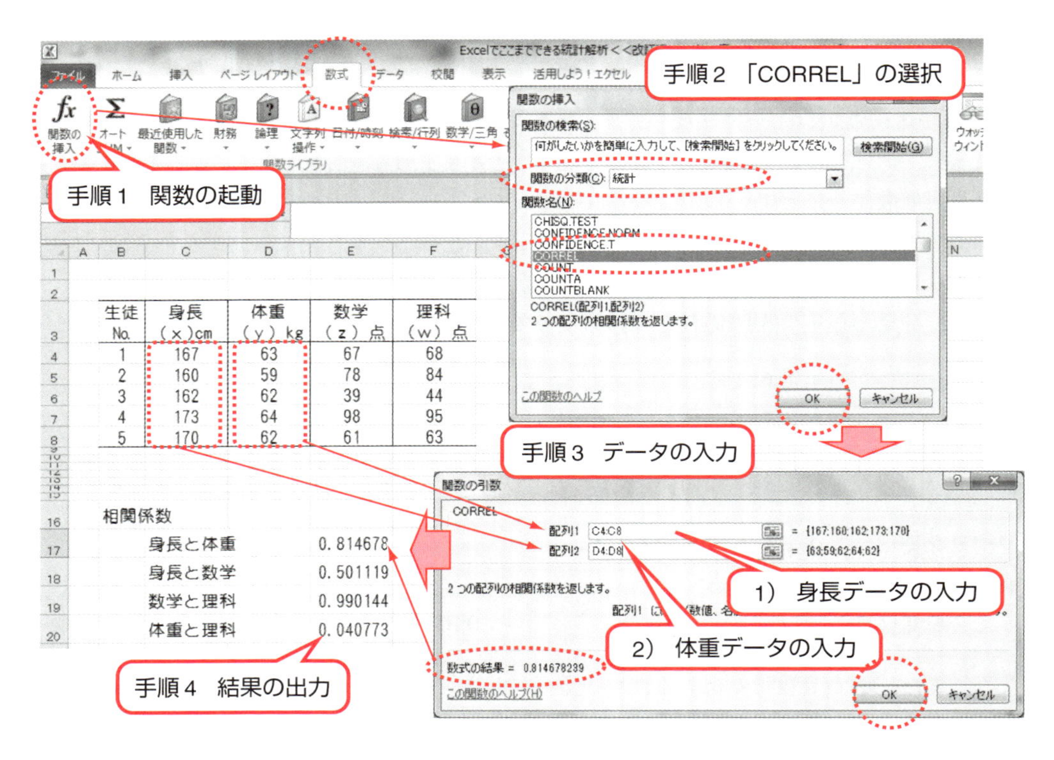

図 7.13　Excel の関数による相関係数の計算

手順 3　諸元の入力

「関数の引数」画面上で，諸元を入力する．

1)　配列 1：身長のデータを入力する．ここでは，「C4:C8」

2)　配列 2：体重のデータを入力する．ここでは，「D4:D8」

「OK」をクリックする．

手順 4　結果の表示

結果は，指定したセル（E17）に表示される．

(2)　「分析ツール」を用いて相関係数を計算する

「分析ツール」を用いるとき，入力範囲でデータのある列を指定する．三つ以上のデータを指定すると，すべての組合せにおける相関係数を計算してくれる．

「データ分析」を用いた相関係数の計算は，次の手順で行う（図 7.14 参照）．

手順 1　「データ分析」の起動

「データ」タブの中の「データ分析」をクリックする．そうすると，「データ分析」の画面が表示される．

手順 2　「相関」の選択

「データ分析」の「分析ツール(A)」画面から，「相関」を選択し，「OK」をクリックする．

手順 3　諸元の入力

「相関」画面上に必要な諸元を入力する．

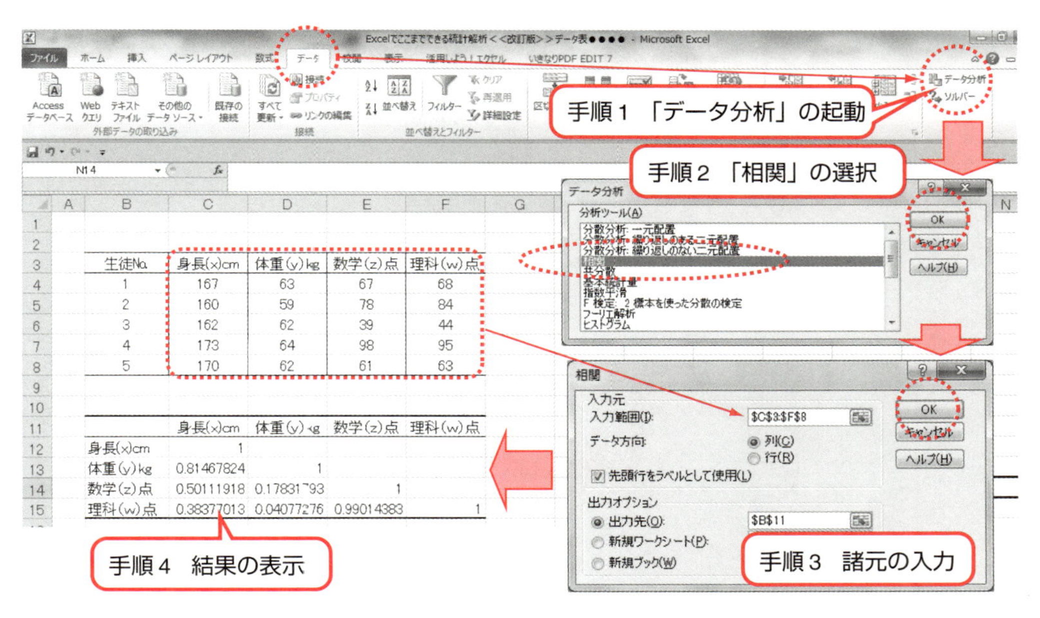

図 7.14　Excel の「データ分析」による相関係数の計算

入力元　入力範囲(I)：計算するデータをラベルも含めて入力する．

ここでは，「C3:F8」．これで，身長，体重，数学，理科の 4 項目のデータから各相関係数が計算される．

データ方向：データの並ぶ方向を指定する．

図 7.14 では，「列(C)」方向にチェックマークを入れる．

先頭行をラベルとして使用(L)：データ指定範囲にデータの項目を含む場合は，チェックマークを入力する．

出力オプション　出力先(O)：結果を出力する「左上のセル」を入力する．

「OK」をクリックする．

手順 4　結果の表示

結果は，表形式で表示される．図 7.14 では，B11:F15 に相関係数が表示されている．

7.2 節の図 7.3 に示すプロ野球の「安打数」と「打点」の散布図において，このデータから相関係数を計算してみると，図 7.15 のようになる．

この結果，全体の相関係数は，r_T=0.488742 であり，パ・リーグの相関係数は r_P=0.49405，セ・リーグの相関係数は r_C=0.380562 となる．

また，図 7.16 では，ある耐火材における強度と原料粒度の関係を調べるため，40 ロットについて平均粒度（µm）と強度（MPa）のデータを測定した．平均粒度を横軸，強度を縦軸にとって散布図を描く．平均粒度が大きくなると強度が直線的に下がっているようである．異常なデータは特に見当たらない．

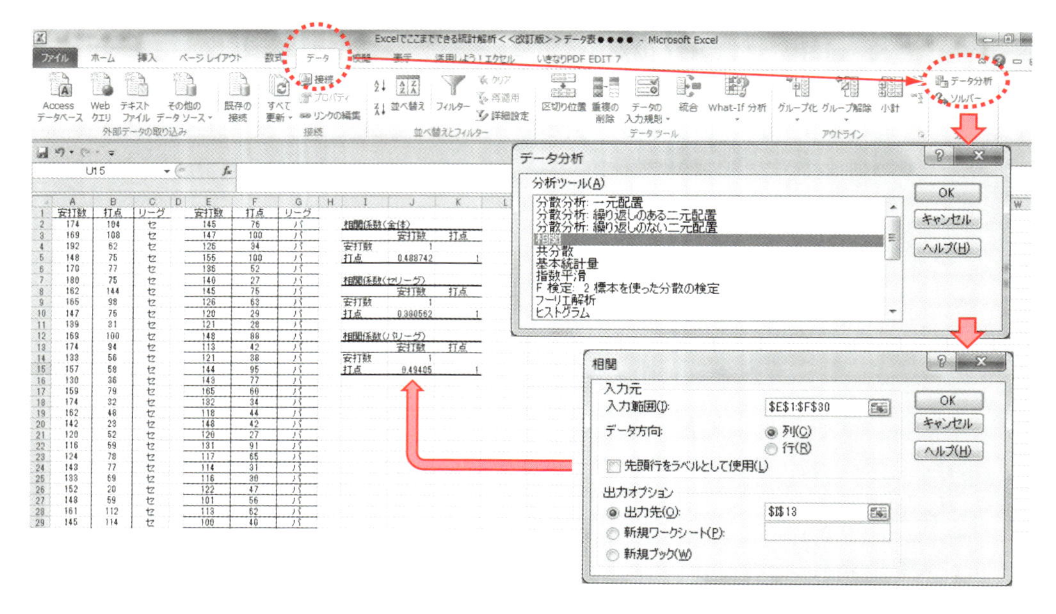

図 7.15　プロ野球の安打数と打点の相関係数

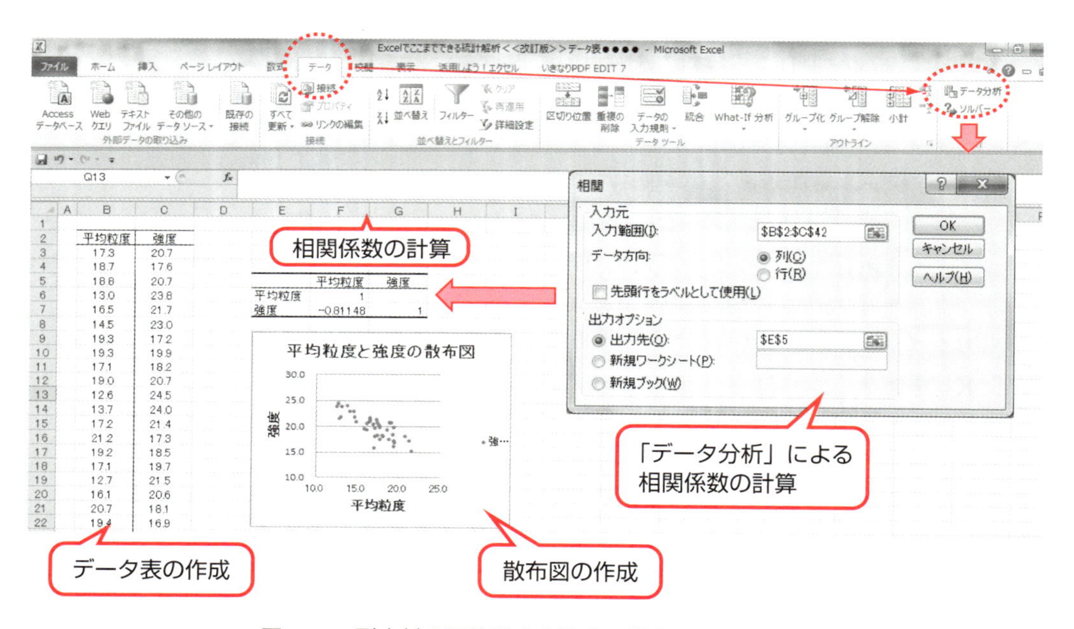

図 7.16　耐火材の平均粒度と強度の散布図と相関係数

7.3.3 ●無相関の検定

母相関係数 $\rho=0$ の 2 変量正規母集団から大きさ n のサンプルを取り出したときの相関係数を r とすると，

$$t=\frac{r\sqrt{n-2}}{\sqrt{1-r^2}} \tag{7.14}$$

は自由度（$n-2$）の t 分布に従う．この結果から，$\rho=0$ に対する仮説検定をすることができる．無相関かどうかを有意水準 $\alpha=5\%$ で検定するには，帰無仮説 H_0：$\rho=0$，対立仮説 H_1：$\rho\neq 0$ を立てて(7.14)式を計算し，自由度（$n-2$）の t 分布の α％点を用いて

$$t_0=\left|\frac{r\sqrt{n-2}}{\sqrt{1-r^2}}\right|\geq t(n-2,\alpha) \tag{7.15}$$

ならば，帰無仮説を棄却すればよい．

【例題 7.1】

あるコンビニチェーンで売り場面積と売上高の関係を調べるために 35 の店舗でデータを調べた．面積と売上高の散布図を描き，相関係数を求めてみる．

また面積と売上高の間に相関があるかどうかを有意水準 5%で無相関の検定を行ってみる．

図 7.17 に示すように，**「挿入」**タブの**「グラフ」**から散布図を作成し，**「数式」**タブの**「関数の挿入」**から統計量の計算を行ったものである．

Excel で無相関の検定を行うには，図 7.17 の例では，相関係数がセル F5，データ数がセル F8 にあるとすると，次のように入力すればよい．

検定統計量： =F5＊SQRT((F8-2)/(1-F5^2))

t 分布の $\alpha=5\%$点： =T.INV.2T(0.05,F8-2)

その結果は，相関係数は 0.394 である．また，$t_0=2.464\geq t(33,\ 0.05)=2.035$ より，帰無仮説 $H_0:\rho=0$ は棄却され，無相関であるとはいえない．

7

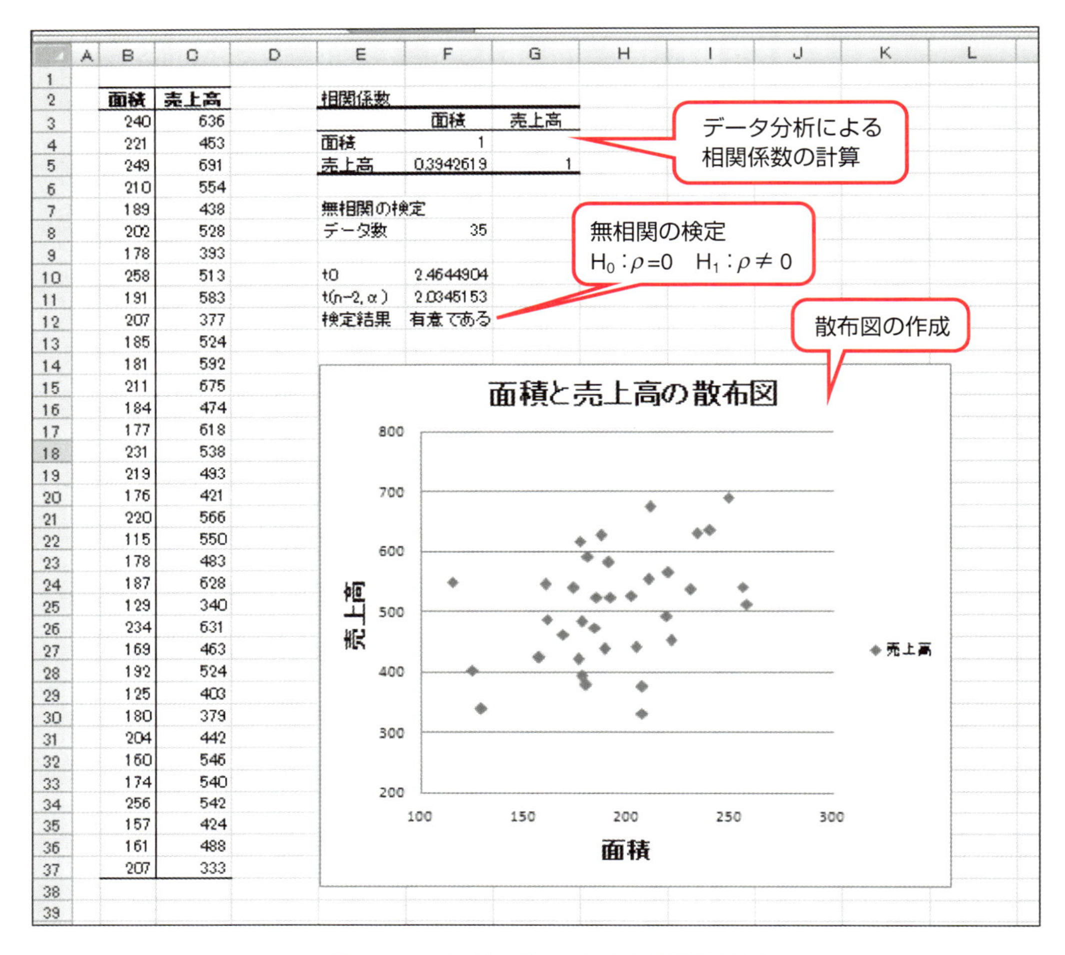

面積	売上高
240	636
221	453
249	691
210	554
189	438
202	528
178	393
258	513
191	583
207	377
185	524
181	592
211	675
184	474
177	618
231	538
219	493
176	421
220	566
115	550
178	483
187	628
129	340
234	631
169	463
192	524
125	403
180	379
204	442
160	546
174	540
256	542
157	424
161	488
207	333

相関係数

	面積	売上高
面積	1	
売上高	0.3942619	1

無相関の検定

データ数	35
t0	2.4644904
t(n−2, α)	2.0345153
検定結果	有意である

図 7.17　コンビニチェーンの無相関の検定

7.4 特性値を予測する単回帰分析

説明変数 x のいくつかの値で観測された目的変数の値 y について，この x と y の母平均との間に成り立つ関数関係を分析するのが回帰分析である．特に直線で表される関係を考えるのが，単回帰分析である．安打数を説明変数，打点を目的変数として単回帰分析を行うことによって，打点と安打数の関係を表す直線を求めることができる．これによって，例えば安打を 180 本打った選手の打点がどれくらいか予測することも可能になる．

7.4.1 ●単回帰分析の解析手順

単回帰分析の解析の流れは，次のとおりである．

(1) 回帰母数 β_0, β_1 を最小 2 乗法により推定する．

(2) 回帰関係の有意性の検討を行う．

(3) 回帰係数の有意性の検討を行う．

(4) 寄与率を求めて，得られた回帰式の性能を評価する．

(5) 残差の検討を行い，得られた回帰式の妥当性を検討する．

(6) 得られた回帰式を利用し，母回帰を推定し，データの値を予測する．

(1) 最小 2 乗法による回帰係数の計算

変数 x が値 x_i をとったとき，変数 y の期待値 $\mu_i=E(y\,|\,x_i)$ は x_i の 1 次式として

$$\mu_i=\beta_0+\beta_1 x_i \tag{7.16}$$

と表す．ただし，β_0 と β_1 が観測データから推測すべき未知の母数で，β_0 を母切片，β_1 を母回帰係数といい，(7.16) 式を母回帰という．x_i のときの観測値 y_i は誤差 ε_i を伴って観測されるため

$$y_i=\beta_0+\beta_1 x_i+\varepsilon_i \tag{7.17}$$

と表され，これが単回帰モデルの構造式である．ここで ε_i は平均 0，分散 σ^2 の正規分布に互いに独立に従うものである．

β_0 と β_1 の推定値を $\hat{\beta}_0$ と $\hat{\beta}_1$ とおくと，$x=x_i$ のときの予測値は

$$\hat{y}_i=\hat{\beta}_0+\hat{\beta}_1 x_i \tag{7.18}$$

と表される．観測値 (7.17) 式と予測値 (7.18) 式の差を残差 e_i とよぶ．

$$e_i=y_i-\hat{y}_i=y_i-\hat{\beta}_0-\hat{\beta}_1 x_i \tag{7.19}$$

β_0 と β_1 の推定値は，残差の平方和 $S_e=\sum e_i^2$ が最小となるように決められる．これを最小 2 乗法といい，推定値 $\hat{\beta}_0$ と $\hat{\beta}_1$ は

$$\hat{\beta}_1=\frac{S_{xy}}{S_{xx}} \tag{7.20}$$

$$\hat{\beta}_0=\bar{y}-\hat{\beta}_1\bar{x} \tag{7.21}$$

として与えられる．

7

参考 4　推定値の導出法（最小 2 乗法による）

$S_e=\sum e_i^2=\sum(y_i-\hat{\beta}_0-\hat{\beta}_1 x_i)^2$ を最小にする $\hat{\beta}_0$ と $\hat{\beta}_1$ を求めればよいので，$\hat{\beta}_0$ と $\hat{\beta}_1$ で偏微分して 0 となる値を求める．

$$\frac{\partial S_e}{\partial \hat{\beta}_0}=-2\sum\left(y_i-\hat{\beta}_0-\hat{\beta}_1 x_i\right)=0 \tag{7.22}$$

$$\frac{\partial S_e}{\partial \hat{\beta}_1}=-2\sum x_i\left(y_i-\hat{\beta}_0-\hat{\beta}_1 x_i\right)=0 \tag{7.23}$$

より，$\hat{\beta}_0$ と $\hat{\beta}_1$ に関する次の連立方程式が得られる．

$$\begin{cases} n\hat{\beta}_0+\left(\sum x_i\right)\hat{\beta}_1=\sum y_i & (7.24) \\ \left(\sum x_i\right)\hat{\beta}_0+\left(\sum x_i^2\right)\hat{\beta}_1=\sum x_i y_i & (7.25) \end{cases}$$

これを解くと

$$\hat{\beta}_1=\frac{n\sum x_i y_i-\sum x_i\sum y_i}{n\sum x_i^2-\left(\sum x_i\right)^2} \tag{7.26}$$

となる．積和 S_{xy} と平方和 S_{xx} は

$$S_{xy}=\sum(x_i-\bar{x})(y_i-\bar{y})=\sum x_i y_i-\frac{1}{n}\sum x_i\sum y_i \tag{7.27}$$

$$S_{xx}=\sum(x_i-\bar{x})^2=\sum x_i^2-\frac{1}{n}\left(\sum x_i\right)^2 \tag{7.28}$$

であるから，

$$\hat{\beta}_1=\frac{S_{xy}}{S_{xx}} \qquad \text{(7.20)の再掲}$$

が得られる．これを連立方程式の最初の式に代入すると

$$\hat{\beta}_0=\bar{y}-\hat{\beta}_1\bar{x} \qquad \text{(7.21)の再掲}$$

となる．

(2)　回帰関係の有意性検討

残差平方和は

$$S_e = S_{yy} - \frac{{S_{xy}}^2}{S_{xx}} \tag{7.29}$$

と表される．総平方和 S_{yy} から残差平方和 S_e をひいたのが回帰による平方和 S_R であり，予測値 $\hat{y}_i$ と平均 $\overline{y}$ との差の平方和を表している．

$$S_R = \frac{{S_{xy}}^2}{S_{xx}} \tag{7.30}$$

このように平方和は回帰による平方和と残差平方和に分解される．

$$S_T = S_R + S_e \tag{7.31}$$

回帰による平方和と残差平方和の自由度はそれぞれ

$$\phi_R = 1 \tag{7.32}$$

$$\phi_e = n-2 \tag{7.33}$$

となり，誤差分散 σ^2 の推定値 V_e は

$$V_e = \frac{S_e}{n-2} \tag{7.34}$$

となる．

以上の結果から，回帰関係が有意であるかどうかの検定（H_0：$\beta_1=0$，H_1：$\beta_1 \neq 0$）のための分散分析表を得る．

表 7.5　分散分析表

要　因	平方和	自由度	平均平方	F値
回帰 R	$S_R = \frac{{S_{xy}}^2}{S_{xx}}$	$\phi_R = 1$	$V_R = S_R$	$F_0 = \frac{V_R}{V_e}$
残差 e	$S_e = S_{yy} - S_R$	$\phi_e = n-2$	$V_e = \frac{S_e}{n-2}$	
計 T	$S_T = S_{yy}$	$\phi_T = n-1$		

自由度（$1, n-2$）の F 分布の α%点を用いて，

$$F_0 = \frac{V_R}{V_e} \geq F(1, n-2, \alpha) \tag{7.35}$$

ならば，帰無仮説が棄却され，回帰関係が有意といえる．

(3)　回帰係数 $\hat{\beta}_1$ の有意性検討

回帰係数 β_1 がゼロかどうかを検定するには，推定量 $\hat{\beta}_1$ の分布が

$$\hat{\beta}_1 \sim N\left(\beta_1, \frac{\sigma^2}{S_{xx}}\right) \tag{7.36}$$

であることから，$\hat{\beta}_1$ を標準化して σ^2 を推定値 V_e で置き換えると，帰無仮説 H_0：$\beta_1=0$ のもとでは，

$$t_0 = \frac{\hat{\beta}_1}{\sqrt{\frac{V_e}{S_{xx}}}} \tag{7.37}$$

は自由度 $(n-2)$ の t 分布に従う．したがって，$|t_0| \geq t(n-2,\ \alpha)$ のとき，有意水準 α で帰無仮説 $H_0 : \beta_1=0$ が棄却されることになる．ここで，分散分析表の F 値と(7.37)式の t 値の間には次の関係が成立している．

$$F_0 = \frac{V_R}{V_e} = \frac{{S_{xy}}^2}{S_{xx}V_e} = \frac{{\hat{\beta}_1}^2}{\frac{V_e}{S_{xx}}} = {t_0}^2 \tag{7.38}$$

(4)　寄与率と自由度調整済み寄与率

直線のデータへの当てはめのよさを測る指標として寄与率があり，次のように定義される．

$$R^2 = \frac{S_R}{S_{yy}} = 1 - \frac{S_e}{S_{yy}} \tag{7.39}$$

R^2 は x と y の相関係数 r_{xy} と次の関係がある．

$$R^2 = \frac{S_R}{S_{yy}} = \frac{{S_{xy}}^2/S_{xx}}{S_{yy}} = \left(\frac{S_{xy}}{\sqrt{S_{xx}S_{yy}}}\right)^2 = {r_{xy}}^2 \tag{7.40}$$

この R^2 は寄与率とよばれる量で，「全変動のうち回帰によって説明できる変動の割合」であり，1に近いほどよい．

なお，(7.40)式を自由度で調整した

$$R^{*2} = 1 - \frac{S_e/\phi_e}{S_{yy}/\phi_T} \tag{7.41}$$

を自由度調整済み寄与率とよぶ．これは，重回帰分析のときに有用になる．

(5)　残差の検討

(7.19)式で求められる残差 $e_i = y_i - \hat{y}_i$ は正規分布に従っているはずであるが，もしそうでなければ，当てはめた単回帰モデルが適切でないことが考えられる．残差 e_i を誤差分散の推定値によって標準化して標準化残差を求める．

$$e_i{}' = \frac{e_i}{\sqrt{V_e}} = \frac{e_i}{\sqrt{\frac{S_e}{n-2}}} \tag{7.42}$$

点 $(x_i,\ e_i{}')$ を散布図に表して，曲線的な構造がないか，誤差の等分散性はあるか，$e_i{}'$ の値が ± 3 を超えているものがないかなどを確認する．

確認するポイントは，

① 「$|e_i{}'| \geq 3.0$ なら注意」

② 「$|e_i{}'| \geq 2.5$ なら留意」

と考えて，そのサンプルが異常でないかどうかを検討する．異常である理由が見つかれば，そのサンプルを外して解析をやり直す．

時系列的な周期性がないかどうかはデータの取られた順に $e_i{}'$ をプロットしてみるとよい．

これらの結果から異常が見つかれば，曲線回帰や多項式回帰などのモデルを検討したり，異常値かどうかを検討し，異常の原因を探ることが必要となる．

(6)　回帰式からの予測

説明変数の任意の値 x_0 に対して，そのときの母回帰の区間推定やデータの予測区間を構成することもできる．$x=x_0$ のときの母回帰の推定値 $\hat{\beta}_0+\hat{\beta}_1x_0$ の確率分布は

$$\hat{\beta}_0+\hat{\beta}_1x_0 \sim N\left(\beta_0+\beta_1x_0, \left\{\frac{1}{n}+\frac{(x-\bar{x})^2}{S_{xx}}\right\}\sigma^2\right) \tag{7.43}$$

となる．これより，母回帰 $\beta_0+\beta_1x_0$ の信頼率 α の信頼区間は

$$\hat{\beta}_0+\hat{\beta}_1x_0 \pm t(\phi_e, \alpha)\sqrt{\left\{\frac{1}{n}+\frac{(x-\bar{x})^2}{S_{xx}}\right\}V_e} \tag{7.44}$$

となる．これに対して，$x=x_0$ においてもう一度データを取るときに得られる y の値を推測するのが予測である．これは母回帰に誤差が加わった $\beta_0+\beta_1x_0+\varepsilon$ を推測することになるので，(7.43)式において誤差変動分を考慮し

$$\hat{\beta}_0+\hat{\beta}_1x_0 \pm t(\phi_e, \alpha)\sqrt{\left\{1+\frac{1}{n}+\frac{(x-\bar{x})^2}{S_{xx}}\right\}V_e} \tag{7.45}$$

となる．

【例題 7.2】

アルファ父さんの会社では，各工場で設置している電気設備の状況を把握することとなった．長年使っていると劣化してくるので，いつ点検をし，いつ改修すればよいかを調べるため，8か所の設備の経年と劣化度を測定した．その結果が表 7.6 である．

表 7.6　データ表

No.	経年 x_i	劣化度 y_i
1	12	22
2	12	24
3	11	21
4	7	19
5	8	19
6	9	22
7	14	24
8	11	23

まず，このデータから散布図を作成すると図 7.18 となる．図 7.18 では，x の増加によって y は直線的に増加していることがわかる．そこで，データに直線をあてはめて，x と y の関連性をより詳しく分析していくことになった．

解析の流れは，次のとおりである．

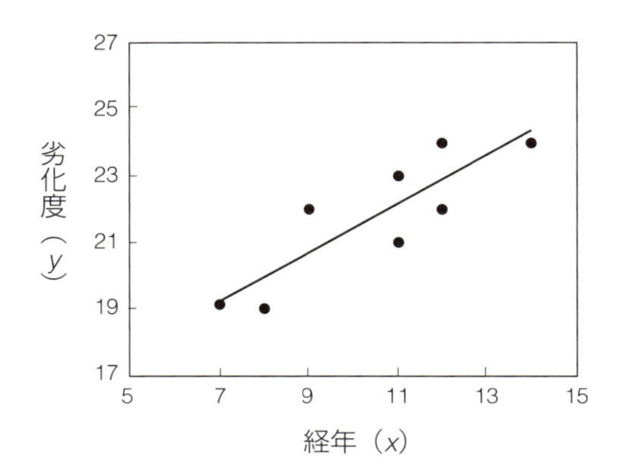

図 7.18 経年と劣化度の散布図

(1) 回帰母数 β_0, β_1 を最小2乗法により推定する

表 7.6 のデータに基づいて回帰式を計算してみる.

表 7.7 計算補助表

No.	x	y	x^2	y^2	xy
1	12	22	144	484	264
2	12	24	144	576	288
3	11	21	121	441	231
4	7	19	49	361	133
5	8	19	64	361	152
6	9	22	81	484	198
7	14	24	196	576	336
8	11	23	121	529	253
計	84	174	920	3812	1855

1) 平均値

$$\bar{x} = \frac{\sum x_i}{n} = \frac{84}{8} = 10.5 \tag{7.46}$$

$$\bar{y} = \frac{\sum y_i}{n} = \frac{174}{8} = 21.75 \tag{7.47}$$

2) 平方和と積和

$$S_{xy} = \sum x_i y_i - \frac{\left(\sum x_i\right)\left(\sum y_i\right)}{n} = 1855 - \frac{84 \times 174}{8} = 28 \tag{7.48}$$

$$S_{xx} = \sum x_i^2 - \frac{\left(\sum x_i\right)^2}{n} = 920 - \frac{84^2}{8} = 38 \tag{7.49}$$

$$S_{yy} = \sum y_i^2 - \frac{\left(\sum y_i\right)^2}{n} = 3812 - \frac{174^2}{8} = 27.5 \tag{7.50}$$

3) 回帰係数の推定値

回帰係数は，次のようになる.

$$\hat{\beta}_1=\frac{S_{xy}}{S_{xx}}=\frac{28}{38}=0.737 \tag{7.51}$$

$$\hat{\beta}_0=\bar{y}-\hat{\beta}_1\bar{x}=21.75-0.737\times 10.5=14.01 \tag{7.52}$$

4) 単回帰式の推定式

$$\hat{y}=\hat{\beta}_0+\hat{\beta}_1x=14.01+0.737x \tag{7.53}$$

以上の結果から，単回帰式の推定式を求めることができる．

(2) 回帰関係の有意性を検討する

1) 平方和の計算

$$S_R=\frac{{S_{xy}}^2}{S_{xx}}=\frac{28^2}{38}=20.632 \tag{7.54}$$

$$S_e=S_{yy}-S_R=27.5-20.632=6.868 \tag{7.55}$$

$$S_T=S_{yy}=27.5 \tag{7.56}$$

2) 自由度

$$\phi_R=1 \tag{7.57}$$

$$\phi_e=n-2=8-2=6 \tag{7.58}$$

$$\phi_T=n-1=8-1=7 \tag{7.59}$$

3) 分散（平均平方）

$$V_R=\frac{S_R}{\phi_R}=\frac{20.632}{1}=20.632 \tag{7.60}$$

$$V_e=\frac{S_e}{\phi_e}=\frac{6.868}{6}=1.144 \tag{7.61}$$

4) 分散比（F 値）

$$F_0=\frac{V_R}{V_e}=\frac{20.632}{1.144}=18.035 \tag{7.62}$$

以上の結果を分散分析表にまとめると表 7.8 になる．この結果から，

$$F_0=18.035>F(1,n-2;0.05)=F(1,6;0.05)=5.99 \tag{7.63}$$

となり，帰無仮説が棄却され，回帰関係が有意といえる．

表 7.8 分散分析表

要　因	平方和	自由度	分　散	F 値
回帰 R	20.632	1	20.632	18.035
残差 e	3.838	6	1.144	
計 T	27.5	7		

$F(1, n-2;0.05)=F(1, 6;0.05)=5.99$

(3) 回帰係数 β_1 について検定・区間推定を行う

1) 仮説の設定

$$\mathrm{H}_0:\beta_1=0 \tag{7.64}$$

$$\mathrm{H}_1:\beta_1\neq 0 \quad 有意水準 \quad \alpha=0.05 \tag{7.65}$$

7

2）統計量の計算

$$\phi_e = n-2 = 8-2 = 6 \tag{7.66}$$

$$V_e = \frac{S_e}{\phi_e} = \frac{6.864}{6} = 1.144 \tag{7.67}$$

3）棄却域の設定

$$R : t_0 > t(\phi_e, \alpha) = t(6, 0.05) = 2.447 \tag{7.68}$$

表3.3の t 分布表（p.76）から算出する．

4）検定統計量の計算

$$t_0 = \frac{\hat{\beta}_1}{\sqrt{\dfrac{V_e}{S_{xx}}}} = \frac{0.737}{\sqrt{\dfrac{1.144}{38}}} = 4.248 \tag{7.69}$$

5）判　定

有意水準5%で有意である．したがって，$\hat{\beta}_1 \neq 0$ といえる．

6）F 検定で行ってみると

$$F_0 = {t_0}^2 = 4.248^2 = 18.05 \tag{7.70}$$

$$F_0 = 18.05 > F(1, 6; 0.05) = 5.99 \tag{7.71}$$

7）区間推定

$$\text{信頼上限}\quad \hat{\beta}_1 + t(6, 0.05)\sqrt{\frac{V_e}{S_{xx}}} = 0.737 + 2.447 \times \sqrt{\frac{1.144}{38}} = 1.162 \tag{7.72}$$

$$\text{信頼下限}\quad \hat{\beta}_1 - t(6, 0.05)\sqrt{\frac{V_e}{S_{xx}}} = 0.737 - 2.447 \times \sqrt{\frac{1.144}{38}} = 0.312 \tag{7.73}$$

(4)　寄与率や自由度調整済寄与率を求めて，得られた回帰式の性能を評価する

$$S_R = \beta_1 S_{xy} = 0.737 \times 28 = 20.636 \tag{7.74}$$

$$\text{寄与率}\quad R^2 = \frac{S_R}{S_{yy}} = \frac{20.636}{27.5} = 0.750 \tag{7.75}$$

$$S_e = S_{yy} - S_R = 27.5 - 20.636 = 6.864 \tag{7.76}$$

$$\text{自由度調整済寄与率}\quad R^{*2} = 1 - \frac{S_e/\phi_e}{S_{yy}/\phi_T} = 1 - \frac{6.864/6}{27.5/7} = 0.709 \tag{7.77}$$

$$\phi_T = n-1 = 8-1 = 7 \tag{7.78}$$

$$\phi_e = n-2 = 8-2 = 6 \tag{7.79}$$

(5)　残差の検討を行い，得られた回帰式の妥当性を検討する

$$\text{予測値}\quad \hat{y} = 14.01 + 0.737x \tag{7.80}$$

$$\text{残差}\quad e_i = y_i - \hat{y}_i \tag{7.81}$$

$$\text{標準化誤差}\quad e_i' = \frac{e_i}{\sqrt{V_e}} = \frac{e_i}{\sqrt{1.144}} \tag{7.82}$$

表 7.9　予測値と残差

No.	変数 x	予測値 $\hat{y}$	実測値 y	残差 $e=y-\hat{y}$	標準化残差 $e_i'=\dfrac{e_i}{\sqrt{V_e}}$
1	12	22.85	22	−0.85	−0.80
2	12	22.85	24	1.15	1.07
3	11	22.12	21	−1.12	−1.05
4	7	19.17	19	−0.17	−0.16
5	8	19.91	19	−0.91	−0.85
6	9	20.64	22	1.36	1.27
7	14	24.33	24	−0.33	−0.31
8	11	22.12	23	0.88	0.83

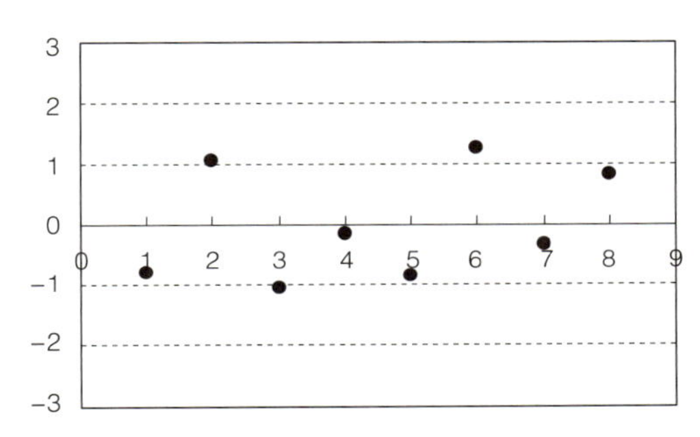

図 7.19　標準化残差のプロット図

(6) 得られた回帰式を利用して，任意に指定した値 x_0 に対して，母回帰 $\beta_0+\beta_1x_0$ を推定し，$y_0=\beta_0+\beta_1x_0+\varepsilon_0$ の値を予測する

1）信頼区間

$$\hat{\beta}_0+\hat{\beta}_1x_0\pm t(\phi_e,0.05)\sqrt{\left\{\frac{1}{n}+\frac{(x_0-\bar{x})^2}{S_{xx}}\right\}V_e}$$

$$=14.01+0.737\times15\pm2.447\sqrt{\left\{\frac{1}{8}+\frac{(15-10.5)^2}{38}\right\}\times1.144} \tag{7.83}$$

$$=25.065\pm2.123$$

$$=22.942\sim27.188$$

2）予測区間

$$\hat{\beta}_0+\hat{\beta}_1x_0\pm t(\phi_e,0.05)\sqrt{\left\{1+\frac{1}{n}+\frac{(x_0-\bar{x})^2}{S_{xx}}\right\}V_e}$$

$$=14.01+0.737\times15\pm2.447\sqrt{\left\{1+\frac{1}{8}+\frac{(15-10.5)^2}{38}\right\}\times1.144} \tag{7.84}$$

$$=25.065\pm3.370$$

$$=21.695\sim28.435$$

表 7.10 信頼区間と予測区間の一覧表

経年 x	予測値 $\hat{y}$	信頼区間上限	信頼区間下限	予測区間上限	予測区間下限
5	17.695	20.207	15.183	21.323	14.067
6	18.432	20.555	16.309	21.802	15.062
7	19.169	20.920	17.418	22.318	16.020
8	19.906	21.314	18.498	22.878	16.934
9	20.643	21.766	19.520	23.491	17.795
10	21.380	22.329	20.431	24.164	18.596
11	22.117	23.066	21.168	24.901	19.333
12	22.854	23.977	21.731	25.702	20.006
13	23.591	24.999	22.183	26.563	20.619
14	24.328	26.079	22.577	27.477	21.179
15	25.065	27.188	22.942	28.435	21.695

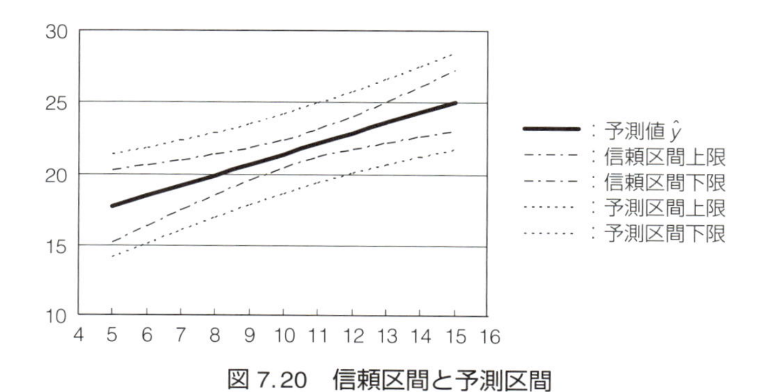

図 7.20 信頼区間と予測区間

7.4.2 ● Excel「分析ツール」による単回帰分析の解析手順

7.2 節の安打数と打点の間の回帰関係を調べてみよう．安打数を説明変数，打点を目的変数として回帰分析を行う．

まず，データ表を作成し，**「データ」**タブの**「データ分析」**から**「回帰分析」**を選択し，**「入力Y範囲」**には目的変数，**「入力X範囲」**には説明変数のデータ範囲を指定する．残差検討をするためには**「残差」**の欄にチェックを入れておく．得られた散布図は適切な形状になっていないので，見やすい形に整える．

なお，**「分析ツール」**で計算された**「標準残差」**は，残差の自由度を「$n-1$」で計算しているため，残差の自由度を「$n-2$」で計算し直したほうがよい（手順5で解説）．

「散布図」は，データより**「挿入」**タブの**「散布図」**から作成し，**「近似曲線の追加(R)」**で，回帰式を図示するとよい（手順6で解説）．

また，「信頼区間」と「予測区間」は，表を作成し，計算を行い，グラフを作成する（手順7で解説）．

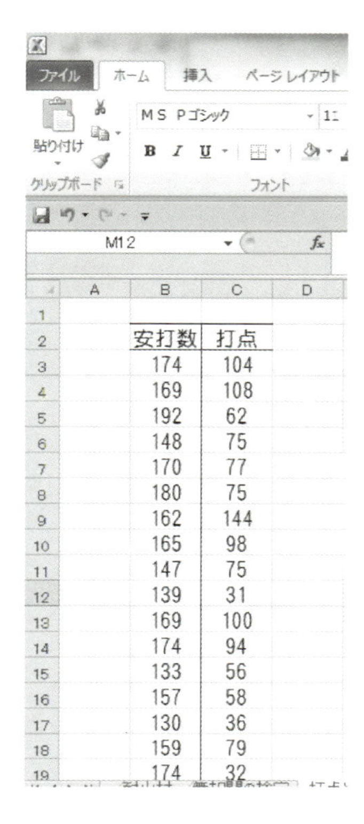

	A	B	C	D
1				
2		安打数	打点	
3		174	104	
4		169	108	
5		192	62	
6		148	75	
7		170	77	
8		180	75	
9		162	144	
10		165	98	
11		147	75	
12		139	31	
13		169	100	
14		174	94	
15		133	56	
16		157	58	
17		130	36	
18		159	79	
19		174	32	

	A	B	C	D
20		162	48	
21		142	23	
22		120	52	
23		116	59	
24		124	78	
25		143	77	
26		133	69	
27		152	20	
28		148	59	
29		161	112	
30		145	114	
31		100	38	
32		145	76	
33		147	100	
34		126	34	
35		155	100	
36		136	52	
37		140	27	
38		145	75	
39		126	63	
40		120	29	
41		121	28	
42		148	88	

	A	B	C	D
43		113	42	
44		121	38	
45		144	95	
46		143	77	
47		165	60	
48		132	34	
49		118	44	
50		148	42	
51		120	27	
52		131	91	
53		117	65	
54		114	31	
55		116	30	
56		122	47	
57		101	56	
58		113	62	
59		100	40	
60		101	67	
61				

図 7.21　安打数と打点のデータ入力

手順 1　データの入力

図 7.21 に示すように，n 組のデータを縦に入力する．

手順 2「分析ツール」の起動

「データ」タブの「分析」の中の「データ分析」をクリックする．「データ分析」画面が表示されたら，「分析ツール(A)」の中の「回帰分析」を選択し，「OK」をクリックする（図 7.22）．

手順 3　回帰分析諸元の入力

図 7.23 の「回帰分析」入力画面上に必要なデータや諸元を入力する．

1)　入力元：回帰分析するデータを入力する．指定する範囲は，項目名とデータとする．

　　入力 Y 範囲(Y)：目的変数を入力する．図 7.23 では，「C2:C60」打点となる．

　　入力 X 範囲(X)：説明変数を入力する．図 7.23 では，「B2:B60」安打数となる．

2)　ラベル(L)：入力 Y，入力 X に項目名を指定した場合，□内に「✓」チェックマークを入れる．

3)　出力オプション：計算結果を表示させるところを指定する．

　　○一覧の出力先(S)：データ表と同じシートに表示させる．このとき，表示させる箇所の左上端のセル番号を入力する．ここでは，「E2」である．

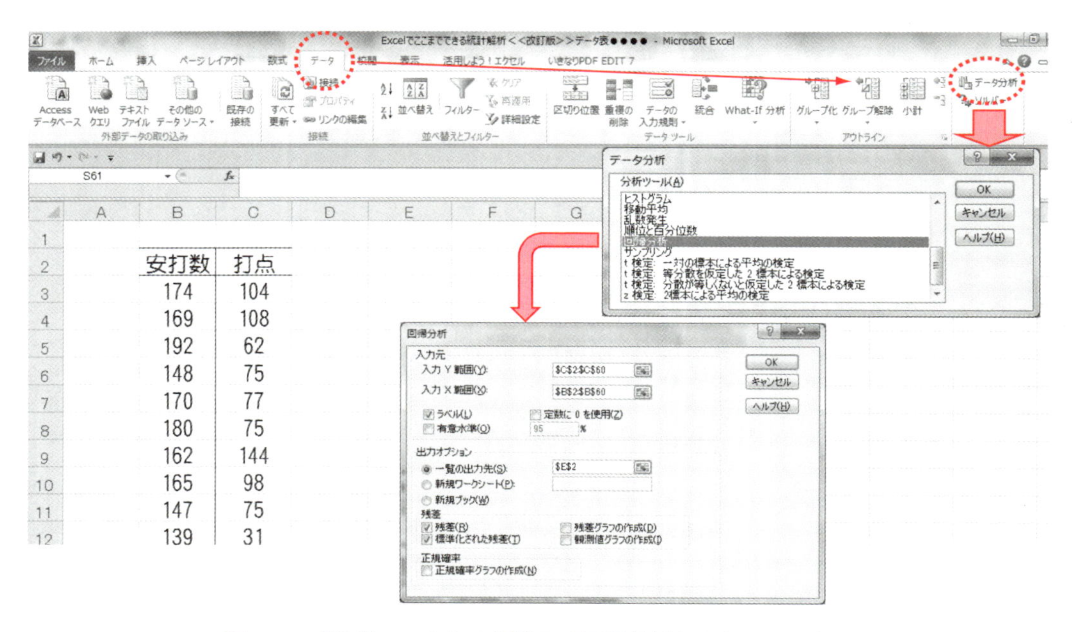

図 7.22　「分析ツール」の起動と「回帰分析」入力画面の表示

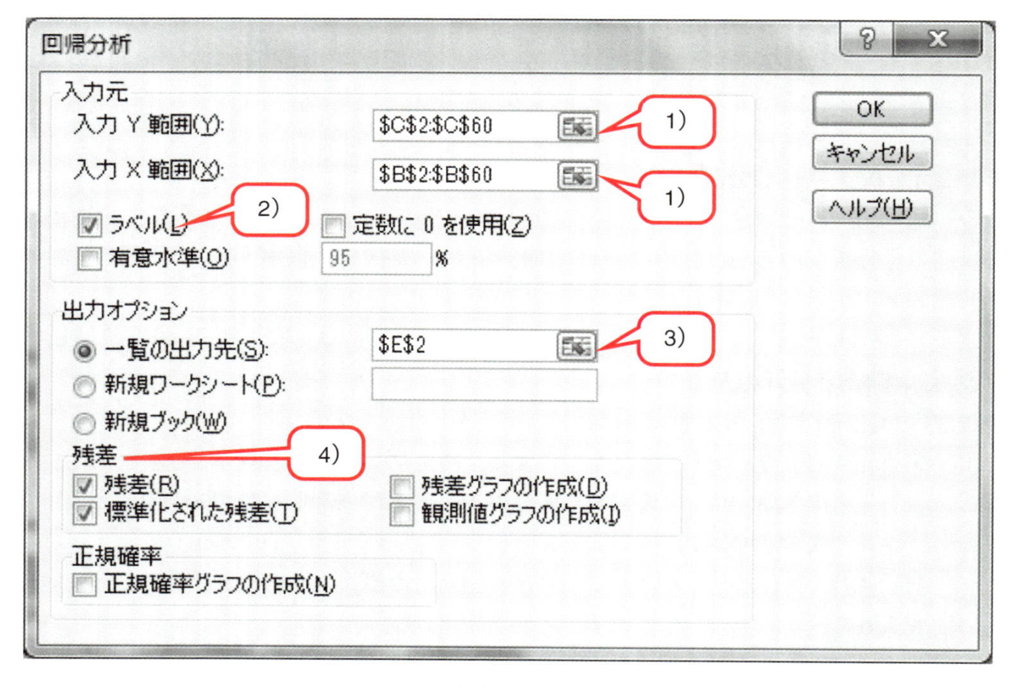

図 7.23　回帰分析諸元の入力画面

注）一覧の出力先（S）にチェックマークを入れると，データ入力箇所が「入力Ｙ範囲(Y)」に飛ぶので，「一覧の出力先(S)」の右にあるセル指定マスにカーソルを当て直す必要がある．

○新規ワークシート（P）：別のワークシートに表示する．

○新規ブック（W）：別の Excel ファイルに表示する．

4）残差：残差の計算やグラフの作成を行うものについて，□内に「✓」チェックマークを入れる．

□残差（R）：残差を計算し，一覧表に表示する．

□標準化された残差（T）：標準残差を計算し，一覧表に表示する．

注）ここで，「標準化された残差」は，残差自由度を「$n-1$」で計算されている．したがって，正確な標準残差は，残差自由度「$n-2$」で計算する．

□残差グラフの作成（D）：観測 No.と残差の散布図を表示する．

注）残差の検討を行う場合は，別で計算された「標準残差」と観測 No.の散布図を「挿入」タブの「グラフ」の中の「散布図」から作成するとよい．

□観測値グラフの作成（I）：データ X とデータ Y の散布図を表示する．

注）見やすい散布図を作成するには，「挿入」タブの「グラフ」の中の「散布図」より作成するとよい．

手順 4　回帰分析結果の表示

図 7.23 の諸元入力後，「OK」をクリックすると，図 7.24 の画面が表示される．

図 7.24 の散布図は，「挿入」タブの「グラフ」の中の「散布図」より作成し（7.2.2 項参照），「近似曲線の追加(R)」を記入する（7.2.5 項参照）．

1）　回帰係数と回帰式

図 7.25 の F18, F19 の係数から，切片は -22.634，回帰係数は 0.614 となり，回帰式は

$$\hat{y}=-22.634+0.614x \tag{7.85}$$

となる．

2）　回帰関係の有意性

図 7.25 において，分散分析表の「有意 F」の欄が 9.92E-05 となっている．これは回帰が有意となる確率が 0.01%であることを表しており，回帰は高度に有意となると判断される．

3）　回帰係数の有意性

図 7.25 において，「t」は各「係数」の t 値を示しており，これが 0 かどうかを検定したときに有意となる確率が「P-値」である．「P-値」が 5%より小さければ有意，1%より小さければ高度に有意と判定される．この場合，「安打数」の t 値が，

$$t_0=4.192 \tag{7.86}$$

であり，$R: t_0=4.192>t(\phi_e,\ \alpha)=t(56,\ 0.05)\fallingdotseq 1.980$ のため，有意水準 5%で有意である．したがって，$\hat{\beta}_1\neq 0$ といえる．

回帰係数 $\hat{\beta}_1$ の 95%区間推定は，0.321～0.908 となる．

7

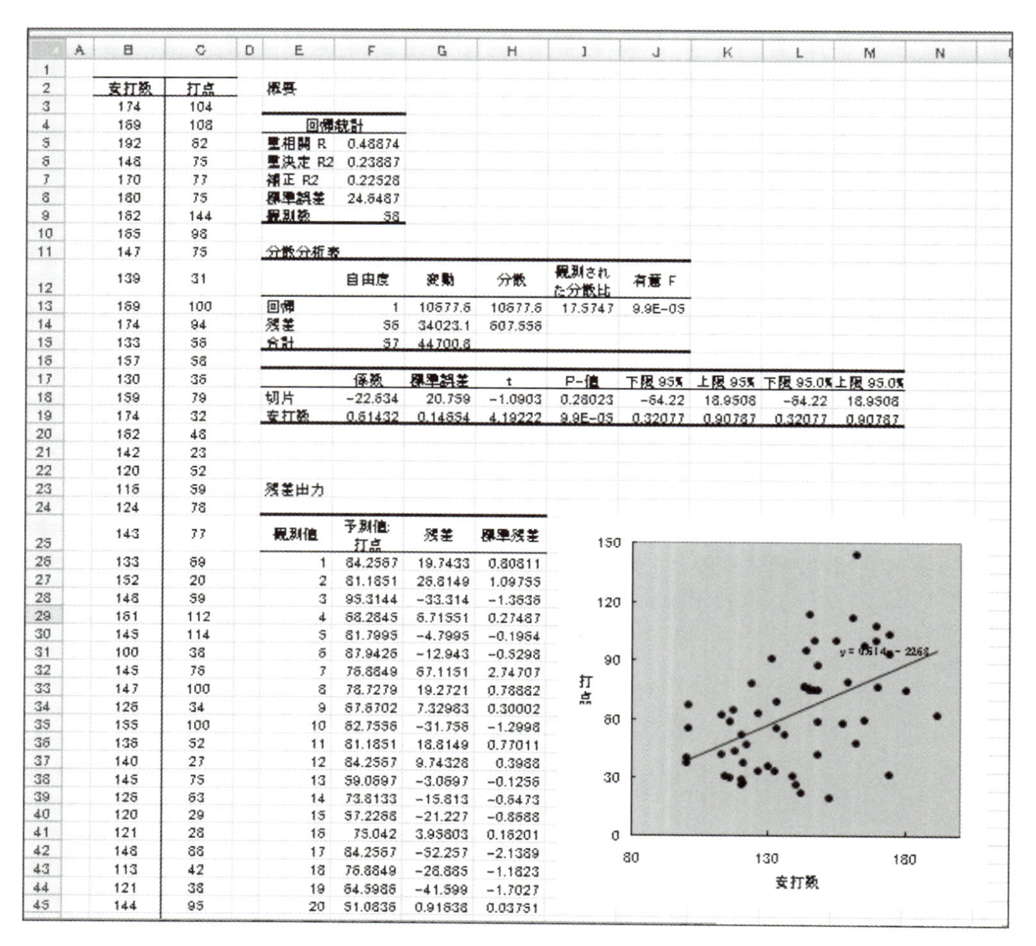

安打数	打点
174	104
169	108
192	62
148	75
170	77
160	75
162	144
165	98
147	75
139	31
169	100
174	94
133	56
157	58
130	36
159	79
174	32
162	46
142	23
120	52
116	59
124	78
143	77
133	69
152	20
146	59
161	112
145	114
100	36
145	76
147	100
126	34
155	100
136	52
140	27
145	75
126	63
120	29
121	28
146	88
113	42
121	38
144	95

概要

回帰統計	
重相関 R	0.48874
重決定 R2	0.23887
補正 R2	0.22528
標準誤差	24.6487
観測数	58

分散分析表

	自由度	変動	分散	観測された分散比	有意 F
回帰	1	10677.6	10677.6	17.5747	9.9E-05
残差	56	34023.1	607.556		
合計	57	44700.8			

	係数	標準誤差	t	P-値	下限 95%	上限 95%	下限 95.0%	上限 95.0%
切片	-22.634	20.759	-1.0903	0.28023	-64.22	18.9508	-64.22	18.9508
安打数	0.61432	0.14654	4.19222	9.9E-05	0.32077	0.90787	0.32077	0.90787

残差出力

観測値	予測値: 打点	残差	標準残差
1	84.2567	19.7433	0.80811
2	81.1851	26.8149	1.09755
3	95.3144	-33.314	-1.3636
4	68.2845	6.71551	0.27487
5	81.7995	-4.7995	-0.1964
6	87.9426	-12.943	-0.5298
7	76.8849	67.1151	2.74707
8	78.7279	19.2721	0.78882
9	67.6702	7.32983	0.30002
10	62.7556	-31.756	-1.2998
11	81.1851	18.8149	0.77011
12	84.2567	9.74328	0.3988
13	59.0697	-3.0697	-0.1256
14	73.8133	-15.813	-0.6473
15	57.2266	-21.227	-0.8688
16	75.042	3.95803	0.16201
17	84.2567	-52.257	-2.1389
18	76.8849	-26.885	-1.1623
19	64.5986	-41.599	-1.7027
20	51.0836	0.91636	0.03751

図 7.24　回帰分析の結果表示

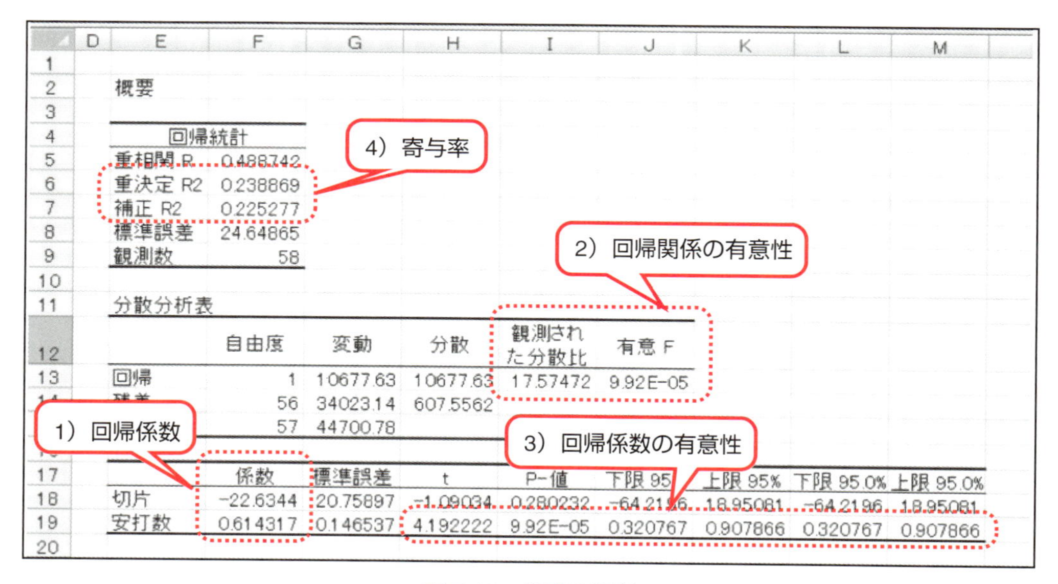

概要

回帰統計	
重相関 R	0.488742
重決定 R2	0.238869
補正 R2	0.225277
標準誤差	24.64865
観測数	58

分散分析表

	自由度	変動	分散	観測された分散比	有意 F
回帰	1	10677.63	10677.63	17.57472	9.92E-05
残差	56	34023.14	607.5562		
合計	57	44700.78			

	係数	標準誤差	t	P-値	下限 95%	上限 95%	下限 95.0%	上限 95.0%
切片	-22.6344	20.75897	-1.09034	0.280232	-64.2196	18.95081	-64.2196	18.95081
安打数	0.614317	0.146537	4.192222	9.92E-05	0.320767	0.907866	0.320767	0.907866

図 7.25　結果の解説

4)　寄与率

安打数と打点の間の相関係数は「**重相関 R**」の欄をみると，0.489 となる．寄与率は「**重決定 R2**」の欄の 0.239 である．

手順 5　残差の検討

Excel の分析ツールでは，「**標準残差**」の列にある数値は(7.42)式が計算されているのではなく，(7.87)式が計算されているため，

$$e_i{}' = \frac{e_i}{\sqrt{V_e}} = \frac{e_i}{\sqrt{\dfrac{S_e}{n-2}}} \qquad \text{(7.42)の再掲}$$

$$e_i{}'' = \frac{e_i}{\sqrt{\dfrac{S_e}{n-1}}} \qquad \text{(Excel の分析ツールの結果)} \quad (7.87)$$

正確に標準化残差を計算するには，「**残差**」を残差分散の平方根で割ったものを求める必要がある．また，デフォルトで表示される残差の散布図は標準化残差ではなく残差がプロットされるため，±3 を超えているものがあるかどうかは(7.35)式で求めた数値から判断する．このデータでは 3 を超えているものはないものの，観測値 7 の標準化残差は 2.72 もあるので注意が必要である．他の選手に比べて打点が非常に多いという特徴がある（図 7.26）．

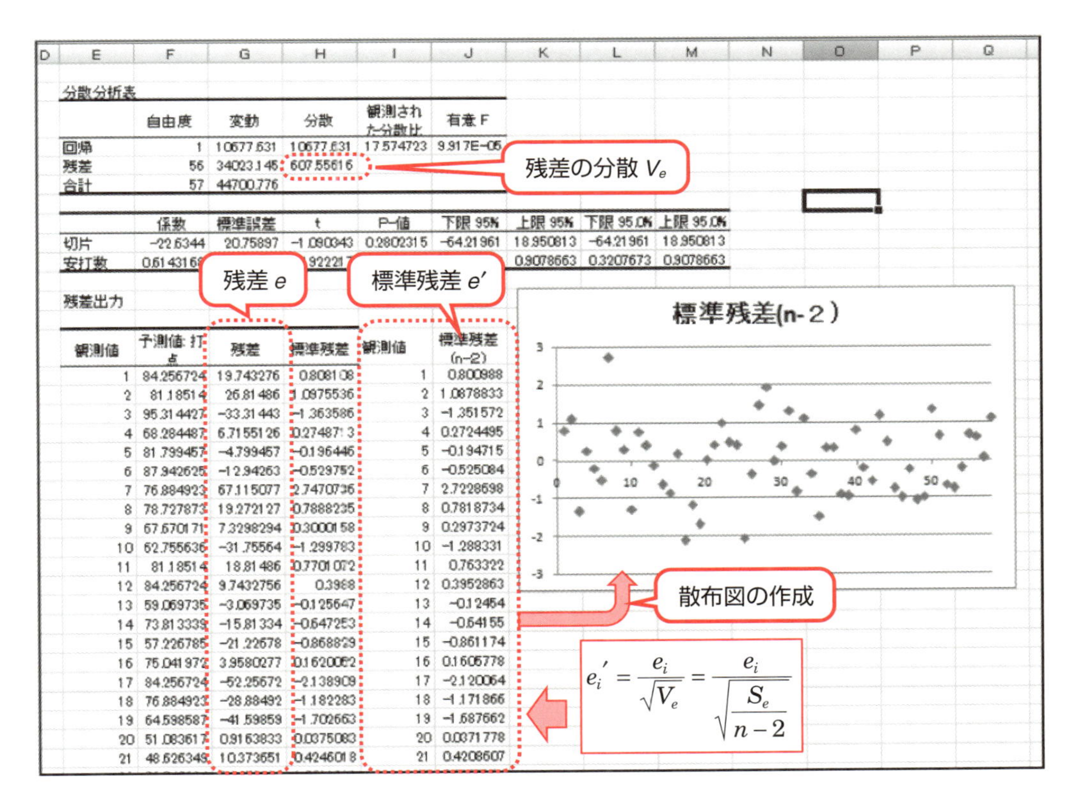

図 7.26　標準残差の計算と残差の検討

手順 6　散布図の作成

デフォルトで表示される**「観測値グラフ」**は散布図ではあるが，形状や打点などが整っていない．7.2.1 項の散布図の作成手順に従って別途散布図を描くことが望ましい．

散布図に回帰直線を記入するには，点を右クリックして**「近似曲線の追加」**を選択し，種類は**「線形近似」**を選び，同じ画面上の下にある「**グラフに数式を表示する(E)**」と「**グラフに R-2 乗値を表示する(R)**」にチェックマークを入れるとよい（図 7.27）．その結果を図 7.28 に示す．

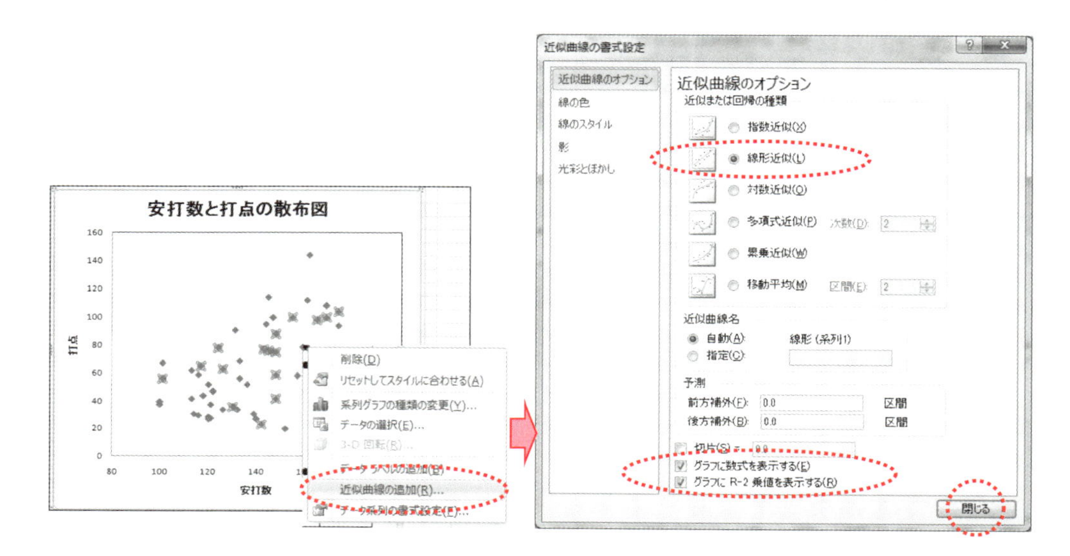

図 7.27　Excel による散布図の作成と近似曲線の記入

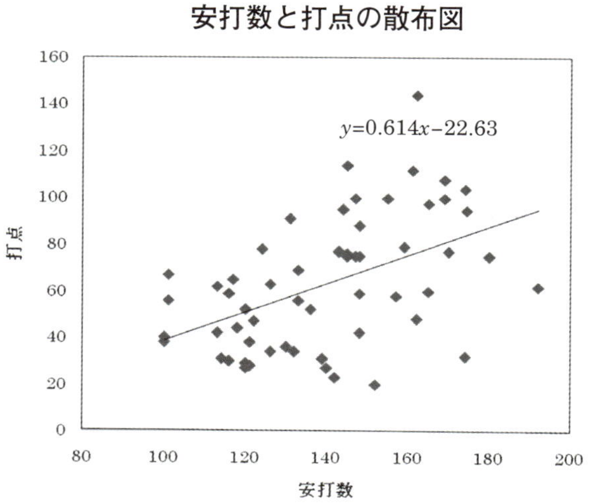

安打数と打点の散布図

y=0.614x−22.63

打点：0, 20, 40, 60, 80, 100, 120, 140, 160

安打数：80, 100, 120, 140, 160, 180, 200

図 7.28　安打数と打点の散布図と回帰直線

手順 7　信頼区間と予測区間の計算

安打数が x_0 のときの打点の母平均の区間推定や打点の予測区間は次のように計算する．まず，説明変数である安打数の値 x_0 をいくつかとり，各々の母回帰，信頼区間，予測区間を計算するセルを用意し，これらの計算に必要となる $\bar{x}$ と S_{xx} を空いているセルで計算しておく（表 7.11）．

表 7.11　信頼区間と予測区間を求める一覧表

		信頼区間			予測区間		
安打数	母回帰	区間幅	信頼下限	信頼上限	区間幅	予測下限	予測上限
100							
110							
120							
130							
140							
150							
160							
170							
180							
190							
200							

信頼区間と予測区間を計算するには，次の諸元が必要になる．各諸元は，次のように求めるとよい（図 7.29）．

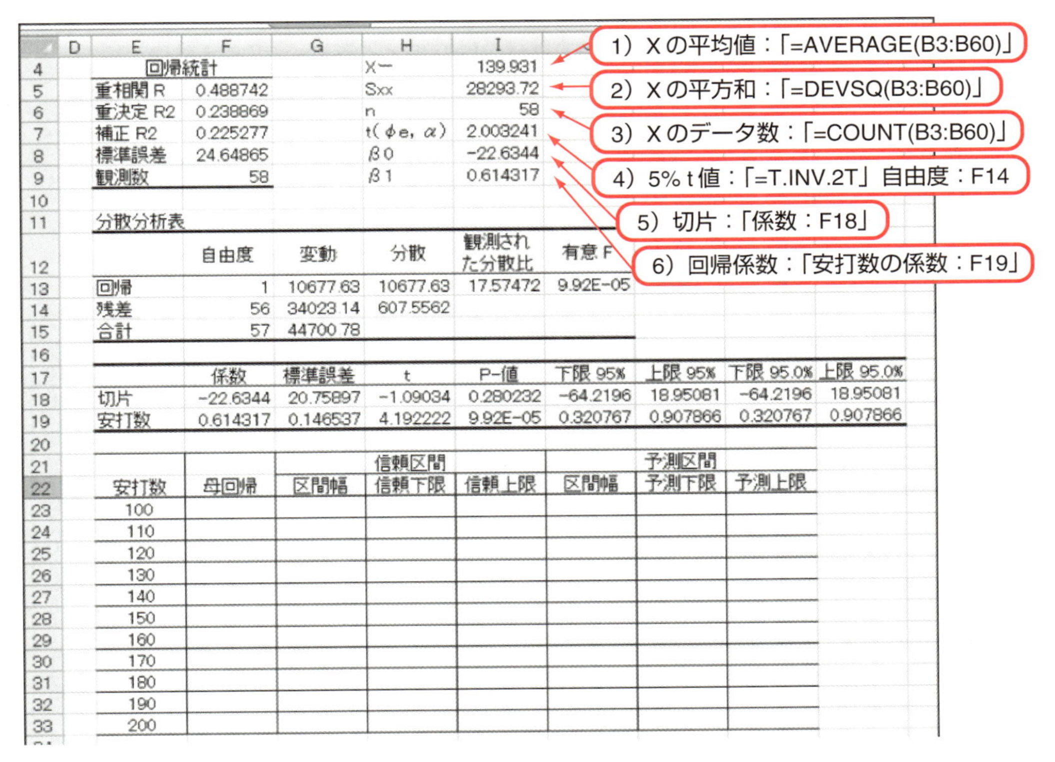

図 7.29　信頼区間と予測区間の計算

1) 説明変数Xの平均値　$\bar{x}$：関数「=AVERAGE(B3:B60)」139.931

2) 説明変数Xの平方和　S_{xx}：関数「=DEVSQ(B3:B60)」28293.72

3) データ組数　n：関数「=COUNT(B3:B60)」58

4) α%点のt値　$t(\phi_e, \alpha)$：関数「=T.INV.2T」$\phi_e=F14$，$\alpha=0.05$　2.003241

5) 切片　$\hat{\beta}_0$：「=F18」-22.6344

6) 回帰係数　$\hat{\beta}_1$：「=F19」0.614317

母回帰：$\beta_0+\beta_1 x_0$

信頼区間の区間幅：$t(\phi_e,\alpha)\sqrt{\left(\dfrac{1}{n}+\dfrac{(x-\bar{x})^2}{S_{xx}}\right)V_e}$

予測区間の区間幅：$t(\phi_e,\alpha)\sqrt{\left(1+\dfrac{1}{n}+\dfrac{(x-\bar{x})^2}{S_{xx}}\right)V_e}$

によって，各x_0について計算する．

この場合では，それぞれに入力する式は以下のようになる．

母回帰　「=$F$19＊E23+$F$18」　(7.88)

信頼区間の区間幅

「=T.INV.2T(0.05,$F$14)＊SQRT((1/$I$6+(E23-$I$4)^2/$I$5)＊$H$14)」　(7.89)

信頼下限　「=F23-G23」　(7.90)

信頼上限　「=F23+G23」　(7.91)

予測区間の区間幅

「=T.INV.2T(0.05,$F$14)＊SQRT((1+1/$I$6+(E23-$I$4)^2/$I$5)＊$H$14)」

(7.92)

予測下限　「=F23-J23」　(7.93)

予測上限　「=F23+J23」　(7.94)

表7.12　信頼区間と予測区間を求める一覧表（結果）

		信頼区間			予測区間		
安打数	母回帰	区間幅	信頼下限	信頼上限	区間幅	予測下限	予測上限
100	38.80	13.40	25.40	52.19	51.16	−12.36	89.96
110	44.94	10.92	34.02	55.86	50.57	−5.63	95.51
120	51.08	8.73	42.35	59.82	50.14	0.94	101.23
130	57.23	7.11	50.12	64.34	49.89	7.34	107.11
140	63.37	6.48	56.89	69.85	49.80	13.57	113.17
150	69.51	7.13	62.39	76.64	49.89	19.62	119.40
160	75.66	8.76	66.90	84.42	50.15	25.51	125.80
170	81.80	10.95	70.85	92.75	50.58	31.22	132.38
180	87.94	13.43	74.51	101.37	51.17	36.77	139.11
190	94.09	16.06	78.02	110.15	51.92	42.16	146.01
200	100.23	18.79	81.44	119.02	52.83	47.40	153.06

これを散布図に追加すると図 7.30 が得られる．信頼区間の下限の曲線を追加するには，まずプロットエリアを右クリックして「元のデータ」「系列」を選ぶ．そこで「系列」を「追加」して，「X の値」に安打数である「$E$37:$E$47」，「Y の値」に信頼下限である「$G$37:$G$47」を指定する．このままでは曲線にはなっていないので，「データ系列の書式設定」を選択して，「線」を適当な色と太さを指定し，「マーカー」は「なし」とする．これを他の曲線についても同様に行うと，図 7.30 が得られる．

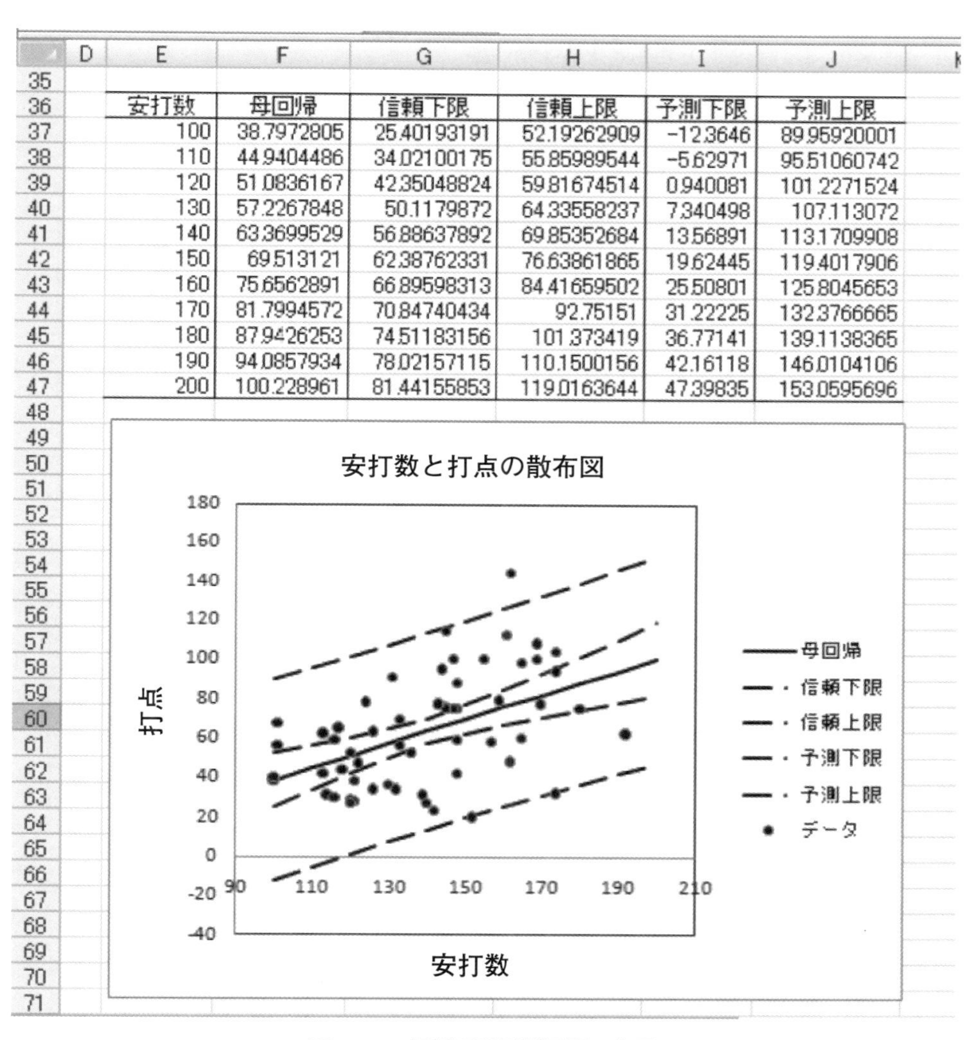

安打数	母回帰	信頼下限	信頼上限	予測下限	予測上限
100	38.7972805	25.40193191	52.19262909	-12.3646	89.95920001
110	44.9404486	34.02100175	55.85989544	-5.62971	95.51060742
120	51.0836167	42.35048824	59.81674514	0.940081	101.2271524
130	57.2267848	50.1179872	64.33558237	7.340498	107.113072
140	63.3699529	56.88637892	69.85352684	13.56891	113.1709908
150	69.513121	62.38762331	76.63861865	19.62445	119.4017906
160	75.6562891	66.89598313	84.41659502	25.50801	125.8045653
170	81.7994572	70.84740434	92.75151	31.22225	132.3766665
180	87.9426253	74.51183156	101.373419	36.77141	139.1138365
190	94.0857934	78.02157115	110.1500156	42.16118	146.0104106
200	100.228961	81.44155853	119.0163644	47.39835	153.0595696

図 7.30　信頼区間予測区間の作図

【例題 7.3】

p.248 にある耐火材のデータ（表 8.5）に対して，原料の平均粒度によって強度がどうなるかを調べるため，回帰分析を行うことにした．分析ツールを用いて解析した結果が図 7.31 である．基準化残差は，残差を標準誤差で割って求めたものである．

回帰関係は高度に有意となり，回帰直線として，$y=-0.788x+33.27$ が得られる．標準化残差も大きいものは見当たらない．グラフより，平均粒度が 12.5（μm）のとき，強度の母平均の点推定値は 23.4（MPa），95%信頼区間は 22.5〜24.4（MPa）となり，データの 95%予測区間は 20.5〜26.4（MPa）となることがわかる．

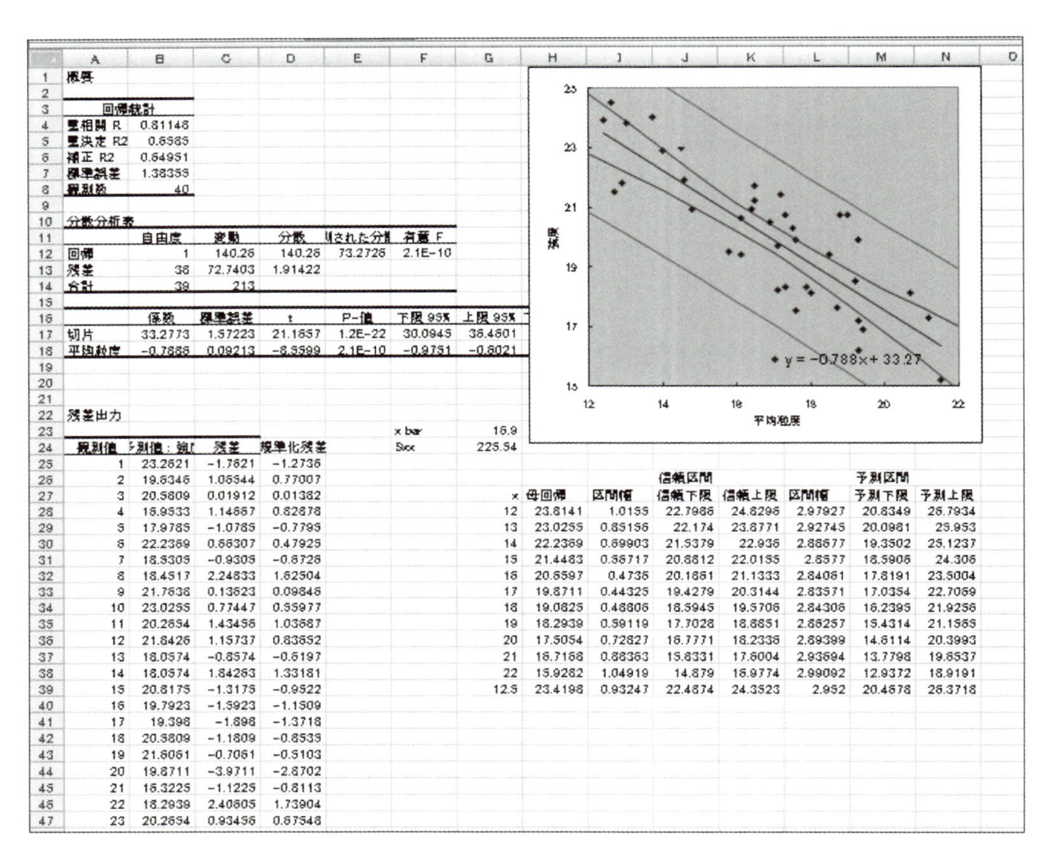

概要

回帰統計	
重相関 R	0.81148
重決定 R2	0.6585
補正 R2	0.64951
標準誤差	1.38355
観測数	40

分散分析表

	自由度	変動	分散	観測された分散比	有意 F
回帰	1	140.26	140.26	73.2726	2.1E-10
残差	38	72.7403	1.91422		
合計	39	213			

	係数	標準誤差	t	P-値	下限 95%	上限 95%
切片	33.2773	1.57223	21.1657	1.2E-22	30.0945	36.4601
平均粒度	-0.7886	0.09213	-8.5599	2.1E-10	-0.9751	-0.6021

残差出力

観測値	予測値：強度	残差	標準化残差
1	23.2621	-1.7621	-1.2736
2	19.6346	1.06544	0.77007
3	20.5809	0.01912	0.01382
4	16.9533	1.14667	0.82878
5	17.9785	-1.0785	-0.7795
6	22.2369	0.66307	0.47925
7	18.5305	-0.9305	-0.6726
8	18.4517	2.24833	1.62504
9	21.7636	0.13623	0.09846
10	23.0255	0.77447	0.55977
11	20.2654	1.43456	1.03687
12	21.8426	1.15737	0.83652
13	18.0574	-0.8574	-0.6197
14	18.0574	1.84263	1.33181
15	20.8175	-1.3175	-0.9522
16	19.7923	-1.5923	-1.1509
17	19.398	-1.898	-1.3718
18	20.5809	-1.1809	-0.8535
19	21.6061	-0.7061	-0.5103
20	19.8711	-3.9711	-2.8702
21	16.3225	-1.1225	-0.8113
22	18.2939	2.40605	1.73904
23	20.2654	0.93456	0.67548

x bar	16.9
Sxx	225.54

		信頼区間			予測区間		
x	母回帰	区間幅	信頼下限	信頼上限	区間幅	予測下限	予測上限
12	23.8141	1.0155	22.7986	24.8296	2.97927	20.8349	26.7934
13	23.0255	0.85156	22.174	23.8771	2.92745	20.0981	25.953
14	22.2369	0.69903	21.5379	22.936	2.88677	19.3502	25.1237
15	21.4483	0.56717	20.8812	22.0155	2.8577	18.5906	24.306
16	20.6597	0.4736	20.1861	21.1333	2.84061	17.8191	23.5004
17	19.8711	0.44325	19.4279	20.3144	2.83571	17.0354	22.7069
18	19.0825	0.48806	18.5945	19.5706	2.84306	16.2395	21.9256
19	18.2939	0.59119	17.7028	18.8851	2.86257	15.4314	21.1565
20	17.5054	0.72827	16.7771	18.2336	2.89399	14.6114	20.3993
21	16.7168	0.88363	15.8331	17.6004	2.93694	13.7798	19.6537
22	15.9282	1.04919	14.879	16.9774	2.99092	12.9372	18.9191
12.5	23.4198	0.93247	22.4874	24.3523	2.952	20.4678	26.3718

図 7.31　耐火材の平均粒度と強度の回帰分析結果

ほっとひと息　Part 6『どれにしようかな？』

ケーキ屋さんのショーウインドー．
ショートケーキ，モンブランをはじめとする定番ものから，
フルーツがいっぱいのったもの，シフォンケーキ系，プリン，シュークリームに至るまで，
目移りしていつも迷ってしまう．
どれもおいしいってわかっているから，
食いしん坊の彼女が選ぶ基準はズバリ
「ボリュームがあってお腹が膨れるもの」

でも，それぞれ 1 個の分量って，どれくらい？
お腹が膨れる基準って？
スポンジと生クリームの分量かなぁ．
フルーツの割合も関係する？
1 個食べたときのお腹の膨れ具合，2 個食べたときの……
やっぱりケーキを食べた数と関係があるんだ．
これって，相関があるというのかなあ？

早速ケーキ屋さんでバイトしなくっちゃ．
え？　ダイエット？
もちろんそれは「ボリュームがあってお腹が膨れるもの」がわかってから．

第8章

重回帰分析

8.1 重回帰分析の解析手順

二つ以上の説明変数を扱ったり，一つの説明変数でも多項式モデルによる回帰を考えたりする場合には，**重回帰分析**が行われる．重回帰分析は，目的変数を複数の変量の1次式として表される関数関係を考えるものである．安打数，本塁打数，三振数，犠飛打数を説明変数，打点数を目的変数として重回帰分析を行うことを考えてみよう．打点数をこれら四つの説明変数の1次式として表したものが**重回帰モデル**である．これによって，例えば安打を150本，本塁打を15本打って，三振を40回，犠打を10回した選手の打点数はいくつかを推定することもできる．しかし，この場合，打点数に関係のない変数が説明変数に用いられていたり，説明変数間に強い相関関係のある変数が含まれていたりすると，適切な重回帰モデルとはいえない．

重回帰分析の解析の流れは，次のとおりである．

Step 1　回帰母数 $\beta_0, \beta_1, \beta_2, \cdots, \beta_p$ を最小2乗法により推定する．
Step 2　回帰関係の有意性の検討を行う．
Step 3　回帰係数の有意性の検討を行う．
Step 4　自由度調整済寄与率を求めて，得られた回帰式の性能を評価する．
Step 5　説明変数の検討を行い，有用な変数を選択する．
Step 6　残差の検討を行い，得られた回帰式の妥当性を検討する．
Step 7　多重共線性の検討を行う．
Step 8　得られた回帰式を利用し，母回帰を推定し，データの値を点予測する．

8.2 回帰式の推定

p 個の説明変数 $x_1, x_2, \cdots, x_p$ が値 $x_{1i}, x_{2i}, \cdots, x_{pi}$ をとったとき，変数 y の期待値 $\mu_i = E(y \mid x_{1i}, x_{2i}, \cdots, x_{pi})$ は $x_1, x_2, \cdots, x_p$ の 1 次式として

$$\mu_i = \beta_0 + \beta_1 x_{1i} + \beta_2 x_{2i} + \cdots + \beta_p x_{pi} \tag{8.1}$$

と表す．ただし，$\beta_0, \beta_1, \beta_2, \cdots, \beta_p$ は観測データから推測すべき未知の母数であり，偏回帰係数とよばれる．観測値 y_i は誤差 ε_i を伴って観測されるため

$$\mu_i = \beta_0 + \beta_1 x_{1i} + \beta_2 x_{2i} + \cdots + \beta_p x_{pi} + \varepsilon_i \tag{8.2}$$

と表され，これが**重回帰モデルの構造式**である．ここで ε_i は平均 0，分散 σ^2 の正規分布に互いに独立に従うものである．

偏回帰係数 β_j の推定値 b_j は，観測値と予測値の差である残差の平方和が最小となるように決められる．$x_1 = x_{1i}, x_2 = x_{2i}, \cdots, x_p = x_{pi}$ のときの予測値は

$$\hat{y}_i = b_0 + b_1 x_{1i} + b_2 x_{2i} + \cdots + b_p x_{pi} \tag{8.3}$$

と表されるので，残差 e_i の平方和 $S_e = \sum e_i^2$ が最小となる推定値 b_j は，次の連立方程式の解として与えられる．

$$\begin{pmatrix} n & \sum x_{1i} & \sum x_{2i} & \cdots & \sum x_{pi} \\ \sum x_{1i} & \sum x_{1i}^2 & \sum x_{1i}x_{2i} & \cdots & \sum x_{1i}x_{pi} \\ \sum x_{2i} & \sum x_{2i}x_{1i} & \sum x_{2i}^2 & \cdots & \sum x_{2i}x_{pi} \\ \vdots & \vdots & \vdots & \ddots & \vdots \\ \sum x_{pi} & \sum x_{pi}x_{1i} & \sum x_{pi}x_{2i} & \cdots & \sum x_{pi}^2 \end{pmatrix} \begin{pmatrix} b_0 \\ b_1 \\ b_2 \\ \vdots \\ b_p \end{pmatrix} = \begin{pmatrix} \sum y_i \\ \sum x_{1i}y_i \\ \sum x_{2i}y_i \\ \vdots \\ \sum x_{pi}y_i \end{pmatrix} \tag{8.4}$$

(8.4)式の最初の式から

$$b_0 = \bar{y} - b_1\bar{x}_1 - b_2\bar{x}_2 - \cdots - b_p\bar{x}_p \tag{8.5}$$

が得られ，これを(8.4)式の残りの式に代入すると，積和平方和を用いて

$$\begin{pmatrix} S_{11} & S_{12} & \cdots & S_{1p} \\ S_{21} & S_{22} & \cdots & S_{2p} \\ \vdots & \vdots & \ddots & \vdots \\ S_{p1} & S_{p2} & \cdots & S_{pp} \end{pmatrix} \begin{pmatrix} b_1 \\ b_2 \\ \vdots \\ b_p \end{pmatrix} = \begin{pmatrix} S_{1y} \\ S_{2y} \\ \vdots \\ S_{py} \end{pmatrix} \tag{8.6}$$

と書くことができる．ここで

$$S_{kl} = \sum_{i=1}^{n} (x_{ki} - \bar{x}_k)(x_{li} - \bar{x}_l)$$
$$S_{ky} = \sum_{i=1}^{n} (x_{ki} - \bar{x}_k)(y_i - \bar{y}) \tag{8.7}$$

である．偏回帰係数の推定値 b_j は

$$\begin{pmatrix} b_1 \\ b_2 \\ \vdots \\ b_p \end{pmatrix} = \begin{pmatrix} S_{11} & S_{12} & \cdots & S_{1p} \\ S_{21} & S_{22} & \cdots & S_{2p} \\ \vdots & \vdots & \ddots & \vdots \\ S_{p1} & S_{p2} & \cdots & S_{pp} \end{pmatrix}^{-1} \begin{pmatrix} S_{1y} \\ S_{2y} \\ \vdots \\ S_{py} \end{pmatrix} \tag{8.8}$$

として求められる．$p=1$ のときは単回帰分析と同じである．

参考 5　逆行列

正方行列（行数と列数の同じ行列）A（例えば，$p \times p$ 行列）に対して，

$$AA^{-1} = A^{-1}A = I_p = \begin{bmatrix} 1 & 0 & \cdots & 0 \\ 0 & 1 & \cdots & 0 \\ \vdots & \vdots & \ddots & \vdots \\ 0 & 0 & \cdots & 1 \end{bmatrix} \qquad I_p : p \text{ 次の単位行列} \tag{8.9}$$

を満たす行列 A^{-1} を A の逆行列と呼ぶ．正方行列に対して逆行列は常に存在するとは限らないが，もし存在するなら一意である．2×2 行列の場合には次のように逆行列を簡単に求めることができる．

$$A = \begin{bmatrix} a & b \\ c & d \end{bmatrix} \quad \Leftrightarrow \quad A^{-1} = \frac{1}{ad-bc} \begin{bmatrix} d & -b \\ -c & a \end{bmatrix} \tag{8.10}$$

ただし，$ad-bc=0$ の場合には逆行列は存在しない．

8.3 回帰関係の有意性検討

総平方和は，単回帰分析と同じように，回帰による平方和と残差平方和に分解することができる．

$$S_T=S_R+S_e \tag{8.11}$$

ここで，回帰による平方和 S_R は

$$S_R=b_1S_{1y}+b_2S_{2y}+\cdots+b_pS_{py} \tag{8.12}$$

となる．総平方和 S_T から回帰による平方和 S_R をひいたのが残差平方和 S_e である．回帰による平方和と残差平方和の自由度はそれぞれ

$$\phi_R=p \tag{8.13}$$

$$\phi_e=n-p-1 \tag{8.14}$$

となり，誤差分散 σ^2 の推定値 V_e は

$$V_e=\frac{S_e}{n-p-1} \tag{8.15}$$

となる．以上の結果から，回帰関係が有意であるかどうかの検定のための分散分析表を得る．

表 8.1　分散分析表

要　因	平方和	自由度	平均平方	F値
回帰 R	S_R	$\phi_R=p$	$V_R=S_R$	$F_0=\dfrac{V_R}{V_e}$
残差 e	$S_e=S_T-S_R$	$\phi_e=n-p-1$	$V_e=\dfrac{S_e}{n-p-1}$	
計 T	$S_T=S_{yy}$	$\phi_T=n-1$		

8.4 回帰係数の有意性検討

個々の偏回帰係数 β_j がゼロかどうかの検定は，

$$t_0=\frac{\hat{\beta}_j}{\sqrt{S^{jj}V_e}} \tag{8.16}$$

が自由度 $n-p-1$ の t 分布に従うことに基づいて行われる．ここで，S^{jj} は(8.8)式の逆行列の (j,j) 成分を表している．

8.5 寄与率と自由度調整済寄与率

データ y_i と予測値 $\hat{y}_i$ の相関係数を，**重相関係数**という．回帰式への当てはめのよさを測る指標である**寄与率**は，重相関係数の2乗で与えられる．

$$R^2=\frac{S_R}{S_T}=1-\frac{S_e}{S_T} \tag{8.17}$$

しかし，重回帰分析では説明変数の数 p が大きくなると，寄与率は大きくなってしまうため，自由度による調整を行って

$$R^{*2}=1-\frac{V_e}{V_T}=1-\frac{\dfrac{S_e}{n-p-1}}{\dfrac{S_T}{n-1}} \tag{8.18}$$

を考えることが多い．これを**自由度調整済み寄与率**という．また，

$$R^*=\sqrt{1-\frac{V_e}{V_T}} \tag{8.19}$$

を**自由度調整済み重相関係数**という．

8.6 点　予　測

説明変数の任意の値 $x_{10}, x_{20}, \cdots, x_{p0}$ に対して，そのときの母回帰の点推定値やデータの予測値は

$$\hat{y}_i=b_0+b_1x_{1i}+b_2x_{2i}+\cdots+b_px_{pi} \tag{8.20}$$

と表される．なお，母回帰の区間推定やデータの予測区間については煩雑となるので省略する．

8.7 Excel「分析ツール」による重回帰分析の解析手順

安打数（x_1），本塁打数（x_2），三振数（x_3），犠飛打数（x_4）を説明変数として，打点（y）との関係を調べてみよう．

まず，データ表を作成し，「データ」タブの「データ分析」から「回帰分析」を選択し，「入力Y範囲」には目的変数，「入力X範囲」には説明変数のデータ範囲を指定する．残差検討をするためには「残差」の欄にチェックを入れておく．得られた散布図は適切な形状になっていないので，見やすい形に整える．

表8.2　データ表

No.	打点	安打	本塁打	三振	犠飛打
1	104	174	31	94	3
2	108	169	41	126	7
3	62	192	13	78	5
4	75	148	23	42	5
5	77	170	32	128	4
6	75	180	19	120	7
7	144	162	47	151	6
8	98	165	26	98	5
9	75	147	20	80	5
10	31	139	2	49	15
11	100	169	25	117	9
12	94	174	39	112	1
13	56	133	10	76	6
14	58	157	15	111	4
15	36	130	8	62	14
16	79	159	25	113	11
17	32	174	6	99	6
18	48	162	8	72	28
19	23	142	0	60	16
20	52	120	10	53	13
21	59	116	9	83	11
22	78	124	17	94	13
23	77	143	15	86	1
24	69	133	24	102	5
25	20	152	0	94	10
26	59	148	11	57	11
27	112	161	26	104	10
28	114	145	34	153	14
29	38	100	9	102	16
30	76	145	19	37	4
31	100	147	31	115	3
32	34	126	4	51	3
33	100	155	32	85	8
34	52	136	4	52	10
35	27	140	3	54	27
36	75	145	26	74	8
37	63	126	16	66	4
38	29	120	2	68	6
39	28	121	3	42	17
40	88	148	28	75	6
41	42	113	7	60	38
42	38	121	1	55	26
43	95	144	19	84	4
44	77	143	26	119	6
45	60	165	6	70	14
46	34	132	2	79	29
47	44	118	4	42	36
48	42	148	9	103	26
49	27	120	4	61	7
50	91	131	29	112	6
51	65	117	17	72	4
52	31	114	9	64	20
53	30	116	6	41	3
54	47	122	9	74	14
55	56	101	17	95	13
56	62	113	16	76	13
57	40	100	6	63	19
58	67	101	19	116	2

なお，「分析ツール」で計算された「標準残差」は，残差の自由度を「n-1」で計算しているため，残差の分散から計算し直したほうがよい．

手順1　データの入力

図8.1に示すように，n 組のデータを縦に入力する．

手順2「分析ツール」の起動

「データ」タブの「分析」の中の「データ分析」をクリックする．「データ分析」画面が表示されたら，「分析ツール(A)」の中の「回帰分析」を選択し，「OK」をクリックする（図 8.1）．

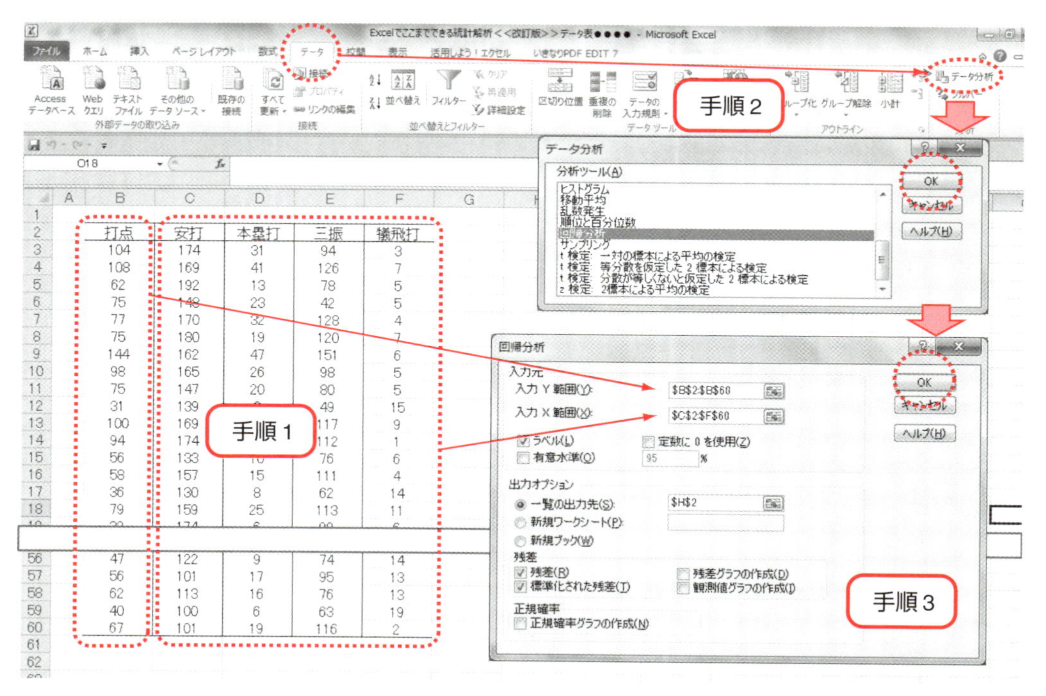

図 8.1　「分析ツール」の起動と「(重) 回帰分析」入力画面の表示

手順 3　回帰分析諸元の入力

図 8.2 の「回帰分析」入力画面上に必要なデータや諸元を入力する．

1）入力元：回帰分析するデータを入力する．指定する範囲は，項目名とデータとする．

　入力 Y 範囲(Y)：目的変数を入力する．図 8.2 では，「B2:B60」打点となる．

　入力 X 範囲(X)：説明変数を入力する．図 8.2 では，「C2:F60」安打，本塁打，三振，犠飛打と対象となる説明変数全体を指定する．

2）ラベル(L)：入力 Y，入力 X に項目名を指定した場合，□内に「✓」チェックマークを入れる．

3）出力オプション：計算結果を表示させるところを指定する．

　○一覧の出力先(S)：データ表と同じシートに表示させる．このとき，表示させる箇所の左上端のセル番号を入力する．ここでは，「H2」である．

　　注）一覧の出力先(S) にチェックマークを入れると，データ入力箇所が「入力 Y 範囲（Y)」に飛ぶので，「一覧の出力先(S)」の右にあるセル指定マスにカーソルを当てなおす必要がある．

　○新規ワークシート(P)：別のワークシートに表示する．

　○新規ブック(W)：別の Excel ファイルに表示する．

4）残差：残差の計算やグラフの作成を行うものについて，□内に「✓」チェックマークを入れる．

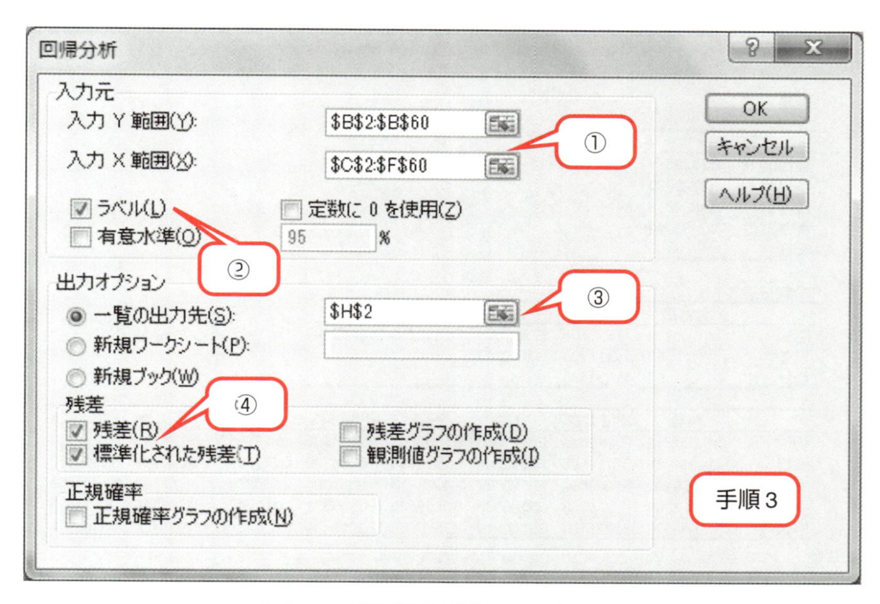

図 8.2　重回帰分析諸元の入力画面

□残差(R)：残差を計算し，一覧表に表示する．

□標準化された残差(T)：標準残差を計算し，一覧表に表示する．

注）ここで，**「標準化された残差」**は，残差自由度を「$n-1$」で計算されている．したがって，正確な標準残差は，上記の分散分析表で得られた結果の誤差分析「V_e」を使って計算する．

□残差グラフの作成(D)：観測 No.と残差の散布図を表示する．

注）残差の検討を行う場合は，別で計算された**「標準残差」**と観測 No.の散布図を「挿入」タブの**「グラフ」**の中の**「散布図」**から作成するとよい．

□観測値グラフの作成(I)：データ X とデータ Y の散布図を表示する．

注）見やすい散布図を作成するには，**「挿入」**タブの**「グラフ」**の中の**「散布図」**より作成するとよい．

手順 4　回帰分析結果の表示

図 8.2 の諸元入力後，「OK」をクリックすると，図 8.3 の画面が表示される．

1）回帰係数と回帰式

図 8.3 の I18～I22 の係数から，切片は，母回帰係数は，

「安　打」の母回帰係数：0.0964486

「本塁打」の母回帰係数：2.2158732

「三　振」の母回帰係数：−0.017384

「犠飛打」の母回帰係数：0.0599429

となり，回帰式は

$$\hat{y}=15.507932+0.0964486x_1+2.2158732x_2-0.017384x_3+0.0599429x_4 \qquad (8.21)$$

となる．

8

概要

回帰統計	
重相関 R	0.9328875
重決定 R2	0.8702792
補正 R2	0.8604889
標準誤差	10.459826
観測数	58

分散分析表

	自由度	変動	分散	測された分散	有意 F
回帰	4	38902.154	9725.5384	88.892414	7.518E-23
残差	53	5798.6223	109.40797		
合計	57	44700.776			

	係数	標準誤差	t	P-値	下限 95%	上限 95%	下限 95.0%	上限 95.0%
切片	15.507932	10.312535	1.5037945	0.1385703	−5.176392	36.192257	−5.176392	36.192257
安打	0.0964486	0.0713903	1.3510049	0.1824334	−0.046742	0.2396393	−0.046742	0.2396393
本塁打	2.2158732	0.1889584	11.726777	2.402E-16	1.8368706	2.5948758	1.8368706	2.5948758
三振	−0.017384	0.0708	−0.245536	0.8069899	−0.159391	0.124623	−0.159391	0.124623
犠飛打	0.0699429	0.1871509	0.3202917	0.7500066	−0.315434	0.4353201	−0.315434	0.4353201

残差出力

観測値	予測値: 打点	残差	標準残差
1	99.527795	4.4722047	0.443401
2	120.88777	−12.88777	−1.27777
3	61.776182	0.2238184	0.0221907
4	80.316997	−5.316997	−0.527159
5	100.82676	−23.82676	−2.362327
6	73.303798	1.6962022	0.1681716
7	133.01333	10.986673	1.0892842
8	87.630742	10.369258	1.02807
9	72.912339	2.0876609	0.2069831
10	33.393364	−2.393364	−0.237292
11	85.71014	14.28986	1.4167819
12	116.82198	−22.82198	−2.262707

図 8.3　重回帰分析の結果表示

2）回帰関係の有意性

図 8.4 において，分散分析表の「観測された分散比」が 88.89241 であり，「有意 F」の欄が 7.52E-23 となっている．

0.05>「有意 F」=7.52E-23　(8.22)

以上の結果から，回帰は有意となると判断される．

3）回帰係数の有意性

図 8.4 において，「t」は各「係数」の値を示しており，これが 0 かどうかを検定したときに有意となる確率が「P-値」である．「P-値」が 5%より小さければ有意，1%より小さければ高度に有意と判定される．この場合，

「安　打」の t 値： 1.351005（P 値=18.2433%）

「本塁打」の t 値： 11.72678（P 値=2.4E-8%）

「三　振」の t 値： −0.24554（P 値=80.699%）

「犠飛打」の t 値： 0.320292（P 値=75.0007%）

であり，棄却域のため，「本塁打」だけが有意水準 5%で有意であり，$\hat{\beta}_1 \neq 0$ といえる．他の

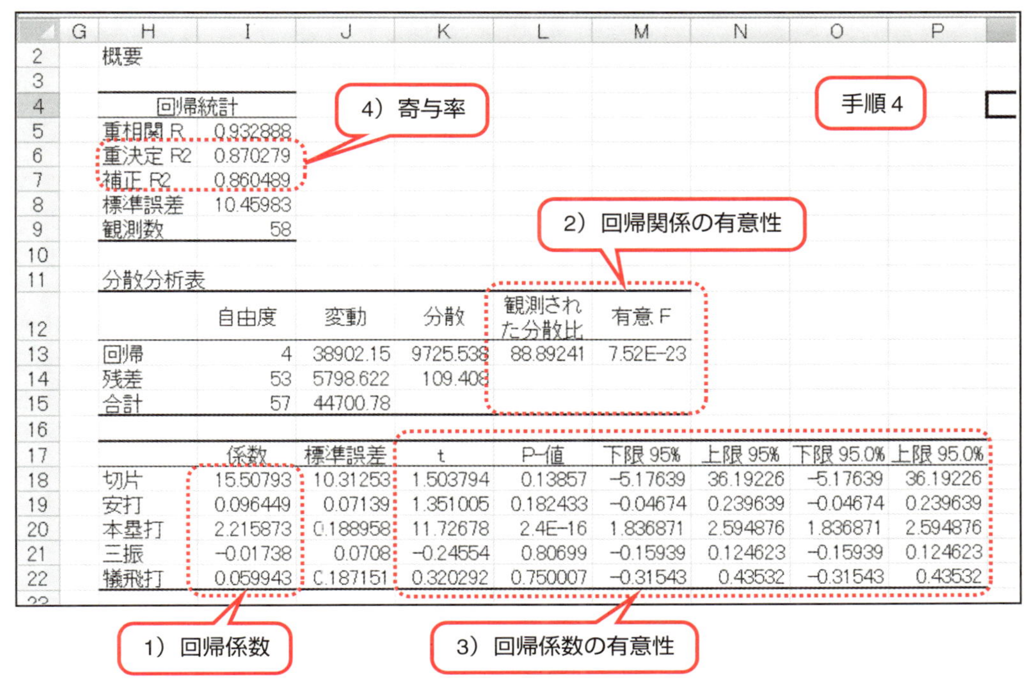

概要

回帰統計	
重相関 R	0.932888
重決定 R2	0.870279
補正 R2	0.860489
標準誤差	10.45983
観測数	58

分散分析表

	自由度	変動	分散	観測された分散比	有意 F
回帰	4	38902.15	9725.538	88.89241	7.52E-23
残差	53	5798.622	109.408		
合計	57	44700.78			

	係数	標準誤差	t	P-値	下限 95%	上限 95%	下限 95.0%	上限 95.0%
切片	15.50793	10.31253	1.503794	0.13857	−5.17639	36.19226	−5.17639	36.19226
安打	0.096449	0.07139	1.351005	0.182433	−0.04674	0.239639	−0.04674	0.239639
本塁打	2.215873	0.188958	11.72678	2.4E−16	1.836871	2.594876	1.836871	2.594876
三振	−0.01738	0.0708	−0.24554	0.80699	−0.15939	0.124623	−0.15939	0.124623
犠飛打	0.059943	0.187151	0.320292	0.750007	−0.31543	0.43532	−0.31543	0.43532

図 8.4　結果の解説

偏回帰係数は 0 でないとはいえない．

4）寄与率

重相関係数は「**重相関 R**」の欄から，0.932888 となる．寄与率は「**重決定 R2**」の欄から 0.870279，自由度調整済寄与率は「**補正 R2**」の欄から 0.860489 である．

手順 5　変数の検討

説明変数を増やせば寄与率は高くなっていくが，目的変数に関係のない変数が入ったり説明変数の間に情報の重複が多くなったりする．つまり，目的変数に全く関係のない説明変数であっても，それを重回帰式に取り入れると寄与率は高くなる．しかし，本来関係のない変数であるので，それを重回帰式に入れるのは不適切である．できるだけ単純で，良い予測のできる回帰式を見つけなければならない．そのためには適切な説明変数を選択する必要がある．

F 検定に基づいた変数選択法では，F 値の有意性を目安として，分散分析のときと同じように判断する．F 値は t 値の 2 乗として計算されるが，一般に F 値が 2.0 より小さければ説明変数から外す．これは有意水準を約 20%としていることに対応しており，Excel の出力では「**P-値**」が 20%以上かどうか，あるいは「**t**」の 2 乗が 2.0 より小さいかどうかで判断できる．

図 8.4 の野球のデータでは，「**三振**」と「**犠飛打**」は，t 値も小さく P 値も大きいので，説明変数から外して，もう一度，重回帰分析を行う（図 8.5）．

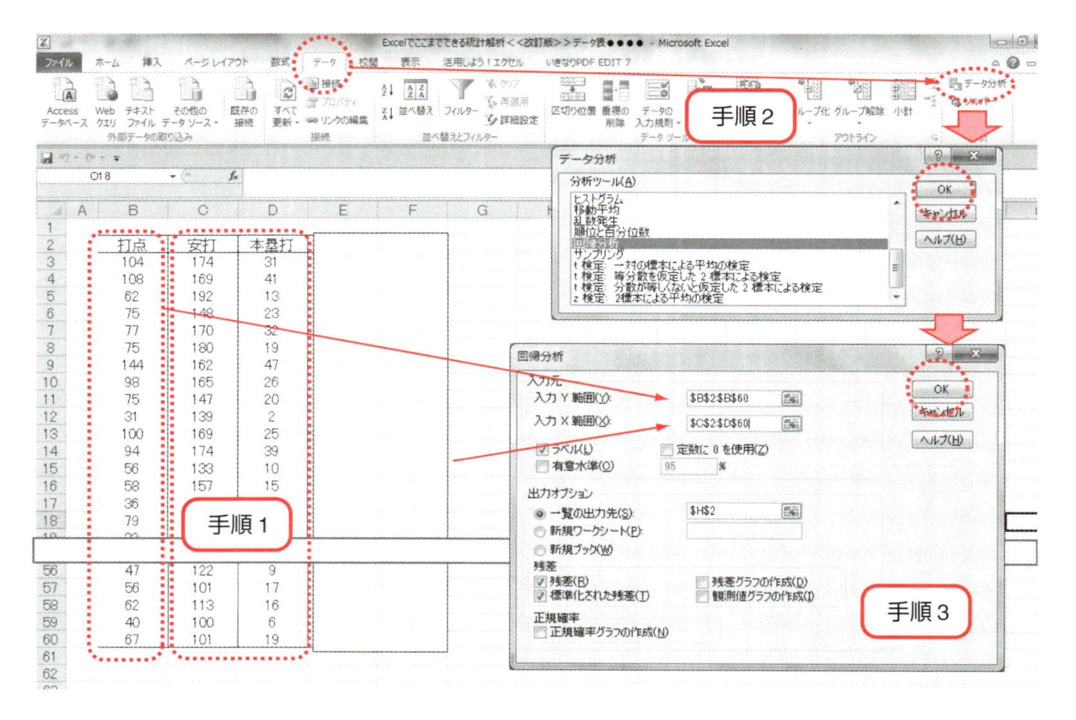

図 8.5　変数検討後の重回帰分析の実行

変数検討後の重回帰分析の結果を図 8.6 に示す．結果は次のとおりである．

1)　「有意 F」の欄が 4.38E-25 となり，回帰は高度に有意となる．

2)　重回帰式は $\hat{\mu}=16.161759+0.0915269x_1+2.1684287x_2$ となる．

3)　重相関係数は 0.9326884，寄与率は 0.8699077，自由度調整済み寄与率は 0.8651771 である．最初の重回帰式と比較すると，説明変数が二つに減っているので，重相関係数と寄与率は下がっているが，自由度を調整した寄与率は 0.860489 から 0.8651771 と上がっていることがわかる．説明変数が減少しても，実質的な寄与率は上がっている．

手順 6　残差の検討（図 8.7，図 8.8）

得られた重回帰式の妥当性を検討するために，残差 $e_i=y_i-\hat{y}_i$ をみる．単回帰分析では散布図によって妥当性をみることもできるが，重回帰分析では複数の説明変数を取り上げているため，残差検討は重要である．検討方法は単回帰分析と同様で，残差 e_i を誤差分散の推定値によって標準化した標準化残差を求める．

$$e_i{}' = \frac{e_i}{\sqrt{V_e}} \tag{8.23}$$

$e_i{}'$ の値が ±3 を超えているものがないかをみるとともに，各説明変数について点（x_{ki}, $e_i{}'$）を散布図に表して，曲線的な構造がないか，誤差の等分散性はあるかなどを確認する．標準化残差で 3 を超えるものはなく，特に問題はみられない．

概要

回帰統計	
重相関 R	0.9326884
重決定 R2	0.8699077
補正 R2	0.8651771
標準誤差	10.282577
観測数	58

分散分析表

	自由度	変動	分散	測された分散	有意 F
回帰	2	38885.549	19442.775	183.88838	4.384E-25
残差	55	5815.2266	105.73139		
合計	57	44700.776			

	係数	標準誤差	t	P-値	下限 95%	上限 95%	下限 95.0%	上限 95.0%
切片	16.161759	8.9797636	1.7997978	0.0773784	-1.83409	34.157607	-1.83409	34.157607
安打	0.0915269	0.0690026	1.3264259	0.1901803	-0.046757	0.2298112	-0.046757	0.2298112
本塁打	2.1684287	0.1327583	16.333661	9.348E-23	1.9023751	2.4344822	1.9023751	2.4344822

残差出力

観測値	予測値: 打点	残差	標準残差
1	99.308722	4.6912779	0.4644567
2	120.53537	-12.53537	-1.241056
3	61.92449	0.0755102	0.0074758
4	79.581594	-4.581594	-0.453598
5	101.11104	-24.11104	-2.387097
6	73.836739	1.1632606	0.1151678
7	132.90526	11.094742	1.0984273
8	87.642837	10.357163	1.0254038
9	72.984781	2.0152186	0.1995153
10	33.220851	-2.220851	-0.219874
11	85.840516	14.159484	1.40185
12	116.65615	-22.65615	-2.243057
13	50.019119	5.9808813	0.592133
14	63.057907	-5.057907	-0.500755

図 8.6　変数検討後の重回帰分析結果

手順 7　多重共線性の検討

また，重回帰分析に特有の問題として，多重共線性とよばれるものがある．いかに寄与率の高い重回帰式が得られたとしても，説明変数間に強い相関関係がみられるときには，偏回帰係数の推定値が不安定になり，信用できないものになってしまう．説明変数間の相関係数の大きさが 1 に近いものがあれば，一方を説明変数から取り除くなどして安定した回帰式を求めることが行われる．

表 8.3 は，Excel 分析ツールで計算した説明変数間の相関係数である．各相関係数とも 1 に近いものがないので，多重共線性はないものと思われる．

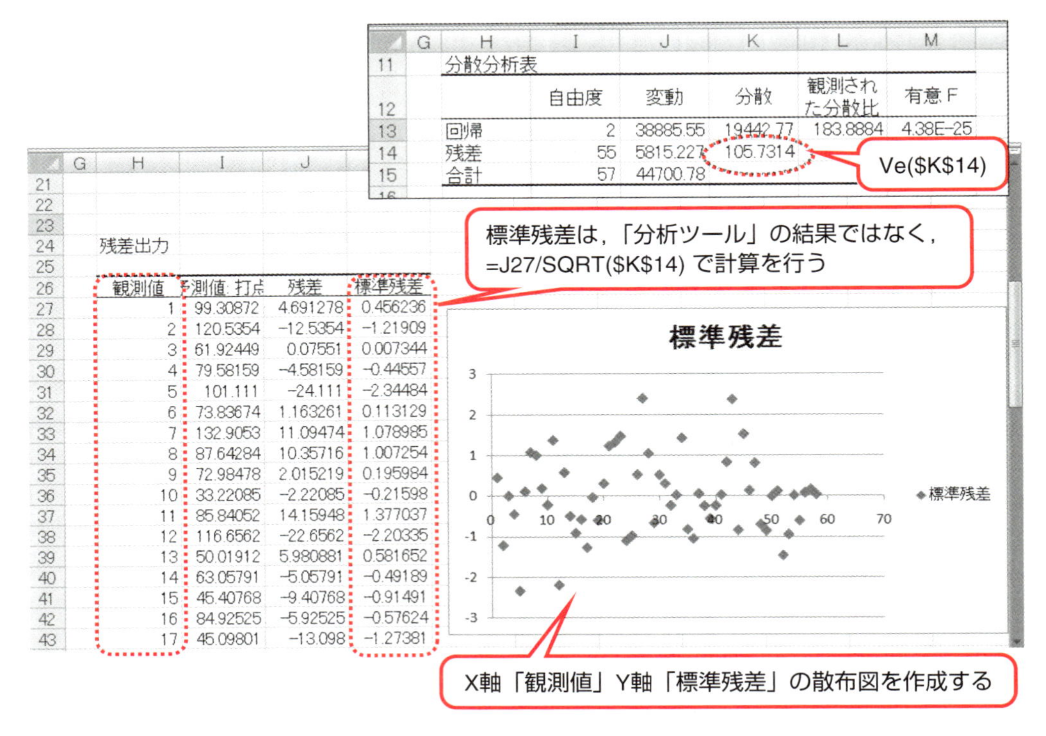

図 8.7　残差の検討

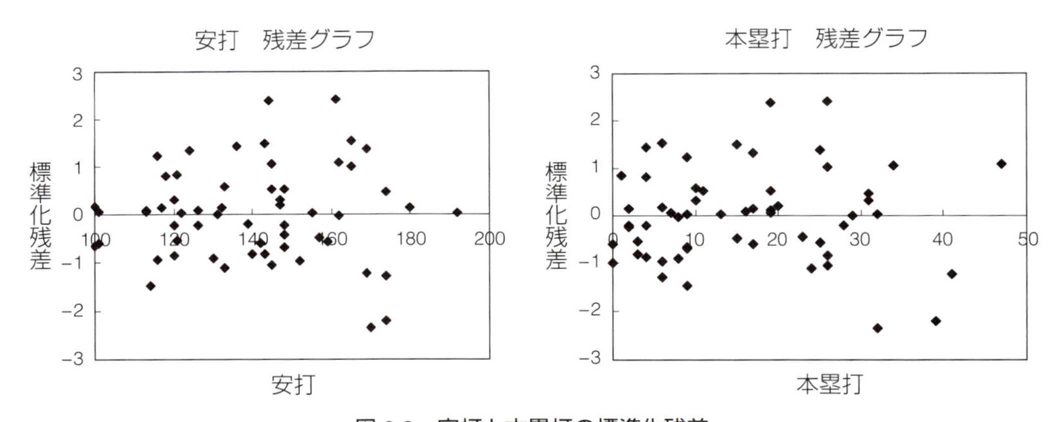

図 8.8　安打と本塁打の標準化残差

表 8.3　相 関 係 数

	安　打	本塁打	三　振	犠飛打
安　打	1			
本塁打	0.463851	1		
三　振	0.41405	0.705574	1	
犠飛打	−0.31606	−0.4982	−0.3148	1

【例題 8.1】アンケートデータの解析

あるコンビニチェーンで売上高に影響を及ぼしている要因を探るために，35 の店舗でアンケート調査を行った．「接客態度」「立地条件」「店内の明るさ」について 5 段階評価をしてもらい，店舗ごとに平均点を算出した．売上高を目的変数（y）とし，説明変数として売り場面積（x_1），接客態度（x_2），立地条件（x_3），店内の明るさ（x_4）を取り上げ，重回帰分析を行った．

表 8.4　コンビニの売上関係のデータ

売上高	面積	接客態度	立地条件	明るさ
636	240	4.49	4.34	3.95
453	221	4.14	3.47	3.76
691	249	4.82	4.38	2.87
554	210	4.19	3.88	4.58
438	189	3.83	3.42	3.34
528	202	3.73	3.97	4.57
393	178	3.47	3.35	4.35
513	258	3.66	3.75	3.86
583	191	4.08	4.12	3.69
377	207	3.27	3.36	3.80
524	185	3.96	3.85	3.84
592	181	4.49	4.11	3.83
675	211	4.74	4.03	2.86
474	184	3.83	3.53	3.01
618	177	4.25	4.16	3.35
538	231	4.56	4.08	3.07
493	219	3.94	3.51	3.39
421	176	3.47	3.31	3.29
566	220	4.18	4.25	2.92
550	115	3.84	3.74	3.30
483	178	3.75	3.47	2.85
628	187	4.68	4.55	4.07
340	129	3.37	3.28	2.74
631	234	4.11	4.08	2.85
463	169	3.57	3.41	2.98
524	192	3.38	3.69	3.42
403	125	3.41	3.32	3.37
379	180	3.09	3.60	3.32
442	204	3.94	3.30	3.59
546	160	3.53	3.79	3.95
540	174	3.55	3.74	3.49
542	256	4.30	3.98	3.35
424	157	3.57	3.57	3.78
488	161	3.68	3.27	3.37
333	207	2.89	3.59	3.69

まず，相関分析を行う．分析ツールから**「相関」**を選び，入力範囲として 5 列を指定する．

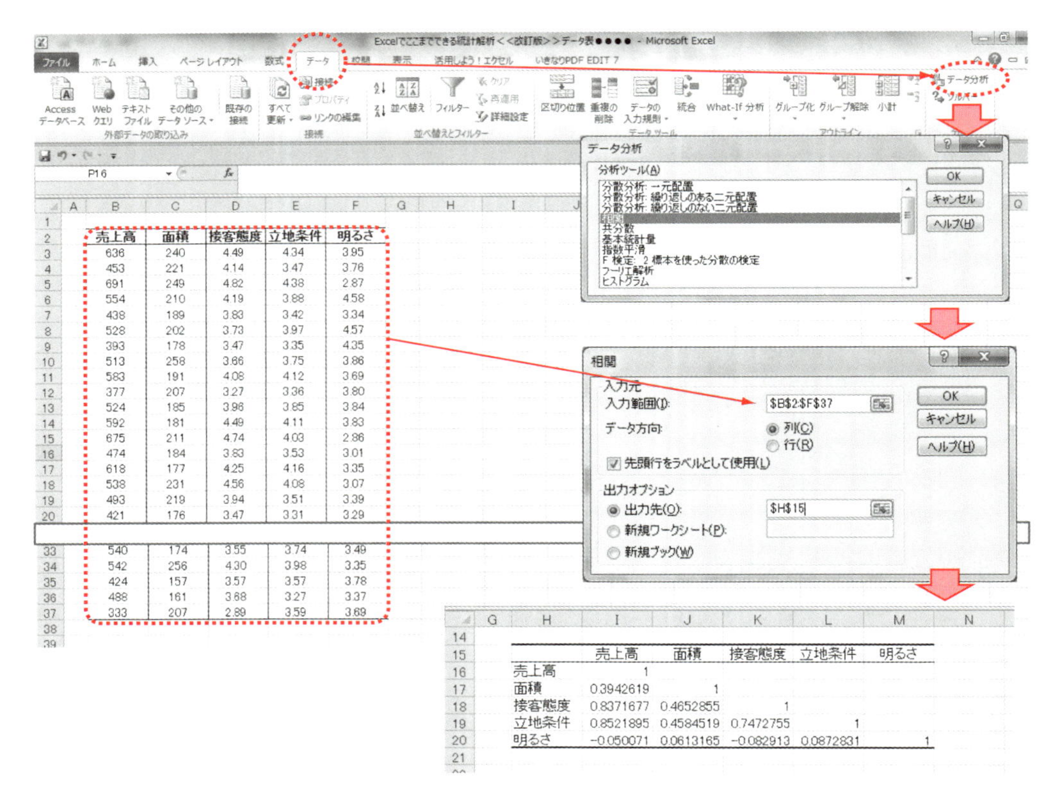

図 8.9　Excel「分析ツール」による相関係数の計算

	売上高	面積	接客態度	立地条件	明るさ
売上高	1				
面積	0.3942619	1			
接客態度	0.8371677	0.4652855	1		
立地条件	0.8521895	0.4584519	0.7472755	1	
明るさ	−0.050071	0.0613165	−0.082913	0.0872831	1

図 8.10　相関係数の結果

立地条件と接客態度の間に正の相関がみられるが，それほど大きくはない．このデータに対して重回帰分析を行う．

分散分析の結果から，

0.05>「有意 F」=6.595-E 11

ので，回帰は有意である．

自由度調整済み寄与率は 80.01997%である．

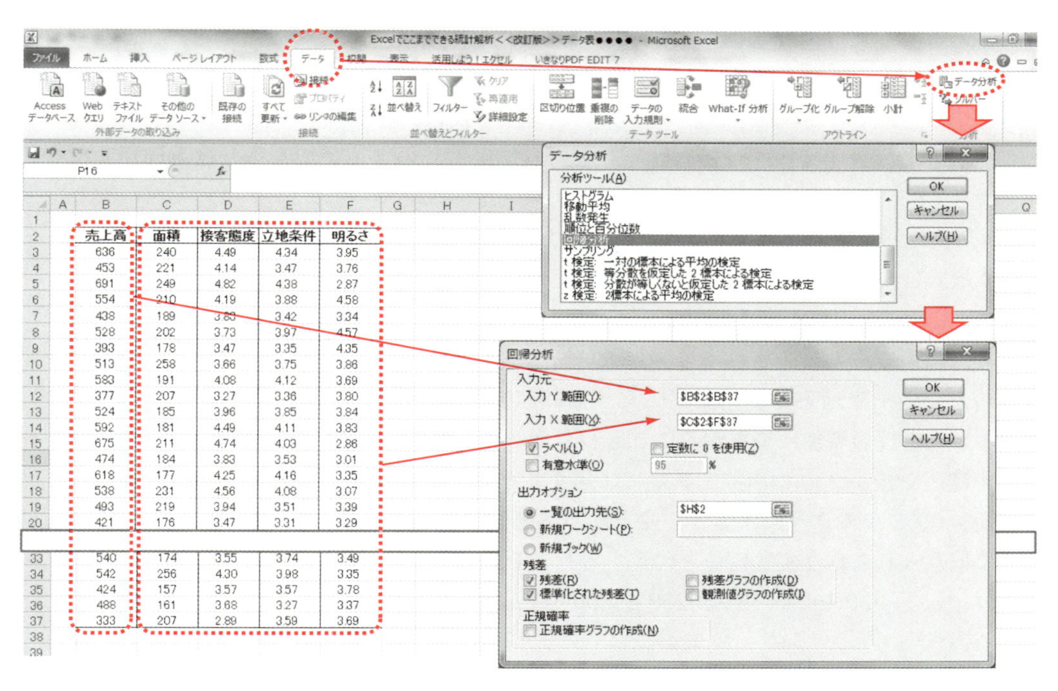

売上高	面積	接客態度	立地条件	明るさ
636	240	4.49	4.34	3.95
453	221	4.14	3.47	3.76
691	249	4.82	4.38	2.87
554	210	4.19	3.88	4.58
438	189	3.83	3.42	3.34
528	202	3.73	3.97	4.57
393	178	3.47	3.35	4.35
513	258	3.66	3.75	3.86
583	191	4.08	4.12	3.69
377	207	3.27	3.36	3.80
524	185	3.96	3.85	3.84
592	181	4.49	4.11	3.83
675	211	4.74	4.03	2.86
474	184	3.83	3.53	3.01
618	177	4.25	4.16	3.35
538	231	4.56	4.08	3.07
493	219	3.94	3.51	3.39
421	176	3.47	3.31	3.29
540	174	3.55	3.74	3.49
542	256	4.30	3.98	3.35
424	157	3.57	3.57	3.78
488	161	3.68	3.27	3.37
333	207	2.89	3.59	3.69

図 8.11　Excel「分析ツール」による回帰分析（全変数）

概要

回帰統計	
重相関 R	0.9075823
重決定 R2	0.8237056
補正 R2	0.8001997
標準誤差	41.495721
観測数	35

分散分析表

	自由度	変動	分散	則された分散	有意 F
回帰	4	241357.9	60339.474	35.042485	6.595E-11
残差	30	51656.845	1721.8948		
合計	34	293014.74			

	係数	標準誤差	t	P-値	下限 95%	上限 95%	下限 95.0%	上限 95.0%
切片	−292.1112	88.274016	−3.309141	0.0024405	−472.3908	−111.8316	−472.3908	−111.8316
面積	−0.172391	0.237197	−0.726786	0.4729904	−0.656812	0.3120294	−0.656812	0.3120294
接客態度	88.039122	23.59386	3.7314421	0.0007942	39.854033	136.22421	39.854033	136.22421
立地条件	141.31964	30.956221	4.5651452	7.93E−05	78.098607	204.54068	78.098607	204.54068
明るさ	−10.85058	15.214389	−0.713179	0.4812463	−41.92251	20.221344	−41.92251	20.221344

図 8.12　重回帰分析の結果

偏回帰係数の有意性を図 8.12 から判断すると次のようになる．

「面　　積」の t 値＝−0.726786，P-値＝0.4729904

「接客態度」の t 値＝3.7314421，P-値＝0.0007942

「立地条件」の t 値＝4.5651452，P-値＝7.39E-05

「明 る さ」の t 値＝−0.713179，P-値＝0.4812463

この結果から，面積と明るさの偏回帰係数は，t 値が小さく，P 値も大きいので，説明変数から外すことにする．

したがって，説明変数を「接客態度」と「立地条件」の 2 変数でもう一度重回帰分析を行う（図 8.13）．

2 変数で行った重回帰分析の結果，次のことがわかる．

重回帰式は

$$\hat{\mu} = -330.1524 + 88.250252 x_2 + 132.24746 x_3 \tag{8.24}$$

となり，自由度調整済み寄与率は 80.56962%となっている．標準化残差をみても，特に異常はみられない．立地条件が売上げに大きく影響していることがわかる．また，接客態度が向上すると売上げの増加につながることもわかる．

例えば，面積が 200 の店舗を新規に出店するとき，接客態度が 4.00，立地条件が 4.00，明るさが 4.00 となるようにすると，売上高の予測値はいくらになるであろうか．得られた重回帰式に取り入れられた変数に値を代入すると，予測値は

$$y_0 = -330.1524 + 88.250252 \times 4.00 + 132.24746 \times 4.00 = 551.85 \tag{8.25}$$

となる．

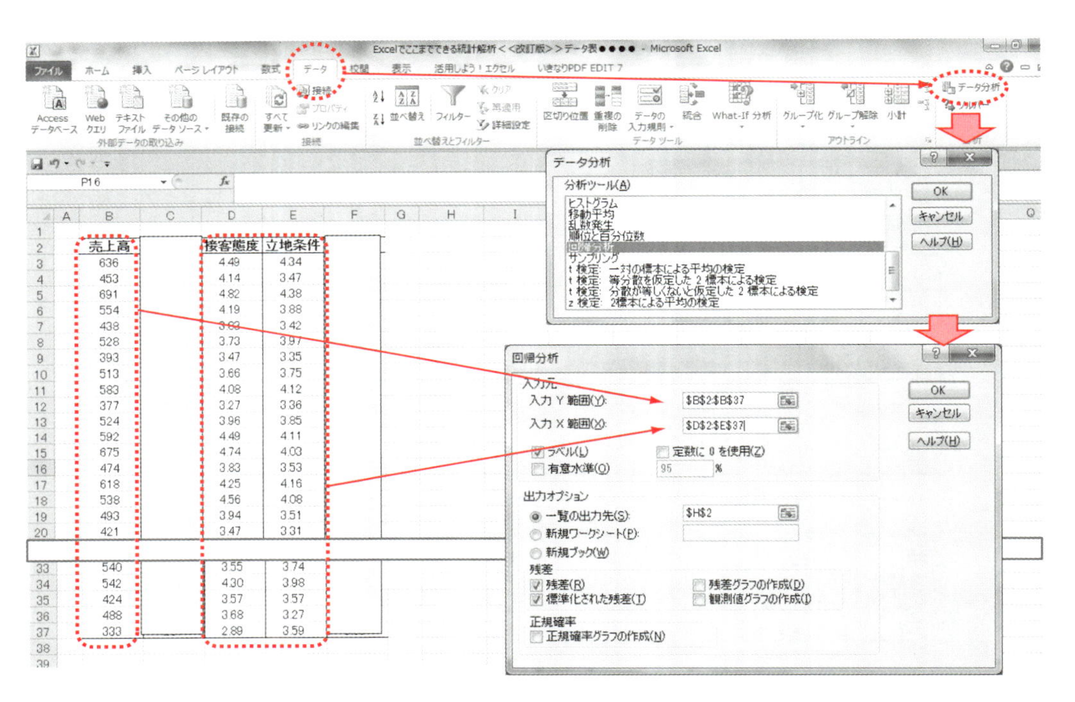

図 8.13　変数減少後の重回帰分析

	G	H	I	J	K	L	M	N	O	P	Q
1											
2		概要									
3											
4		回帰統計									
5		重相関 R	0.9039501								
6		重決定 R2	0.8171258								
7		補正 R2	0.8056962								
8		標準誤差	40.920974								
9		観測数	35								
10											
11		分散分析表									
12			自由度	変動	分散	刂された分散	有意 F				
13		回帰	2	239429.91	119714.95	71.491842	1.565E-12				
14		残差	32	53584.835	1674.5261						
15		合計	34	293014.74							
16											
17			係数	標準誤差	t	P-値	下限 95%	上限 95%	下限 95.0%	上限 95.0%	
18		切片	-330.1524	73.478392	-4.49319	8.609E-05	-479.823	-180.4818	-479.823	-180.4818	
19		接客態度	88.250252	22.127776	3.9882115	0.000362	43.177447	133.32306	43.177447	133.32306	
20		立地条件	132.24746	29.31862	4.5106986	8.187E-05	72.527386	191.96754	72.527386	191.96754	
21											

図 8.14　変数選択実施後の重回帰分析の結果

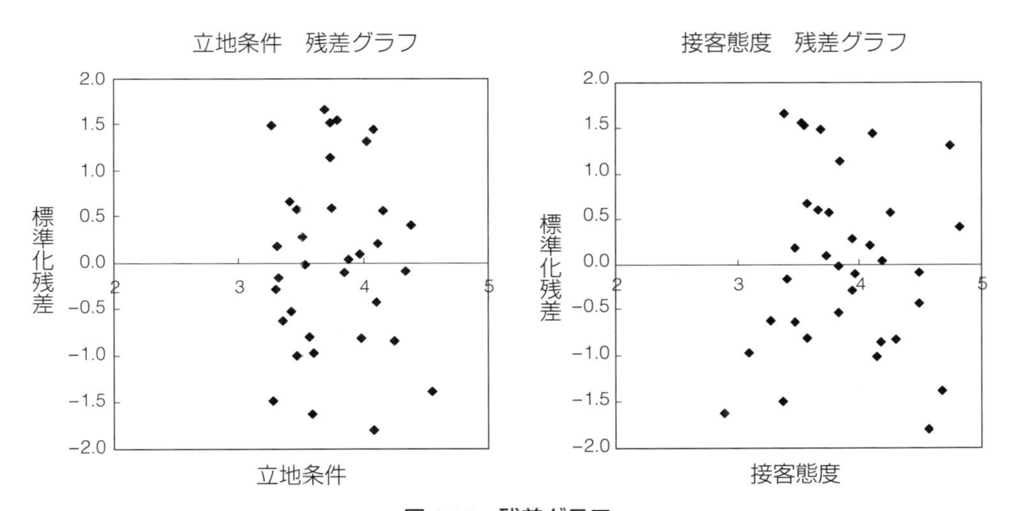

図 8.15　残差グラフ

【例題 8.2】ダミー変数の入った例

ある耐火材における強度に及ぼす影響を検討するため，40 ロットについて，原料の平均粒度，原料の納入メーカー，製造したラインの関係を調べた．その結果を表 8.5 に示す．

表 8.5　耐火材のデータ

強　度	平均粒度	メーカー	ライン
21.5	12.7	2	0
20.7	17.3	1	0
20.6	16.1	2	0
18.1	20.7	2	0
16.9	19.4	2	0
22.9	14.0	2	1
17.6	18.7	1	1
20.7	18.8	1	1
21.9	14.6	2	1
23.8	13.0	1	1
21.7	16.5	1	0
23.0	14.5	1	0
17.2	19.3	1	0
19.9	19.3	1	0
19.5	15.8	2	0
18.2	17.1	1	1
17.5	17.6	2	1
19.4	16.1	2	1
20.9	14.8	2	1
15.9	17.0	2	1
15.2	21.5	2	1
20.7	19.0	1	1
21.2	16.5	2	1
24.5	12.6	1	1
16.2	19.3	2	1
24.0	13.7	1	0
20.9	16.4	2	0
18.1	18.0	2	0
20.5	16.9	2	0
21.4	17.2	1	0
20.3	17.5	2	1
17.3	21.2	1	1
18.3	17.9	2	1
19.4	18.5	2	1
23.9	12.4	2	1
18.3	17.3	2	0
18.5	19.2	1	0
19.9	17.6	2	0
19.7	17.1	1	0
21.8	12.9	2	0

強度を目的変数（y）とし，説明変数として平均粒度（x_1），納入メーカー（x_2），製造ライン（x_3）を取り上げ，重回帰分析を行った．納入メーカーにはA社とB社があり，A社は$x_2=1$，B社は$x_2=2$とする．製造ラインはライン1とライン2があり，ライン1は$x_3=0$，ライン2は$x_3=1$とする．重回帰分析の結果を以下に示す．

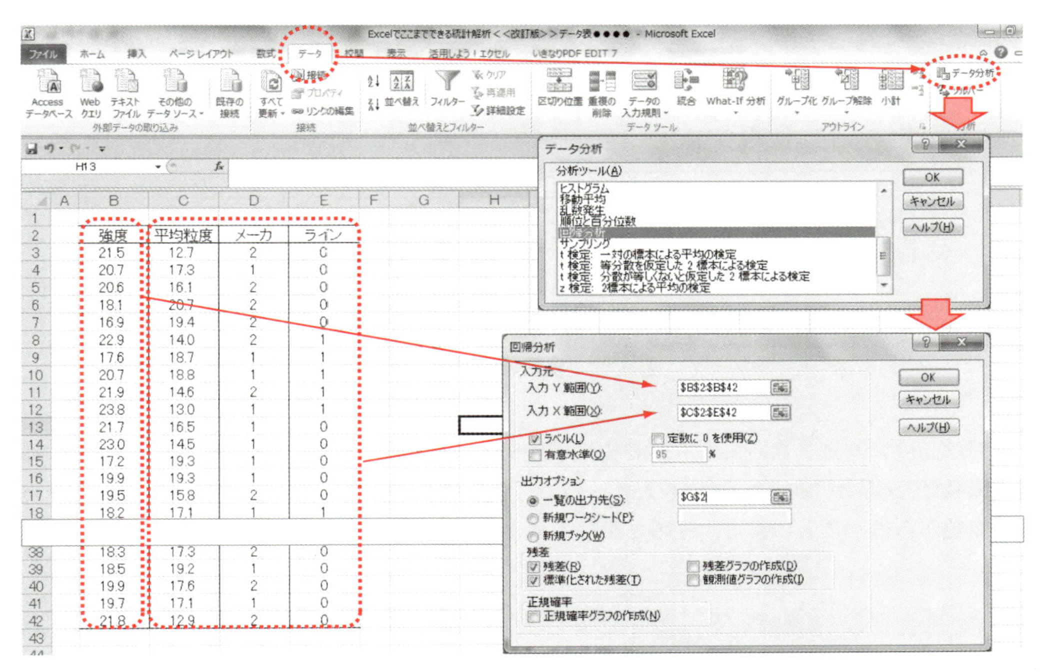

図 8.16 Excel「分析ツール」による重回帰分析

参考 6 ダミー変数

ダミー（dummy）とは，模型とかにせ物，形式的などの意味をもつ言葉である．納入メーカーとか製造ラインなど本来，数値で表されないため，そのままでは回帰分析などを適用できない．ラインAは0，ラインBは1のように数値で形式的に表したものをダミー変数という．ダミー変数を用いることによって，連続変数に対して適用できる多くの手法を使うことができるようになる．

概要

回帰統計	
重相関 R	0.861632
重決定 R2	0.74241
補正 R2	0.720944
標準誤差	1.234534
観測数	40

分散分析表

	自由度	変動	分散	刂された分散	有意 F
回帰	3	158.1333	52.7111	34.58562	1.06E−10
残差	36	54.86671	1.524075		
合計	39	213			

	係数	標準誤差	t	P-値	下限 95%	上限 95%	下限 95.0%	上限 95.0%
切片	35.91876	1.601006	22.43512	9.44E−23	32.67177	39.16575	32.67177	39.16575
平均粒度	−0.81286	0.08253	−9.84927	9.31E−12	−0.98024	−0.64548	−0.98024	−0.64548
メーカ	−1.33904	0.402124	−3.32991	0.002015	−2.15458	−0.52349	−2.15458	−0.52349
ライン	−0.17797	0.392468	−0.45346	0.652941	−0.97393	0.617994	−0.97393	0.617994

図 8.17　重回帰分析の結果

回帰は高度に有意となっており，自由度調整済み寄与率は 72.09%である．製造ラインの偏回帰係数は，t 値が小さく，P 値も大きいので，強度に及ぼす影響は小さいと考えられるため，説明変数から外すことにする．その結果は次のようになる．

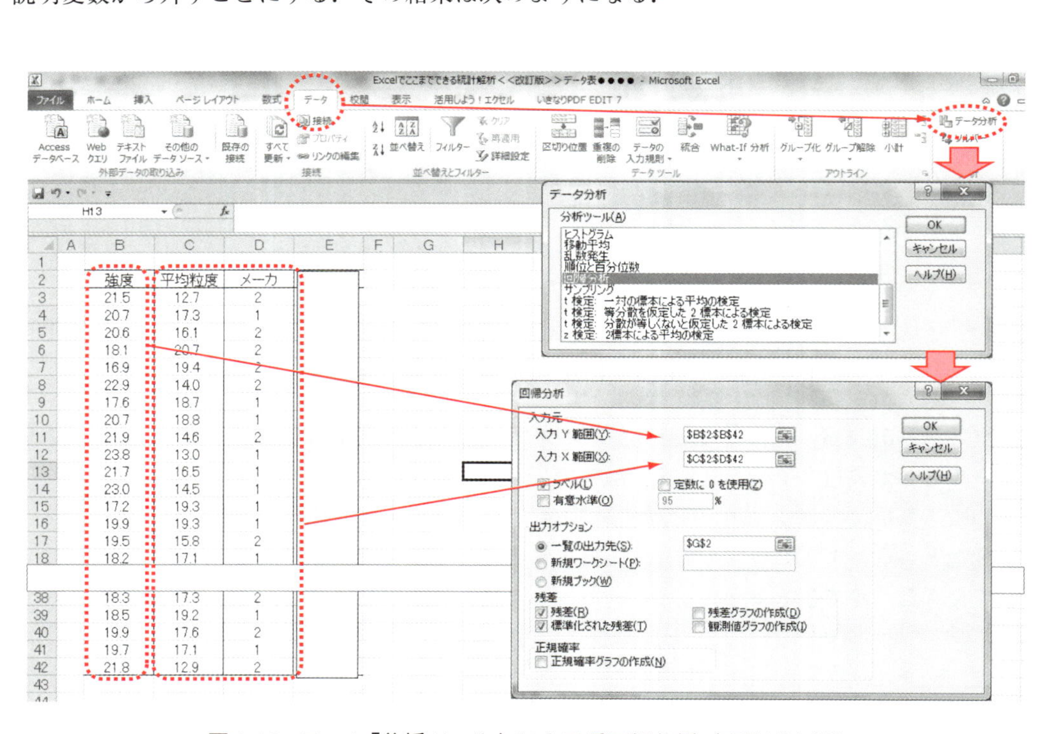

図 8.18　Excel「分析ツール」による重回帰分析（変数減少後）

	Q	R	S	T	U	V	W	X	Y	Z
1										
2		概要								
3										
4		回帰統計								
5		重相関 R	0.860778							
6		重決定 R2	0.740938							
7		補正 R2	0.726935							
8		標準誤差	1.22121							
9		観測数	40							
10										
11		分散分析表								
12			自由度	変動	分散	された分散	有意 F			
13		回帰	2	157.8199	78.90995	52.91161	1.41E-11			
14		残差	37	55.1801	1.491354					
15		合計	39	213						
16										
17			係数	標準誤差	t	P-値	下限 95%	上限 95%	下限 95.0%	上限 95.0%
18		切片	35.86681	1.579666	22.70531	2.55E-23	32.6661	39.06752	32.6661	39.06752
19		平均粒度	-0.81328	0.081634	-9.9625	5.08E-12	-0.97868	-0.64787	-0.97868	-0.64787
20		メーカ	-1.35775	0.395683	-3.43142	0.001492	-2.15948	-0.55602	-2.15948	-0.55602
21										

図 8.19　変数選択実施後の重回帰分析の結果

重回帰式は

$$\hat{\mu}=35.86651-0.81328x_1-1.35775x_3 \tag{8.26}$$

となり，自由度調整済み寄与率は 72.69%となっている．原料メーカーの違いでは，A 社 ($x_3=0$) の方が B 社 ($x_3=1$) より強度の母平均が 1.358 だけ高くなることがわかる．残差プロットをみると，3 を超える標準化残差はないものの，2.5 を超えるものが 1 点ある．強度が特に小さいものであるから，このロットについては他に何か要因がないかなど十分に検討する必要がある．

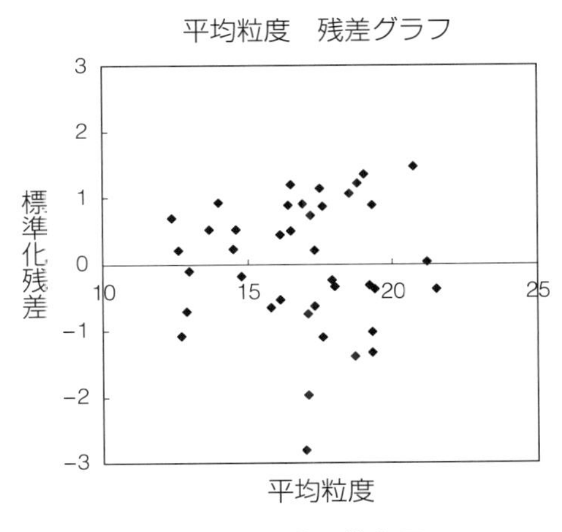

図 8.20　残差の散布図

ほっとひと息　Part 7『レストラン新装開店　客足好調！』

最近，新装開店した近くのフレンチレストランは，
いつも予約でいっぱいと聞く．
どうしたんだ？

1. 内装を，どこにでもあるレストランから「○○の匠」デザインに変えたから？
2. 店の雰囲気を大人っぽいシックな感じに変えたから？
3. メニューを正統派フレンチに変えたから？
4. 無農薬食材にこだわっていることをPRしたから？
5. シェフにあの有名な○△▼■を迎えたから？
6. 料金体系を，大衆価格からセレブ価格へ変えたから？
7. 案内係をイケメンの若者にしたから？
8. ホール係をホテル経験のある洗練された給仕人に変えたから？
9. 女性向けのグルメ雑誌に載ったから？
10. 有名人がよく行くレストランとして紹介されたから？
11. テレビの取材を受けたから？

さて，どれが集客のポイントになるのか？
　予測式　集客力＝a×デザイン＋b×メニュー＋……

これがわかれば，きっとあなたは繁盛するレストランのオーナーになれる……
かもしれない．

あとがき

本書を企画した当初は，どこでも誰でも使える統計解析のマニュアルとして，コンパクトでわかりやすい小冊子を目指していました．しかし，原稿ができていく段階で，いろいろな人たちに使っていただいたところ，「簡単に書かれていて一見見やすいが，実際にExcelを前にしたとき，どうすればいいのかわかりづらい」「画面が小さくて見づらい」というご意見をいただきました．そこで，実際の画面を図として掲載し，操作説明を加えてみました．また，当初のA5判仕様をB5判に拡大し，ピンクを加えた2色刷りにしてみました．これらのことから，多少分厚くなりましたが，より当初の思いに近づいた冊子になったのではないかと思っています．

本書を手にとり，読んで使っていただいた皆様方からご意見をいただけるようでしたら，著者としてうれしい限りです．今後とも，本書をご愛用いただけますよう「かいせきファミリー」ともども心から願っております．

著者　今里健一郎
森田　　浩

索　引

と

に

は

ひ

ふ

へ

ほ

む

著 者 紹 介

今里健一郎（いまざと　けんいちろう）

1972 年 3 月，福井大学工学部電気工学科卒業.

1972 年 4 月，関西電力株式会社入社，同社 TQM 推進グループ課長，能力開発センター主席講師を経て退職（2003 年）.

2003 年 7 月，ケイ・イマジン設立.

2006 年 9 月，関西大学工学部講師.

現在，ケイ・イマジン代表．神戸大学講師，近畿大学講師，流通科学大学講師，一般財団法人日本規格協会技術アドバイザー，一般財団法人日本科学技術連盟嘱託

主な著書： Excel で手軽にできるアンケート解析，日本規格協会，2008（共著）
図解： QC 七つ道具がよ～くわかる本，秀和システム，2009
Excel でここまでできる実験計画法，日本規格協会，2011（共著）
図解：新 QC 七つ道具の使い方がよ～くわかる本，秀和システム，2012
図解：すぐに使える統計的手法，日科技連出版社，2012（共著）
図解で学ぶ品質管理，日科技連出版社，2013（共著）

森田　浩（もりた　ひろし）

1983 年 3 月，大阪大学工学部卒業.

1988 年 3 月，大阪大学大学院工学研究科博士後期課程単位取得退学.

大阪府立大学，大阪市立大学，神戸大学を経て，

現在，大阪大学大学院情報科学研究科教授，博士（工学）.

主な著書：図解入門　よくわかる最新実験計画法の基本と仕組み，秀和システム，2010
Excel でここまでできる実験計画法，日本規格協会，2011（共著）
データ包絡分析法 DEA，静岡学術出版，2014（翻訳）
図解入門ビジネス　多変量解析の基本と実践がよ～くわかる本，秀和システム，2014

Excel でここまでできる統計解析［第 2 版］
—ヒストグラムから重回帰分析まで—

定価：本体 2,900 円(税別)

2007 年 9 月 12 日　第 1 版第 1 刷発行
2015 年 2 月 27 日　第 2 版第 1 刷発行
2018 年 7 月 25 日　　　　第 3 刷発行

著　者　今里健一郎・森田　浩

発行者　揖斐　敏夫

発行所　一般財団法人　日本規格協会
〒 108-0073　東京都港区三田 3 丁目 13-12　三田 MT ビル
http://www.jsa.or.jp/
振替　00160-2-195146

印刷所　株式会社平文社
製　作　有限会社カイ編集舎

ISBN978-4-542-60111-6